教育部高等学校电子信息类专业教学指导委员会规划教材

高等学校电子信息类专业系列教材

薄膜晶体管原理及应用

（第2版）

董承远　编著

清华大学出版社

北京

内 容 简 介

作为薄膜晶体管技术的入门教材,本书以非晶硅薄膜晶体管和多晶硅薄膜晶体管为例详细讲解了与薄膜晶体管技术相关的材料物理、器件物理和制备工艺原理,以及薄膜晶体管在平板显示等技术领域中的应用原理等。

本书共分7章。第1章简单介绍薄膜晶体管的发展简史和技术分类;第2章详细阐述薄膜晶体管在平板显示有源矩阵驱动中的应用原理;第3章深入讲解薄膜晶体管相关的半导体、绝缘体和电极材料物理;第4章详细阐述非晶硅薄膜晶体管和多晶硅薄膜晶体管器件物理的相关基础知识;第5章系统介绍薄膜晶体管制备的单项工艺原理;第6章详细讲解非晶硅薄膜晶体管阵列和多晶硅薄膜晶体管阵列工艺整合原理及柔性薄膜晶体管背板的制备工艺;第7章简单总结全书并展望非晶氧化物薄膜晶体管技术的发展趋势和薄膜晶体管在非显示领域的应用前景。除第7章外每章后附有习题,可供课堂练习或课后作业使用。

本书适合作为大学本科生和研究生相关课程的教材,也适合从事薄膜晶体管技术相关工作的工程技术人员作为技术培训和在职进修的教材或参考书籍。本书附有配套教学大纲和教学课件,可供相关教师参考。

图书在版编目(CIP)数据

薄膜晶体管原理及应用/董承远编著.—2版.—北京:清华大学出版社,2023.3
高等学校电子信息类专业系列教材
ISBN 978-7-302-62777-7

Ⅰ.①薄… Ⅱ.①董… Ⅲ.①薄膜晶体管-高等学校-教材 Ⅳ.①TN321

中国国家版本馆 CIP 数据核字(2023)第 031772 号

责任编辑:崔 彤
封面设计:李召霞
责任校对:申晓焕
责任印制:曹婉颖

出版发行:清华大学出版社
    网   址:http://www.tup.com.cn,http://www.wqbook.com
    地   址:北京清华大学学研大厦 A 座   邮   编:100084
    社 总 机:010-83470000   邮   购:010-62786544
    投稿与读者服务:010-62776969,c-service@tup.tsinghua.edu.cn
    质量反馈:010-62772015,zhiliang@tup.tsinghua.edu.cn
    课件下载:http://www.tup.com.cn,010-83470236
印 装 者:三河市铭诚印务有限公司
经   销:全国新华书店
开   本:185mm×260mm   印   张:15.5   字   数:380 千字
版   次:2016 年 3 月第 1 版 2023 年 4 月第 2 版   印   次:2023 年 4 月第 1 次印刷
印   数:1~1500
定   价:49.00 元

产品编号:097555-01

序
FOREWORD

我国电子信息产业占工业总体比重已经超过 10%。电子信息产业在工业经济中的支撑作用凸显,更加促进了信息化和工业化的高层次深度融合。随着移动互联网、云计算、物联网、大数据和石墨烯等新兴产业的爆发式增长,电子信息产业的发展呈现了新的特点,电子信息产业的人才培养面临着新的挑战。

(1)随着控制、通信、人机交互和网络互联等新兴电子信息技术的不断发展,传统工业设备融合了大量最新的电子信息技术,它们一起构成了庞大而复杂的系统,派生出大量新兴的电子信息技术应用需求。这些"系统级"的应用需求,迫切要求具有系统级设计能力的电子信息技术人才。

(2)电子信息系统设备的功能越来越复杂,系统的集成度越来越高。因此,要求未来的设计者应该具备更扎实的理论基础知识和更宽广的专业视野。未来电子信息系统的设计越来越要求软件和硬件的协同规划、协同设计和协同调试。

(3)新兴电子信息技术的发展依赖于半导体产业的不断推动,半导体厂商为设计者提供了越来越丰富的生态资源,系统集成厂商的全方位配合又加速了这种生态资源的进一步完善。半导体厂商和系统集成厂商所建立的这种生态系统,为未来的设计者提供了更加便捷却又必须依赖的设计资源。

教育部 2020 年颁布了新版《高等学校本科专业目录》,将电子信息类专业进行了整合,为各高校建立系统化的人才培养体系,培养具有扎实理论基础和宽广专业技能的、兼顾"基础"和"系统"的高层次电子信息人才给出了指引。

传统的电子信息学科专业课程体系呈现"自底向上"的特点,这种课程体系偏重对底层元器件的分析与设计,较少涉及系统级的集成与设计。近年来,国内很多高校对电子信息类专业课程体系进行了大力度的改革,这些改革顺应时代潮流,从系统集成的角度,更加科学合理地构建了课程体系。

为了进一步提高普通高校电子信息类专业教育与教学质量,推动教育与教学高质量发展,教育部高等学校电子信息类专业教学指导委员会开展了"高等学校电子信息类专业课程体系"的立项研究工作,并启动了《高等学校电子信息类专业系列教材》(教育部高等学校电子信息类专业教学指导委员会规划教材)的建设工作。其目的是为推进高等教育内涵式发展,提高教学水平,满足高等学校对电子信息类专业人才培养、教学改革与课程改革的需要。

本系列教材定位于高等学校电子信息类专业的专业课程,适用于电子信息类的电子信息工程、电子科学与技术、通信工程、微电子科学与工程、光电信息科学与工程、信息工程及其相近专业。经过编审委员会与众多高校多次沟通,初步拟定分批次建设约 100 门核心课程教材。本系列教材将力求在保证基础的前提下,突出技术的先进性和科学的前沿性,体现创新教学和工程实践教学；将重视系统集成思想在教学中的体现，鼓励推陈出新，采用"自顶向下"的方法编写教材；将注重反映优秀的教学改革成果，推广优秀的教学经验与理念。

为了保证本系列教材的科学性、系统性及编写质量，本系列教材设立顾问委员会及编审委员会。顾问委员会由教指委高级顾问、特约高级顾问和国家级教学名师担任，编审委员会由教育部高等学校电子信息类专业教学指导委员会委员和一线教学名师组成。同时，清华大学出版社为本系列教材配置优秀的编辑团队，力求高水准出版。本系列教材的建设，不仅有众多高校教师参与，也有大量知名的电子信息类企业支持。在此，谨向参与本系列教材策划、组织、编写与出版的广大教师、企业代表及出版人员致以诚挚的感谢，并殷切希望本系列教材在我国高等学校电子信息类专业人才培养与课程体系建设中发挥切实的作用。

吕志伟 教授

第2版前言
PREFACE

本书自 2016 年 3 月出版以来获得了同行朋友的肯定和支持，多家大学或公司采用了本书作为课堂教学或企业培训的教材，在此表示由衷的感谢！在过去的 6 年里，中国大陆的平板显示产业跃居世界首位，薄膜晶体管技术的发展也随之达到了新的高度。在此形势下，本书改版的时机也成熟了，一方面作者希望通过改版能更好地满足相关本科生、研究生等高校读者的学习需求，另一方面也可以再为相关产业的持续发展略尽绵薄之力。

与薄膜晶体管技术相关的知识内容包罗万象，作为教材的本书在内容上必须有所取舍。当撰写第 1 版时，作者便确定了如下原则：本教材所针对的技术必须已经投入了实际生产且具备了充足的知识储备。本次改版仍遵循这一原则。这样一来，有些读者希望增加的内容便无法纳入进来。例如，有机薄膜晶体管(OTFT)因为研究较早而具有非常充足的知识储备，但是至今尚未投入实际生产，因此本书并不开辟专门章节来讲解它。再比如，氧化物薄膜晶体管(Oxide TFT)在 2012 年便已经开始了量产，但是因为从 2004 年才开始被研究开发，相关知识积累仍不够充分，所以本书也只在 7.2 节中做了简单的总结和展望。对于薄膜晶体管的实际应用来说也存在同样的情况。例如，当前微型发光二极管(Micro-LED)技术发展迅猛，引起了非常广泛的关注，如何采用薄膜晶体管背板驱动 Micro-LED 是平板显示产业界非常关心的技术，但根据上述原则本书并没有加入这部分内容的讲解。

那么，本次改版将增加哪些内容呢？经过仔细思考，作者决定将第 2 版新增重点放在了平板显示的有源矩阵驱动即第 2 章。具体而言，本次改版针对第 2 章增加了以下内容：①电子纸显示的有源矩阵驱动原理(2.1.5 节和 2.4 节)；②AMOLED 电压型像素电路的补偿原理(2.3.3 节)；③平板显示外围驱动电路和 SOG 技术(2.5 节)。上述新增内容适应了平板显示产业快速发展的新形势，使读者能更加完整地掌握薄膜晶体管技术的应用原理。此外，第 2 版还新增了薄膜晶体管的动态特性(4.4 节)、柔性薄膜晶体管背板的制备工艺(6.6 节)、薄膜晶体管在非显示领域的应用展望(7.3 节)等。作者相信这些新增的章节将加深或拓展读者对薄膜晶体管器件和工艺原理的理解。

根据出版社编辑的建议，本书第 2 版将提供配套教学大纲、教学课件和部分习题解答等电子资源，拟采用本书作为教材的高校教师或企业讲师可以向出版社申请上述资源。

问渠那得清如许，为有源头活水来。本次改版离不开众多朋友的支持和帮助。首先，要感谢清华大学出版社的编辑们，没有他们持续不断的努力，本书的改版发行是不可能的。其次，感谢作者工作单位(上海交通大学电子信息与电气工程学院电子工程系)对本书出版和改版的大力支持。最后，作者要特别感谢对本书改版提供建议或资料的同行朋友们(解海艇博士、刘国超、许玲、孙明剑、章雯、吴杰、童仙雨、刘俊、沈健、王丹奎、王徐鹏、徐伟齐和储培明等),他们的帮助往往使我茅塞顿开,受教良多。

作　者

2023 年 2 月

于上海交通大学

第1版前言
PREFACE

    本书缘起于 2008 年年底,是时本书作者刚离开奋斗了五年的平板显示产业界并加入上海交通大学电子工程系。在着手开展氧化物薄膜晶体管相关科研工作的同时,我也决心在上海交通大学开设与薄膜晶体管技术相关的本科和研究生课程。事实上,当时国内的大学几乎没有类似课程的设置。作者产生这样想法的主要依据是自己在平板显示产业界多年实际工作的切身体会。众所周知,我国的 TFT-LCD 产业大约起步于 2003 年,以上海广电和京东方几乎同时投建第 5 代液晶生产线为主要标志。作为上海广电 NEC 液晶显示器有限公司最早的工程师之一,本人也曾赴日学习过薄膜晶体管工艺技术,后来又参与了国内第一条 TFT-LCD 第 5 代生产线的启动工作。2006 年离开 SVA-NEC 后我又先后在昆山龙腾光电有限公司和上海天马微电子有限公司从事过 TFT-LCD 产品设计和新技术开发的工作。值得一提的是,在上述这些平板显示公司工作时,本人也不时负责一些针对年轻工程师的技术培训工作,虽然尽心尽力去做,但培训效果总是难以令人满意。经过思考,我认为这主要是因为学员对薄膜晶体管基础知识的严重不足。事实上,当时国内的大学基本上没有专门开设与薄膜晶体管相关的课程,这导致几乎所有在产业界从事薄膜晶体管技术相关工作的工程师都要从零开始学起。我们都知道,产业界针对员工的技术培训通常都非常注重时效性,所以对基础知识的讲解多有忽略。这样导致的后果便是国内大多数从事薄膜晶体管技术相关工作的工程师在薄膜晶体管原理方面的掌握都不够扎实,而这势必会对产业相关技术水平的提升造成非常不利的影响。究其根源,可能还是在于国内大学本科生和研究生教育中缺乏这方面课程。如果国内大学中开设了与薄膜晶体管技术相关的课程,一方面部分产业界新晋工程师可能已经具备了这方面知识基础,另一方面其他未修过这些课程的新晋工程师也能以此为依据通过自修(或在职进修)而夯实自身的相关理论基础。上述设想如能实现无疑将对我国平板显示产业的可持续发展多有助益。这正是本人当初计划开课的初衷所在。

    从 2009 年至今,作者先后在上海交通大学电子工程系开设了"显示电子学"(研究生选修课)、"薄膜晶体管原理及应用"(本科生必修课)和"薄膜晶体管技术"(工程硕士必修课)等几门与薄膜晶体管技术相关的课程。开课伊始,我们便碰到了一个非常严重的问题:没有合适的教材!事实上,随着国内平板显示产业的蓬勃发展,产业界人士(如作者原来的同事谷至华、申智源和马群刚等)也陆续出版了几本与薄膜晶体管技术相关的书籍,但都偏于实际生产相关知识的总结和介绍,对基础和原理的讲解颇有不足,因此这些书比较适合已有相当经验的在职工程师群体,并不太适合大专院校的学生或毫无经验的新晋工程师。另外,国外大学教授(如 Yue Kuo 和 Cherie R. Kagan 等)也曾组织专家学者编辑出版过数本专门讲述薄膜晶体管技术的书籍,但这些由多领域专家合写的专著比较侧重各自研究成果的发表,基础性和原理性方面的阐述也多有欠缺,所以也不太适合直接用来作为课程教材。无奈之下,本人一边自编讲义上课,一边多方积累资料准备亲自撰写一本与薄膜晶体管技术相关的教材。这便是本书的由来。

本书的内容定位是讲解和阐述与薄膜晶体管技术相关的最基础原理,包括材料物理、器件物理、工艺原理和实际应用原理等。本书的读者定位是大专院校的本科生和研究生以及平板显示产业界无相关基础的工程师等。实际上,只要对电子电路和半导体器件方面具有一定基础的人员都能够学习并掌握本书的主要内容。本书可以作为大学本科生或研究生课程的教材,也可以供企业培训或工程师自学使用。基于上述定位,本书主要阐述和讲解在知识体系上相对比较成熟的非晶硅薄膜晶体管和多晶硅薄膜晶体管技术相关原理。当然,其中一些总体性原理对其他薄膜晶体管技术也应适用。另外,结合本人近年来针对薄膜晶体管技术的教学实际经验,本书在内容讲解顺序上另辟蹊径,即按照从应用原理到器件物理再到工艺原理的顺序阐述。大家都知道,薄膜晶体管技术与平板显示产业密不可分,而这也正是薄膜晶体管技术的重要性之所在。因此,本书从薄膜晶体管在平板显示的有源矩阵中的应用原理讲起,并由此引出实际应用对薄膜晶体管器件特性的基本要求,为后续薄膜晶体管器件物理的讲解打下基础。接着详细阐述薄膜晶体管相关的材料物理和器件物理,其中对非晶硅/多晶硅禁带缺陷态的产生机理和分布特点及薄膜晶体管器件的理论模型和特性参数提取方法等内容着重阐述。在此基础上,又重点讲解了薄膜晶体管阵列的单项工艺原理和工艺整合原理,其中非晶硅薄膜晶体管的5MASK工艺流程和多晶硅薄膜晶体管的6MASK工艺流程正是当前产业界的首选技术。虽然本书把比较成熟的非晶硅薄膜晶体管和多晶硅薄膜晶体管技术作为主要的阐述和讲解对象,在本书的结尾处作者也结合自身的研究经验对当前比较热门的以a-IGZO TFT为代表的非晶氧化物薄膜晶体管(AOS TFT)技术发展作了简单的现状总结和趋势展望。在本人看来,AOS TFT极有可能在不远的将来取代非晶硅薄膜晶体管而成为平板显示有源矩阵驱动电子器件的主流。作者也希望将来能有机会将该部分内容扩充为另外一本书。

本书除第7章外每章后都附有习题,这些习题可供教师在讲课时作为例题和课堂练习题使用,也可以作为学生(员)的课后作业。另外,作为教材,本书的资料来源众多,作者在每章后都尽力列出了主要参考文献,有些图片的来源也在其下方予以写明。如有遗漏之处敬请谅解。

三人行,必有我师焉。仅以本书献给所有在专业技术领域对我有所教益的老师、同学、同事、同行和学生们。

作者
2015年9月
于上海交通大学

目 录
CONTENTS

第 1 章　绪论 ··· 1

  1.1　薄膜晶体管发展简史 ·· 1

  1.2　薄膜晶体管的技术分类及比较 ·· 4

  1.3　薄膜晶体管的应用简介 ·· 4

  1.4　本书的主要内容及架构 ·· 5

  习题 ·· 5

  参考文献 ··· 5

第 2 章　平板显示的有源矩阵驱动 ·· 7

  2.1　平板显示简介 ··· 7

    2.1.1　显示技术的分类及特性指标 ··· 7

    2.1.2　平板显示的定义和分类 ··· 12

    2.1.3　液晶显示器件的基本原理 ··· 12

    2.1.4　有机发光二极管显示的基本原理 ··· 15

    2.1.5　电子纸显示的基本原理 ··· 17

  2.2　液晶显示的有源矩阵驱动 ·· 18

    2.2.1　液晶显示的静态驱动和无源矩阵驱动简介 ··································· 20

    2.2.2　AMLCD 像素电路的充放电原理 ·· 23

    2.2.3　AMLCD 像素阵列的相关原理 ·· 31

    2.2.4　液晶显示有源矩阵驱动的特殊方法 ··· 37

    2.2.5　液晶显示有源矩阵驱动的技术要求 ··· 41

  2.3　有机发光二极管显示的有源矩阵驱动 ·· 43

    2.3.1　有机发光二极管显示的无源矩阵驱动简介 ··································· 44

    2.3.2　有机发光二极管显示的有源矩阵驱动基本原理 ····························· 45

    2.3.3　AMOLED 电压型像素电路的补偿原理 ······································ 47

    2.3.4　有机发光二极管显示的有源矩阵驱动技术要求 ····························· 48

  2.4　电子纸显示的有源矩阵驱动 ··· 49

    2.4.1　电子纸显示的驱动波形 ··· 49

    2.4.2　电子纸显示的有源矩阵驱动技术要求 ·· 50

  2.5　平板显示外围驱动电路和 SOG 技术 ··· 51

    2.5.1　AMLCD 外围驱动电路简介 ··· 51

    2.5.2　SOG 技术基础简介 ··· 54

    2.5.3　GOA 技术的基本原理 ·· 54

  2.6　本章小结 ·· 55

习题 ……………………………………………………………………………………………… 55

参考文献 ………………………………………………………………………………………… 56

第3章 薄膜晶体管材料物理 ………………………………………………………………… 58

3.1 非晶硅材料物理 ……………………………………………………………………… 58

　　3.1.1 非晶体简介 …………………………………………………………………… 58

　　3.1.2 非晶硅材料结构 ……………………………………………………………… 61

　　3.1.3 非晶硅电学特性 ……………………………………………………………… 67

3.2 多晶硅材料物理 ……………………………………………………………………… 70

　　3.2.1 多晶体简介 …………………………………………………………………… 70

　　3.2.2 多晶硅材料结构 ……………………………………………………………… 72

　　3.2.3 多晶硅电学特性 ……………………………………………………………… 74

3.3 薄膜晶体管绝缘层材料 ……………………………………………………………… 78

　　3.3.1 绝缘层介电特性 ……………………………………………………………… 79

　　3.3.2 绝缘层漏电特性 ……………………………………………………………… 80

　　3.3.3 氮化硅薄膜 …………………………………………………………………… 82

　　3.3.4 氧化硅薄膜 …………………………………………………………………… 82

3.4 薄膜晶体管电极材料 ………………………………………………………………… 83

　　3.4.1 导电材料简介 ………………………………………………………………… 83

　　3.4.2 TFT 用铝合金薄膜 …………………………………………………………… 84

　　3.4.3 ITO …………………………………………………………………………… 85

3.5 平板显示用玻璃基板简介 …………………………………………………………… 86

3.6 柔性基板简介 ………………………………………………………………………… 87

3.7 本章小结 ……………………………………………………………………………… 87

习题 ……………………………………………………………………………………………… 88

参考文献 ………………………………………………………………………………………… 89

第4章 薄膜晶体管器件物理 ………………………………………………………………… 90

4.1 薄膜晶体管的器件结构 ……………………………………………………………… 90

　　4.1.1 薄膜晶体管的器件结构分类 ………………………………………………… 90

　　4.1.2 非晶硅薄膜晶体管器件结构的选择 ………………………………………… 91

　　4.1.3 多晶硅薄膜晶体管器件结构的选择 ………………………………………… 92

4.2 薄膜晶体管器件的操作特性及理论模型 …………………………………………… 93

　　4.2.1 薄膜晶体管的操作特性 ……………………………………………………… 93

　　4.2.2 薄膜晶体管的简单物理模型 ………………………………………………… 100

　　4.2.3 薄膜晶体管的精确物理模型 ………………………………………………… 104

　　4.2.4 薄膜晶体管的特性参数及提取方法 ………………………………………… 109

　　4.2.5 薄膜晶体管操作特性的影响因素分析 ……………………………………… 116

4.3 薄膜晶体管的稳定特性 ……………………………………………………………… 118

　　4.3.1 非晶硅薄膜晶体管的电压偏置稳定特性 …………………………………… 118

　　4.3.2 多晶硅薄膜晶体管的电压偏置稳定特性 …………………………………… 120

　　4.3.3 薄膜晶体管的环境效应 ……………………………………………………… 122

4.4 薄膜晶体管的动态特性 ……………………………………………………………… 123

　　4.4.1 薄膜晶体管的瞬态特性 ……………………………………………………… 123

　　4.4.2 薄膜晶体管的频率特性 ……………………………………………………… 124

    4.4.3 薄膜晶体管的噪声特性 ··· 124

  4.5 本章小结 ··· 125

  习题 ··· 125

  参考文献 ··· 127

第5章 薄膜晶体管单项制备工艺 ··· 129

  5.1 成膜工艺 ··· 130

    5.1.1 磁控溅射 ··· 131

    5.1.2 等离子体化学气相沉积 ··· 135

  5.2 薄膜改性技术 ··· 140

    5.2.1 激光结晶化退火 ··· 140

    5.2.2 离子注入 ··· 146

  5.3 光刻工艺 ··· 151

    5.3.1 曝光工艺 ··· 151

    5.3.2 光刻胶涂覆与显影工艺 ··· 156

  5.4 刻蚀工艺 ··· 160

    5.4.1 湿法刻蚀 ··· 161

    5.4.2 干法刻蚀 ··· 165

  5.5 其他工艺 ··· 169

    5.5.1 洗净 ··· 169

    5.5.2 光刻胶剥离 ··· 171

    5.5.3 器件退火 ··· 172

  5.6 工艺检查 ··· 173

    5.6.1 自动光学检查 ··· 174

    5.6.2 断/短路检查 ·· 175

    5.6.3 阵列测试 ··· 176

    5.6.4 TEG 测试 ·· 176

  5.7 本章小结 ··· 177

  习题 ··· 177

  参考文献 ··· 178

第6章 薄膜晶体管阵列制备工艺整合 ··· 179

  6.1 AMLCD 制备工艺概述 ··· 180

    6.1.1 阵列工程 ··· 181

    6.1.2 彩膜工程 ··· 181

    6.1.3 成盒工程 ··· 183

    6.1.4 模组工程 ··· 184

  6.2 非晶硅薄膜晶体管阵列基板制备工艺流程 ································· 185

    6.2.1 5MASK a-Si TFT 工艺流程 ······································· 187

    6.2.2 4MASK a-Si TFT 工艺流程 ······································· 201

  6.3 AMOLED 制备工艺概述 ·· 204

    6.3.1 阵列工程 ··· 205

    6.3.2 OLED 工程 ··· 206

    6.3.3 成盒工程和模组工程 ··· 207

  6.4 多晶硅薄膜晶体管阵列基板制备工艺流程 ································· 208

　　　　6.4.1　6MASK p-Si TFT 工艺流程 ··· 209

　　　　6.4.2　10MASK p-Si TFT 工艺流程 ··· 213

　　6.5　阵列检查与修补 ··· 214

　　6.6　柔性 TFT 背板的制备工艺 ··· 217

　　　　6.6.1　柔性 TFT 沟道层材料的对比和选择 ································ 217

　　　　6.6.2　柔性 LTPS TFT 制备工艺简介 ··· 217

　　6.7　本章小结 ··· 218

　　习题 ··· 219

　　参考文献 ··· 220

第 7 章　总结与展望 ··· 221

　　7.1　全书内容总结 ··· 221

　　7.2　薄膜晶体管技术发展展望 ··· 222

　　7.3　薄膜晶体管在非显示领域的应用展望 ································ 224

　　参考文献 ··· 225

附录 A　物理常数表 ··· 227

附录 B　单位前缀一览表 ··· 228

附录 C　单晶硅材料特性参数一览表 ··· 229

附录 D　氮化硅与氧化硅材料特性参数一览表 ································ 230

附录 E　10MASK p-Si TFT 制备工艺流程 ··· 231

第 1 章

绪　　论

薄膜晶体管(Thin Film Transistor,TFT)属于场效应晶体管家族中的一员,这个家族除 TFT 外还包括金属氧化物半导体场效应晶体管(Metal-Oxide-Semiconductor Field-Effect Transistor, MOSFET)等其他半导体器件。MOSFET 在集成电路(Integrated Circuit,IC)技术领域中得到了非常广泛的应用,而 TFT 则在平板显示(Flat Panel Display, FPD)这一特大型产业中大显身手。事实上,上述两种半导体器件从诞生到发展均存在密不可分的相互关系。下面先简单介绍场效应晶体管特别是 TFT 的发展简史,然后简单总结 TFT 技术分类和实际应用情况,最后介绍本书的主要内容和基本框架结构。

1.1　薄膜晶体管发展简史

场效应晶体管的发明最早可以追溯到 1934 年 Lilienfeld 提出的发明专利。如图 1.1(a) 所示,该发明提出的电子器件结构与底栅错排(Inverted Staggered)型薄膜晶体管的结构非常相似,即由最下层电极加载电压控制电子器件的电流大小,电流在最上层两个电极之间流动。令人遗憾的是,Lilienfeld 在该器件工作原理的描述上并不完全准确,他没有理解有源层(Active Layer)必须由半导体材料来制作的技术关键。Heil 在 1935 年提出的发明专利[如图 1.1(b)所示]则很好地解决了这一问题。该专利明确指出,必须采用半导体材料作为场效应晶体管的有源层。尽管如此,20 世纪 30 年代的电子制造工艺水平尚未达到这种固体器件制作的要求,所以上述场效应晶体管的发明还只停留在原理构思的阶段。

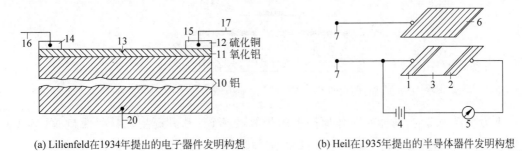

(a) Lilienfeld在1934年提出的电子器件发明构想　　　(b) Heil在1935年提出的半导体器件发明构想

图 1.1　最早的场效应晶体管发明专利

事实上,最先被真正实现的场效应晶体管是 1952 年由 Shockley 提出并于 1954 年被 Dacey 等人实际制作出来的结型场效应晶体管(Junction FET,JFET)。更为重要的发明是

S. R. Hofstein 等人在 1963 年提出的 MOSFET。如图 1.2 所示,当时提出的 MOSFET 基本结构一直沿用至今,这种器件结构称为平面型(Coplanar)结构。MOSFET 以单晶硅硅片作为基底和器件有源层,在其上面通过热氧化形成的氧化硅(SiO₂)薄膜作为栅绝缘层(Gate Insulator,GI);源(Source)和漏(Drain)电极在器件下层并分立于有源层的两侧;栅(Gate)电极则位于器件的最上部。以 N 型 MOSFET(简称 NMOS)为例,当栅电极加载足够大的正电压时,在有源层中将形成电子导电沟道;如果在漏电极同时加载正电压时,电子将由源极流向漏极,即形成从漏极到源极的电流。

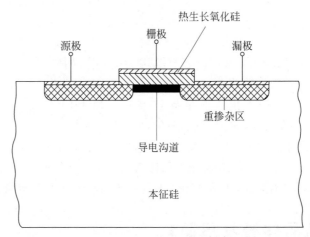

图 1.2 S. R. Hofstein 等人在 1963 年提出的 MOSFET 器件结构示意图

几乎与 MOSFET 发明的同时,TFT 也被发明并实际制造出来。如图 1.3 所示,当时提出的是一种典型的错排型(Staggered)结构,有源层则采用当时非常流行的半导体材料 CdS。比较图 1.2 和图 1.3 所示的两种器件结构会发现,它们非常类似,即都包括栅电极、栅绝缘层、有源层和源漏电极等基本部件,而且各部件的位置也大体一致。但是,两者之间在基底材料的选择、栅绝缘层的制备方法、有源层的选择及电极层与有源层之间的相互位置关系等方面也存在着重要的区别。这些区别决定了 TFT 与 MOSFET 虽然在器件功能上非常类似,但前者的器件电学特性要远逊于后者。当然,TFT 在制作成本上具有明显优势。

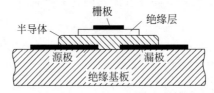

图 1.3 P. K. Weimer 等人在 1962 年提出的 TFT 基本结构示意图

因为在器件结构、功能和工作原理上的相似性,TFT 从其诞生之日起便与 MOSFET 在实际应用上展开了激烈的竞争。20 世纪 60 年代正是集成电路起步的阶段,面对这一崭新的应用领域,TFT 和 MOSFET 都有望成为集成电路的基本构成器件。一方面,TFT 具有成本上的优势;另一方面,MOSFET 在器件特性上更胜一筹。因此,开始时两者的竞争不相上下,但随着时间的推移,MOSFET 性价比的提升越来越快,从而逐渐胜出。到 20 世纪 60 年代末,TFT 技术因在集成电路领域中无法与 MOSFET 相抗衡而导致相关研发陷入停滞状态。

　　新的机会出现在 20 世纪 70 年代初。当时液晶显示(Liquid Crystal Display,LCD)技术正处于快速发展阶段,急需一种能在大面积玻璃上制备的半导体器件作为有源矩阵(Active Matrix,AM)驱动的开关。只有 TFT 能够恰好满足这种要求。图 1.4 是 1973 年展出的由 CdS TFT 阵列(120×120)驱动的液晶显示器(Active Matrix Liquid Crystal Display, AMLCD)样机。由此起步并发展至今,逐步形成了庞大的薄膜晶体管液晶显示器(TFT-LCD)产业。

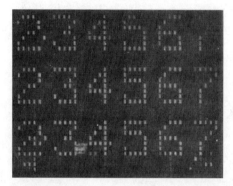

图 1.4　T. P. Brody 等人制备的 6"×6"的有源矩阵驱动液晶显示器样机(1973 年)

　　随着 TFT-LCD 产业的迅猛发展,CdSe TFT 的电学特性越来越无法满足液晶有源矩阵驱动技术对开关器件的需求。从实际应用的角度讲,CdSe TFT 存在的最大问题是其电学特性对环境非常敏感,这对其实际应用产生了非常不利的影响;此外,Cd 元素的使用对环境也会造成不好的影响。为此,科研人员开始尝试开发新的薄膜晶体管器件,如 PbS TFT 等,但结果均不十分理想。直到 1979 年,LeComber 等人研究并开发出了非晶硅(amorphous silicon,a-Si) TFT 才使这一难题得到彻底解决。事实上,未经处理的 a-Si 材料的电学特性并不理想,但是通过掺氢的方法而获得的掺氢非晶硅(a-Si:H)的特性则完全可满足 TFT 有源层的技术要求。因此,从 1979 年至今,a-Si:H TFT 一直是液晶显示有源矩阵驱动电子器件的主流。

　　尽管 a-Si TFT 能够基本满足 AMLCD 的技术要求,但较低的场效应迁移率($<1\mathrm{cm}^2/(\mathrm{V\cdot s})$)使其无法驱动高分辨率的液晶显示;此外,有源矩阵有机发光二极管(Active Matrix Organic Light Emitting Diode,AMOLED)等新型平板显示技术也对 TFT 的电学特性提出了更高的要求,这也是 a-Si TFT 所无法达到的。1980 年,由美国 IBM 公司的 Depp 等人发明的多晶硅(polycrystalline silicon,p-Si)薄膜晶体管技术则很好地填补了这一技术空白。通过准分子激光退火(Excimer Laser Annealing,ELA)获得的低温多晶硅(Low Temperature Polycrystalline Silicon,LTPS)的迁移率可以达到非晶硅的数十倍乃至数百倍以上。尽管如此,p-Si TFT 因为具有生产成本高和制备均一性差等缺点而一直未在 FPD 领域得到广泛的应用。

　　柔性显示技术的发展要求 TFT 不仅能在玻璃基板上制备,还应该可以在塑料等柔性衬底上形成并在弯曲等状态下仍能正常工作。硅基薄膜晶体管很难满足上述要求。为此,研究人员将视线转到有机半导体材料并在 1983 年首次开发出了以聚乙炔/聚硅氧烷为有源层的有机薄膜晶体管（Organic Thin Film Transistor，OTFT）。与 a-Si TFT 不同，OTFT 通常是以空穴导电为主的 P 型半导体器件，其迁移率也较前者为低。遗憾的是，因为有机 材料所固有的不稳定性导致 OTFT 至今尚未大规模投入实际生产。

进入 21 世纪以来，薄膜晶体管技术随着平板显示产业的快速发展也取得了长足的进 步。比较突出的表现是氧化物薄膜晶体管（Oxide Thin Film Transistor，Oxide TFT）的发 明并投入实际应用。最开始人们研究的氧化物有源层材料是具有多晶体结构的 ZnO 等，后 来研究人员逐渐将关注点转移到非晶氧化物半导体（Amorphous Oxide Semiconductor， AOS），特别是非晶铟镓锌氧（amorphous InGaZnO，a-IGZO）薄膜上来。值得一提的是， a-IGZO TFT 是由日本东京理工大学的 Hosono 研究小组于 2004 年发明的。因为具有高 场效应迁移率、好的制备均一性和可低温制备等优点，a-IGZO TFT 目前已经在实际生产中 得到了应用。

1.2   薄膜晶体管的技术分类及比较

根据所采用有源层材料的不同，当前正在使用或研究的薄膜晶体管技术可以分为 a-Si TFT、p-Si TFT、OTFT 和 Oxide TFT 四大类。下面将上述四类薄膜晶体管技术的特点加 以简单比较。

（1）a-Si TFT 具有制备均一性好和生产合格率高的优点，但其稳定性不太理想且场效 应迁移率很低。a-Si TFT 是当前 AMLCD 有源矩阵驱动电子器件的主流。

（2）p-Si TFT 具有非常高的场效应迁移率和相对较好的器件稳定性，但是其制备均一 性较差且生产合格率较低。p-Si TFT 目前在小尺寸的 AMLCD 和 AMOLED 中具有大规 模应用。

（3）OTFT 具有制备均一性好、柔性强和生产成本低的优点，但是其稳定性极差且器件 场效应迁移率非常低。OTFT 目前基本上处于研究和开发阶段，还没有投入实际生产。

（4）Oxide TFT 具有高的场效应迁移率、好的制备均一性、较好的电学稳定性和光学透 明等技术优势，但是其特性比较容易受到环境因素的影响。目前 Oxide TFT 已经在平板显 示中得到了初步应用，预期在不远的将来这种新技术将得到更广泛的实际应用。

1.3   薄膜晶体管的应用简介

薄膜晶体管当前最主要的应用领域就是平板显示。事实上，从 1 英寸的手机显示屏到 110 英寸的液晶电视，几乎均采用 TFT 作为其有源矩阵驱动的电子器件。当前 TFT-LCD 已经成为仅次于 IC 的第二大电子工业，其在国民生产和生活中所占据的地位越来越重要； 高分辨率和大尺寸是 TFT-LCD 技术发展的基本趋势。另外，AMOLED 等新型的显示器 件也正处在快速发展中，已经形成了巨大的市场和产业。上述技术的发展都需要更先进的 TFT 技术予以支撑。

除平板显示外，薄膜晶体管还在 X 射线图像传感器领域中得到了重要应用。传统的 X 射线传感器采用 CMOS 阵列完成光学信息的采集和处理，如果采用 TFT 技术，则可以实现 1∶1 的图像采集，并且生产成本也可显著降低。

此外,随着 p-Si TFT 和 Oxide TFT 等高迁移率器件的出现和发展,科研人员也尝试重新将 TFT 技术应用到低成本集成电路领域中去。尽管目前投入实际生产的实例仍较少,但随着物联网技术的发展,TFT 在这方面的应用可能具有越来越广阔的空间。

1.4　本书的主要内容及架构

本书主要以目前比较成熟的 a-Si TFT 和 p-Si TFT 技术为例重点讲解薄膜晶体管技术涉及的材料、器件和工艺原理,以及在平板显示中应用的基本原理和方法等。具体包括如下基本内容:

(1) 绪论:TFT 发展简史;TFT 技术分类及比较;TFT 技术的应用简介等。

(2) 平板显示的有源矩阵驱动:平板显示简介;液晶显示的有源矩阵驱动;有机发光二极管显示的有源矩阵驱动;电子纸显示的有源矩阵驱动等。

(3) 薄膜晶体管材料物理:非晶硅材料物理;多晶硅材料物理;薄膜晶体管绝缘层材料;薄膜晶体管电极材料;平板显示用玻璃基板和柔性基板等。

(4) 薄膜晶体管器件物理:TFT 器件结构;TFT 器件的操作特性及理论模型;TFT 特性参数提取方法;TFT 器件稳定性;TFT 器件的动态特性等。

(5) 薄膜晶体管制备单项工艺:成膜工艺;薄膜改性技术;光刻工艺;刻蚀工艺;其他工艺等。

(6) 薄膜晶体管工艺整合:AMLCD 制备工艺概述;非晶硅薄膜晶体管阵列基板制备工艺流程;AMOLED 制备工艺概述;多晶硅薄膜晶体管阵列基板制备工艺流程;阵列检查与修补;柔性 TFT 背板的制备工艺等。

(7) 总结与展望:全书内容的总结;薄膜晶体管技术发展展望;薄膜晶体管在非显示领域的应用展望等。

习题

1. TFT 与 MOSFET 在结构和功能上有何异同?
2. TFT 技术包括哪几类?试比较不同种类 TFT 的优缺点。
3. TFT 技术的主要应用领域包括哪些?

参考文献

[1] Kagan C R,Andry P. Thin-film transistors[M]. Boca Raton:CRC Press,2003.

[2] Kuo Y. Thin film transistors:materials and process[M]. Kluwer Academic Publishers,2004.

[3] Chaji R,Nathan A. Thin film transistor circuits and system[M]. Cambridge Cambridge University Press,2013.

[4] 戴亚翔. TFT LCD 面板的驱动与设计[M]. 北京:清华大学出版社,2008.

[5] 谷至华. 薄膜晶体管(TFT)阵列制造技术[M]. 上海:复旦大学出版社,2007.

[6] 申智源. TFT-LCD 技术:结构、原理及制造技术[M]. 北京:电子工业出版社,2012.

[7] Edgar L J. Device for controlling electric current:US pat. 1,900,018[P]. 1933-3-7.

[8]   Heil O. Improvements in or relating to electrical amplifiers and other control arrangements and devices[P]. British Patent,1935,439(457): 10-14.

[9]   Shockley W. A unipolar "field-effect" transistor[J]. Proceedings of the IRE,1952,40(11): 1365-1376.

[10]   Dacey G C,Ross I M. The field effect transistor[J]. Bell System Technical Journal,1955,34(6): 1149-1189.

[11]   Hofstein S R,Heiman F P. The silicon insulated-gate field-effect transistor[J]. Proceedings of the IEEE,1963,51(9): 1190-1202.

[12]   Weimer P K. The TFT a new thin-film transistor[J]. Proceedings of the IRE, 1962, 50 (6): 1462-1469.

[13]   Le Comber P G,Spear W E,Ghaith A. Amorphous-silicon field-effect device and possible application [J]. Electronics Letters,1979,6(15): 179-181.

[14]   Depp S W,Juliana A,Huth B G. Polysilicon FET devices for large area input/output applications [C]//1980 International Electron Devices Meeting. IEEE,1980: 703-706.

[15]   Nomura K,Ohta H,Takagi A,et al. Room-temperature fabrication of transparent flexible thin-film transistors using amorphous oxide semiconductors[J]. Nature,2004,432(7016): 488-492.

平板显示的有源矩阵驱动

根据第 1 章所述,薄膜晶体管最主要的应用领域便是平板显示。正是薄膜晶体管这一半导体器件与液晶显示的成功结合才催生了当前第二大电子产业,即 TFT-LCD。在可预知的未来,AMOLED 也将开始更加迅猛的发展。因此,有源矩阵驱动始终是平板显示的关键技术之一,而薄膜晶体管则是有源矩阵驱动技术中的核心电子器件。本章将详细介绍平板显示的有源矩阵驱动技术。首先介绍平板显示的基本原理;然后详细讲解当前最主流的有源矩阵驱动技术,即 AMLCD 技术;最后简要介绍新一代平板显示——有机发光二极管以及电子纸显示用到的有源矩阵驱动技术原理。

2.1　平板显示简介

众所周知,最早的电子显示技术是阴极射线管(Cathode Ray Tube,CRT)。事实上,CRT 技术最初可以追溯到 1897 年德国科学家发明的布劳恩管。20 世纪 20 年代以后,CRT 逐渐在一些电子系统中使用,并一直占主导地位直至 20 世纪末。CRT 尽管具有生产技术成熟、驱动方式简单和成本低廉等优势,但其庞大的体积和重量使其无法满足当代显示应用上的需求,必然为新兴的平板显示所取代。21 世纪初,TFT-LCD 开始迅猛发展并迅速取代 CRT 成为电子显示技术的主流。2010 年后,AMOLED、电子纸等新兴显示技术也开始崭露头角,并逐步在中小尺寸的显示中得到实际应用。一方面,平板显示在外形、重量和显示特性等方面与 CRT 存在着显著的区别;另一方面,同属于电子显示的 FPD 和 CRT 在系统结构、显示指标定义和测量等方面又具有相似性。接下来在介绍电子显示系统共性的基础上,再分别讲解平板显示(特别是液晶显示、有机发光二极管显示和电子纸显示)的基本原理和技术特点。

2.1.1　显示技术的分类及特性指标

关于显示技术的定义有很多种。例如,根据国际信息显示学会(Society for Information Display,SID)在 1963 年提出的定义,显示技术是为了将特定的信息向人们展示而使用的全部方法和手段。另外,从信息工程学的角度也可以对显示技术作如下定义:显示技术根据视觉可识别的亮度、颜色,将信息内容以电信号的形式传递给眼睛产生视觉效果。相比较而言,后一种定义更加具体实用,也更容易被理解和接受。

显示的实现必须通过具体的电子显示器件,图 2.1 为电子显示器件的结构示意图。从原理上讲,任何电子显示器件都包括电子系统、电光器件和光源(非必需)三大部分。其中,电子系统负责与整机通信并将整机的信号指令转换为相应的位置信息和电学信号(电压、电流等);电光器件则受电子系统的控制并将电学信号转换为光学信息(亮度、颜色等);如果电光器件本身不发光,则需要光源来提供光信号。其中,电子系统与本书的关系最密切,因为以薄膜晶体管为核心构成的有源矩阵属于电子系统的关键组成部分。除此之外,电子系统还包括为有源矩阵提供扫描信号和数据信号的集成电路芯片以及与整机通信并控制集成电路时序的印制电路板(Printed Circuit Board,PCB)等。电光器件则通常是液晶盒或有机发光二极管等能将电信号转化为光信号的器件。用在电子显示器件中的光源最早采用冷阴极荧光灯管(Cold Cathode Fluorescent Lamp,CCFL),近年来,CCFL已基本被发光效率更高且色域更宽的发光二极管(Light Emitting Diode,LED)背光源所取代。

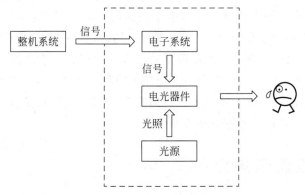

图 2.1　电子显示器件的结构示意图

通常,电光器件在整个电子显示器件中居于核心地位,因此一般根据电光器件的特点对电子显示技术加以分类。如图 2.2 所示,首先从显示方式的角度出发,显示技术可以分为直接显示和投影显示两大类。与投影显示相比较,直接显示在实际生活中应用更为广泛。再则,根据显示原理及外形特点的不同,直接显示又可以划分为阴极射线管和平板显示两大类。当前,除了特殊的应用场合外,CRT 基本上已经退出了历史舞台。与此相反,FPD 是目前电子显示技术的主流,正以日新月异的速度发展并且催生了许多新的显示应用。截至目前,FPD 已经发展成了电子工业的支柱产业之一。

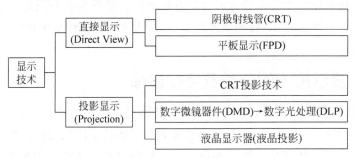

图 2.2　显示技术分类图

虽然显示技术的优劣可以通过人眼的观察进行直接判断,但这种方式毕竟是模糊和定性的。为了能够相对精确地对显示效果做出定量的评价,科研人员定义了一系列技术指标来表征和评价显示技术优劣,这些指标主要包括:画面尺寸(size)、分辨率(resolution)、亮度/对比度(luminance/contrast ratio)、色彩(color)、响应时间(response time)、视角(viewing angle)、串扰(crosstalk)和闪烁(flicker)等。下面逐一对上述技术指标加以简单介绍。

1) 画面尺寸

通常,我们以显示器件画面对角线的长度(以英寸为单位,1英寸≈25.4毫米)来衡量画面尺寸。另一个与画面尺寸密切相关的概念是画面宽高比(aspect ratio),即画面宽度与高度的比值。在CRT时代,画面宽高比通常为4∶3;而在平板显示为主导的时代,画面宽高比逐渐改为以16∶9或16∶10为主。

2) 分辨率

显示器件中最基本的显示单元是像素(pixel)。一般来说,像素密度越高则显示画面越细腻。分辨率就是描述像素密度的一个显示特性指标。通常定义像素的列数×行数为显示器件的分辨率。以QVGA分辨率为例,其像素阵列为320列/240行,所以其分辨率表示为320×240。对于彩色显示而言,每个像素又包含3个子像素,所以子像素的列数一般是像素列数的3倍。表2.1为部分常见的分辨率规格。需要说明的是,随着显示技术日新月异的发展,不断有新的显示分辨率规格出现。

表 2.1　部分常见的分辨率规格

分辨率	像素数目	子像素数目	宽高比	代码
320×240	76800	230400	4∶3	QVGA
640×400	256000	768000	16∶10	EGA
640×480	307200	921600	4∶3	VGA
800×480	384000	1152000	15∶9	WVGA
1024×600	614400	1843200	17∶10	WSVGA
1024×768	786432	2359296	4∶3	XGA
1280×1024	1310720	3923160	5∶4	SXGA
1400×1050	1470000	4410000	4∶3	SXGA+
1600×1200	1920000	5760000	4∶3	UXGA
1920×1200	2304000	6912000	16∶10	WXGA
3200×2400	7680000	23040000	4∶3	QUXGA

事实上,与画面细腻程度更直接相关的是另一个与分辨率密切相关的特性指标——单位长度画面包含的像素数目,通常定义为每英寸画面覆盖的像素数目(Pixel Per Inch,PPI)。一般而言,大尺寸显示的PPI值通常较小,而中小尺寸显示的PPI值通常较大,当前某些小尺寸液晶显示样机的PPI值甚至可达到700以上。

3) 亮度/对比度

显示器的亮度通常定义为画面中心位置且垂直于画面方向的单位面积的发光强度,单位是nits(cd/m^2)。需要强调的是,显示画面在不同位置处的亮度值是有所不同的,为简便起见,通常以画面中心位置的亮度来表征整个显示器的亮度。

显示器的对比度通常定义为画面中心位置且垂直于画面方向的最大亮度与最小亮度的比值,即

$$C = \frac{L_{\text{MAX}}}{L_{\text{MIN}}} \tag{2.1}$$

其中，L_{MAX} 和 L_{MIN} 分别表示最大和最小的亮度值。虽然理想显示器的 L_{MIN} 应该为零，但实际的显示器件由于种种原因导致 $L_{\text{MIN}} > 0$。一般而言，提高显示器件对比度的努力方向便是尽可能地降低 L_{MIN} 值。

4）色彩

除了特殊的情况，人们对显示的基本要求之一是实现彩色显示。显示器形成彩色通常都基于三基色原理，即自然界中所有色彩都可以由三种基本色彩混合而成。三种基本色彩一般采用红色（R）、绿色（G）和蓝色（B）。为标准化起见，国际照明委员会（CIE）对上述三基色作了统一规定，即选水银光谱中波长为 700nm 的红光为红基色光，波长为 546.1nm 的绿光为绿基色光，波长为 435.8nm 的蓝光为蓝基色光。实验研究发现，人眼的视觉响应取决于红、绿、蓝三分量的代数和，即它们的比例决定了彩色视觉，而其亮度在数量上等于三基色的总和。这个规律称为 Grassman 定律。由于人眼的这一特性，就有可能在色度学中应用代数法则。除数学表达式外，描述色彩的方法还有色度图，色度图能把选定的三基色与它们混合后得到的各种色彩之间的关系简单而方便地描述出来。图 2.3(a) 为 CIE 在 1931 年制定的色度图。

此外，显示器的色彩鲜艳程度通常用色饱和度（Color Gamut）来表示。如图 2.3(b) 所示，一般色彩饱和度以显示器三原色在 CIE 色度图上围成的三角形面积为分子，以 NTSC（National Television Standards Committee，美国国家电视标准委员会）所规定的三原色围成的三角形面积为分母，求百分比。如果某台显示器色彩饱和度为"75%NTSC"，则表明这台显示器可以显示的颜色范围为 NTSC 规定的 75%。传统的 CRT 和采用 CCFL 作背光源的 TFT-LCD 的色饱和度一般都低于 100%，如图 2.3(b) 所示。但采用 LED 背光源的 TFT-LCD 以及 AMOLED 的 Color Gamut 值有可能大于 100%。

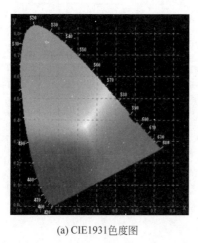

(a) CIE1931色度图　　　　(b) NTSC定义示意图

图 2.3　CIE1931 色度图与 NTSC 定义示意图

5）响应时间

响应时间是描述显示器件对信号响应快慢的特性指标。如图 2.4 所示，显示器的响应时间一般由两部分构成：①显示器由最亮（通常选用 90% 亮度）变到最暗（通常选用 10% 亮度)所需要的时间 T_f；②显示器由最暗(通常选用 10%亮度)变到最亮(通常选用 90%亮度)所需要的时间 T_r。综上,显示器的响应时间即为上述两时间之和。

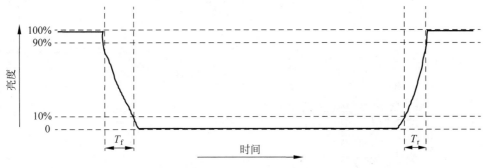

图 2.4　显示器响应特性示意图

6）视角

一般而言,显示器件在垂直于画面方向的对比度最佳。随着与垂直方向偏离的角度越来越大,显示器的对比度越来越小。视角即为描述上述物理现象的显示特性指标。从定义上讲,视角对应对比度下降到 10%时偏离垂直方向的角度。如图 2.5 所示,显示器的视角一般有 4 个,分别为左视角(θ_L)、右视角(θ_R)、上视角(ϕ_H)和下视角(ϕ_L)。

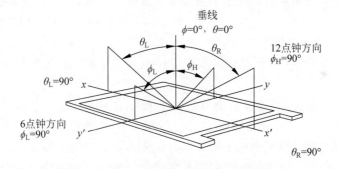

图 2.5　显示器视角定义示意图(TCO03 标准)

7）串扰

串扰(cross talk)指在不同位置的显示画面互相干扰的物理现象。如图 2.6 所示,由于受到中心黑框的影响,在黑框上下左右区域的显示灰度发生了明显的改变,与画面四角位置处的灰度产生了明显的差异,这便是非常严重的串扰现象。对于显示器件而言,串扰总是或多或少地存在,所以通常可以将其视为一个显示特性指标,但是在非常严重的情况下则可定义为显示不良。一般而言,图像对其上下区域造成的串扰称为纵向串扰(longitudinal cross talk),对其左右区域造成的串扰称为横向串扰(horizonal cross talk)。无源矩阵(Passive Matrix,PM)驱动的平板显示器件会存在非常严重的串扰,从而导致 PMFPD 器件的分辨率受到极大限制,这也正是 AMFPD 能够占绝对统治地位的主要原因。关于这方面内容我们将在 2.2 节和 2.3 节中详细介绍。

8）闪烁

显示器件一般在每秒中更换几十帧的画面。如果奇数帧与偶数帧在亮度上存在明显的差异,人眼便会感到画面在"闪烁",如图 2.7 所示。通常而言,相邻帧画面的亮度不可能完全一样,因此显示器的闪烁总是客观存在的。所以一般将闪烁定义为显示器的一个特性指标,只有在非常严重的情况下才称其为显示不良。与串扰一样,闪烁与显示的驱动技术密切相关。如果采用不恰当的驱动方法或驱动信号可能引起非常严重的闪烁不良,相关内容将在 2.2 节中详细介绍。

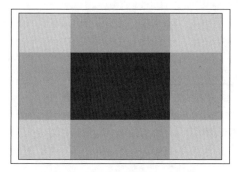

图 2.6　串扰物理现象示意图

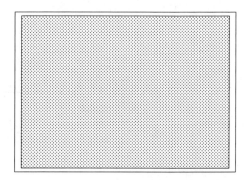

图 2.7　闪烁物理现象示意图

2.1.2　平板显示的定义和分类

顾名思义,平板显示就是屏幕呈平面的显示器件,它是相对于传统 CRT 庞大的身躯而言的一类显示器。与 CRT 相比较,FPD 最显著的优点便是外形上的"薄"和重量上的"轻"。当然,FPD 的显示尺寸范围更广,最小可以做到 1 英寸以下,最大可以做到 110 英寸以上。正因为如此,平板显示在 21 世纪初已经全方位取代了 CRT 并成为当前电子显示技术的主流。

从显示原理上来说,平板显示通常可分为液晶显示、等离子体显示(Plasma Display Panel,PDP)、有机发光二极管显示和电子纸显示等。其中液晶显示是当前平板显示的主流技术,而有机发光二极管显示和电子纸显示则被认为是新一代平板显示的主要代表。上述三种显示器件都需要以 TFT 为核心的有源矩阵加以驱动才能实现高分辨率的显示。接下来主要介绍液晶显示、有机发光二极管显示和电子纸显示的基本原理。

2.1.3　液晶显示器件的基本原理

毫无疑问,TFT-LCD 是当前平板显示的王者。从小于 1 英寸的显示屏到大于 110 英寸的超大尺寸显示都可以通过 TFT-LCD 实现,其覆盖的终端产品包括手机、数码相机、MP4、数码相框、车载显示、笔记本电脑、桌面型电脑和电视等。当前世界上主要的 TFT-LCD 生产商集中在中国大陆、韩国、中国台湾和日本四个地区。中国大陆的 TFT-LCD 产业目前正处于加速发展的阶段,已经在生产规模上达到世界第一。图 2.8 是 2011 年由我国深圳华星光电有限公司首次制造并展出的 110 英寸液晶电视样机,这是截至目前世界上最大的液晶显示器。时隔一年,我国另一个主要的平板显示制造厂商——北京京东方科技有限公司也制造并展出了同样尺寸的样机并成功地将其转化成了可以销售的产品。

液晶显示器的核心部件是液晶盒,而构成液晶盒最重要的材料当然是液晶。在液晶显示器中使用的液晶材料一般具有棒状的分子结构,称为向列型(nematic)液晶。事实上,液晶材料根据所处环境温度的由高至低分别呈现液态相、液晶相和晶体相。显然,液晶相是介

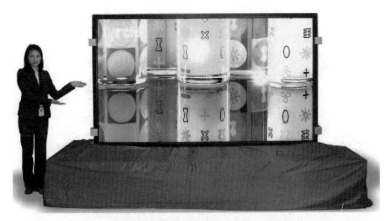

图 2.8　110 英寸液晶电视样机：2011 年由深圳华星光电有限公司首次制造并展出

于各向同性的液体相和各向异性的晶体相之间的一种物质状态。如图 2.9 所示，液态相分子的位置排列完全无序，棒状分子的指向也杂乱无章；与此相反，晶体相棒状分子的位置和指向都是完全有序的；而液晶相棒状分子的位置是无序的，但指向是基本有序的。

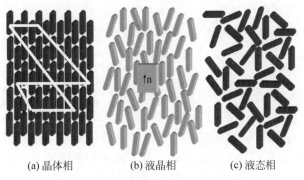

(a) 晶体相　　　(b) 液晶相　　　(c) 液态相

图 2.9　向列型液晶材料相结构示意图

　　更为有趣的是，液晶分子的取向可以通过采用某些技术手段处理而加以改变，通常将这种处理称为液晶分子的"配向"。最常见的配向方法是采用取向膜搭配摩擦（rubbing）处理。如图 2.10 所示，采用聚酰亚胺（PI）作为取向膜，同时利用滚轮对 PI 表面做摩擦处理，从而在取向膜表面形成沟槽。为了获得最低的自由能，液晶分子一般倾向于沿沟槽方向排列。通过控制上下基板的配向角度可以产生多种多样的液晶分子排列方式，即形成不同的液晶显示模式。比较常见的液晶显示模式包括扭曲向列型（Twisted Nematic，TN）、面内开关型（In Plane Switching，IPS）和垂直排列型（Vertically Alignment，VA）等。为了不偏离本书的主题，下面只简单介绍 TN 型液晶盒的结构和显示原理，后续讲解液晶的有源驱动时也仅以 TN 型模式为例进行介绍。关于 IPS 和 VA 模式的原理，读者可以参考其他相关书籍。

　　如图 2.11 所示，TN 型液晶盒上下基板取向膜的摩擦方向正好相互垂直，由此导致液晶棒状分子在两基板之间的空间内形成了逐渐扭曲的排列结构。有趣的是，液晶分子对偏振光具有旋光效应，即光的偏振化方向会随着液晶分子的旋转而旋转。针对 TN 型液晶盒而言，当未外加电场时，通过起偏器而形成的线偏振光的偏振化方向随着液晶分子的旋转而旋转，这样到达下基板时刚好可以通过检偏器（其偏振化方向与起偏器垂直），从而在出光处

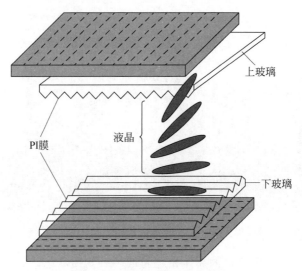

图 2.10　液晶分子配向示意图

形成亮态显示。如果在液晶盒上加载足够强的电场,两基板间的液晶分子将沿电场方向排列,从而失去液晶分子的扭曲排列状态,旋光特性也随之消失。这时因上下偏振片的偏振化方向相互垂直,在出光处将形成暗态显示。这种在未加电场时会形成亮态的显示模式称为常白模式(Normally White,NW)。TN 型液晶显示通常采用 NW 模式。除亮态和暗态外,显示的实现还需要许多处于中间状态的所谓灰度态(grey level)。对 TN 型液晶显示而言,只要对液晶盒施加适当大小的电压值即可实现不同的灰度显示。如果再将液晶盒出光处的玻璃基板换成彩膜(Color Filter,CF)基板,便可以利用三原色的基本原理形成彩色显示。当然,此时一个像素(pixel)要划分为 3 个子像素(sub-pixel),分别代表红(R)、绿(G)和蓝(B)。为了方便起见,后续讨论驱动原理时一般对像素和子像素不加仔细区分。

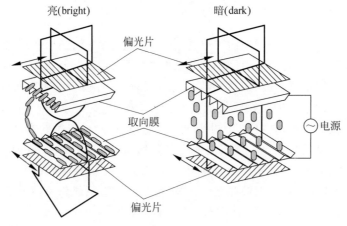

图 2.11　TN 型液晶盒基本结构和显示原理

　　TN 型液晶盒盒厚的确定是一个很重要的问题。事实上,TN 型液晶盒的透过率在未加电场时满足如下公式:

$$T = 1 - \frac{\sin\left(\frac{\pi}{2}\sqrt{1+u^2}\right)}{1+u^2} \tag{2.2}$$

式中,参数 u 满足如下公式:

$$u = \frac{2d\Delta n}{\lambda} \tag{2.3}$$

式中,λ 为光的波长,d 为液晶盒厚,Δn 为光的各向异性参数。根据式(2.3)可以画出 TN 型液晶盒的光学透过率(transmittance)与参数 u 之间的关系曲线,如图 2.12 所示。我们注意到,TN 型液晶盒的光学透过率随着 u 值的增加发生高低起伏的变化,并在某些 u 值会达到最大值。通常出于省电和节省液晶材料的考虑,我们倾向于选择与最大光学透过率相对应的最小 u 值(相应盒厚通过式(2.3)即可确定)。当然上述选择必须在具有较强的盒厚控制工艺水平的前提下才能实现。

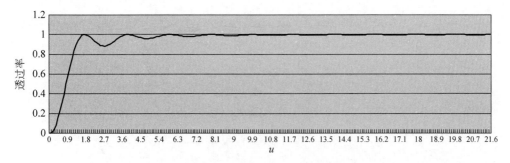

图 2.12 TN 型液晶盒未加电时透过率与参数 u 之间的关系曲线

2.1.4 有机发光二极管显示的基本原理

有机发光二极管是比较公认的新一代平板显示技术,目前已经在中小尺寸显示中实现量产。与 LCD 相比较,OLED 具有视角宽、响应速度快、色饱和度好、器件厚度小和可柔性制备等技术优势。另外,AMOLED 也具有许多难以解决的技术难题。例如,OLED 器件的寿命问题、OLED 器件的生产合格率问题、有源矩阵驱动技术过于复杂、所用 TFT 技术均一性差等。

OLED 是一种典型的二端半导体器件。如图 2.13 所示,OLED 从基板开始向上大致包含以下膜层:阳极(anode)、空穴注入层(Hole Injection Material,HIM)、空穴传输层(Hole Transport Material,HTM)、发光层(Light-Emitting Material,LEM)、电子传输层(Electron Transport Material,ETM)和阴极(cathode)等。从原理上讲,OLED 在正常工作时实际上就是正向偏置的二极管。如图 2.14 所示,空穴从 HIL 层注入后在 HTL 层获得能量成为高能粒子并进入发光层 EML;与此同时,电子也从 EIL 层注入后在 ETL 层获得能量成为高能粒子并进入 EML 层。通过器件合理设计和工艺适当调整,可以实现数量相当的空穴和电子在 EML 层相遇并复合,同时放出多余的能量即实现发光。值得一提的是,OLED 发出光的颜色(或波长分布)主要取决于 EML 层材料的选择。

显然,OLED 器件发光层发出的光并没有固定的方向,因此通过适当的器件结构设计可以获得底发光(bottom emission)和顶发光(top emission)两种模式。如图 2.15(a)所示,

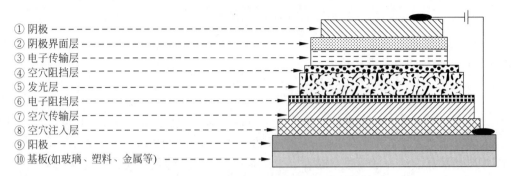

① 阴极
② 阴极界面层
③ 电子传输层
④ 空穴阻挡层
⑤ 发光层
⑥ 电子阻挡层
⑦ 空穴传输层
⑧ 空穴注入层
⑨ 阳极
⑩ 基板(如玻璃、塑料、金属等)

图 2.13　OLED 的断面结构示意图(摘自参考文献[8])

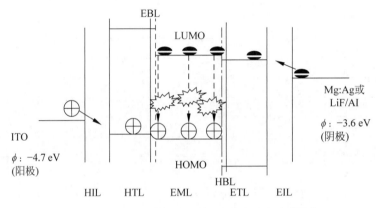

图 2.14　OLED 器件发光示意图(摘自参考文献[8])

底发光 OLED 的阳极透明而阴极被做成反射层,这种器件结构的工艺简单但开口率较低。与此相反,顶发光器件的阳极被做成反射电极而阴极是透明的,如图 2.15(b)所示。显然,顶发光器件的开口率会显著增加但器件制备工艺则变得更困难。

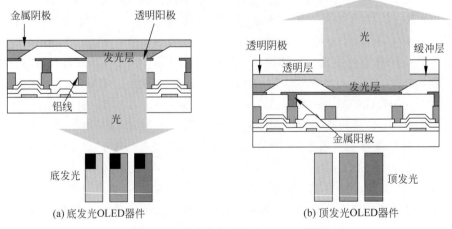

(a) 底发光OLED器件　　　　(b) 顶发光OLED器件

图 2.15　底发光与顶发光 OLED 器件

2.1.5　电子纸显示的基本原理

电子纸显示是一种相对比较特殊的显示技术。前面介绍的液晶显示和有机发光二极管显示通常都是"透射显示"，即光源或发光器件发出的光经过调制后进入人眼而形成显示图像；电子纸则是利用环境光的反射而达到显示的目的，这与日常生活中使用的纸张是非常类似的。通常电子纸显示的驱动背板是可弯曲的，通过激活特殊的电子油墨而在显示屏上形成文字和图案。因此，电子纸显示具有功耗低、可视角度大、使用寿命长、轻薄、柔软可折叠和成本低等优点，在电子阅读器、电子报纸、广告宣传、电子标签等领域具有非常广泛的应用前景。值得一提的是，电子纸非常适合学龄儿童携带和阅读，其可擦写功能增加了教学的交互性，因此"电子书包"的推广将大大提升电子纸显示的市场空间。

实现电子纸显示的技术方法多种多样，比较常见的包括反射型液晶显示、电润湿显示（Electro-wetting Display，EWD）和电泳显示（Electrophoretic Display，EPD）。典型的反射型液晶显示采用具有螺旋状分子排列模式的胆甾相液晶材料，通过反射环境光来显示图像，不需要背光源。不加电时右旋胆甾液晶层反射左旋圆偏振光，左旋胆甾液晶层则反射右旋圆偏振光，为常亮状态；加电之后的胆甾液晶分子在电场的作用下呈垂直排列，显示为暗态。电润湿显示则利用了以下物理现象：随着液体/固体电极之间电势的改变，两者之间的表面张力和接触角也会相应改变，进而导致液滴发生形变和位移。具体而言，将有色液滴置于水和表面覆盖疏水涂层的绝缘基板之间，连续铺展成膜，此时显示的是液滴原色；通过改变液滴与基板之间的电压值，使有色液滴的浸润性发生改变，水挤压有色液滴并使其发生形变和位移，此时肉眼观察到的是液滴原色和基板原色的平均视觉效果。

电泳显示是当前电子纸显示的主流技术。2004年，日本索尼公司推出了世界上首款电泳显示电子书；2007年，亚马逊推出的Kindle电子书具有电子杂志订阅、电子书下载、电子邮件浏览等多项功能，大获成功，从而开创了电子纸显示技术大规模实用化的新纪元。

电泳显示技术基于1807年F.F.Reuss发现的电泳现象，即溶液中带电颗粒在电场的作用下向着与自身相反电性的电极迁移。目前已经得到实际应用的电泳显示技术包括扭转球型电泳显示、微杯型电泳显示、快响应电子粉流体显示和微胶囊型电泳显示等。下面以最典型的微胶囊型电泳显示为例讲解EPD技术的基本原理。

微胶囊型电泳显示通常也称为电子墨水（Eink），名称来源于该技术的首创者——Eink公司。截至目前，微胶囊型电泳显示是电子纸显示产品的主流。如图2.16所示，微胶囊电泳显示的基本显示单元是同时装载黑色粒子和白色粒子的微型胶囊。通常白色粒子带正电，黑色粒子带负电；胶囊中的透明液体是电荷控制剂，能防止粒子团聚并为两种粒子提供了电泳载体。当微胶囊两端被施加一个负电场时，带有正电荷的白色粒子在电场的作用下移动到透明负电极，带有负电荷的黑色粒子移动到微胶囊的底部，这时表面会显示白色；当微胶囊两端被施加一个正电场时，带负电荷的黑色粒子会在电场的作用下移动到微胶囊的顶部，这时表面就显现为黑色。因为电泳液和带电粒子密度接近，所以电场撤除后仍能长时间保持显示状态（双稳态），显著降低了能耗。

除黑白显示外，微胶囊型电泳显示也可以通过改变像素电极上的电压值得到一系列灰阶。此外，也可以在微胶囊内放置带有不同电荷的三种颜色粒子，通过施加电压控制来实现彩色显示。

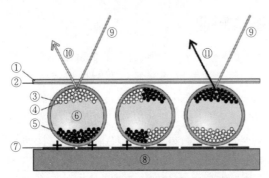

① 上层
② 透明电极层
③ 透明微胶囊
④ 带正电荷的白色颜料
⑤ 带负电荷的黑色颜料
⑥ 透明液体（油）
⑦ 电极像素层
⑧ 基板
⑨ 光线
⑩ 白色显示（光反射）
⑪ 黑色显示（光吸收）

图 2.16　微胶囊型电泳显示原理

2.2　液晶显示的有源矩阵驱动

　　液晶分子排列的改变可通过电、磁、热等外场的作用来实现,把通过外场作用改变分子排列状态的过程称为液晶盒的驱动。在 LCD 中通常采用加载电场的方式对液晶进行驱动,因为电场的加载具有方便和快速的优点。从驱动的角度讲,可以将液晶盒简单地理解为一个电容,所以随着外加电场的变化,液晶盒两端存储的电荷量也会发生相应的变化。比较复杂的问题是液晶电容也随着外加电场的变化而变化。如图 2.17 所示,液晶分子随着外电场的加载而改变取向,液晶的介电常数也随之改变,进而导致液晶的电容大小也发生变化。液晶的电容与外加电场大小直接相关的特性增加了液晶驱动设计的复杂性。假设最大的液晶电容是 C_{MAX},最小的液晶电容是 C_{MIN},则可计算出液晶电容的平均值为 $C_{AVERAGE}=(C_{MAX}+C_{MIN})/2$。有时为了简便起见,在液晶驱动设计时采用 $C_{AVERAGE}$ 来代表液晶电容值。当然精确的仿真和计算还是需要采用更准确的液晶电容理论模型。

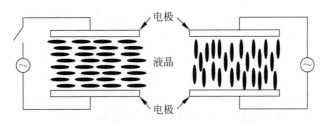

图 2.17　液晶分子取向随电场的变化示意图

　　液晶驱动的另一个显著特点是必须采用交流驱动。之所以不能采用直流电压驱动液晶的主要原因如下:

　　(1) 直流阻绝效应(DC Blocking Effect)。

　　液晶盒中的液晶层的电阻很大,但是与之相串联的取向膜电阻更大。一般来说,取向膜的电阻值要远大于液晶电阻。如果采用直流电压驱动,根据电阻串联电路的基本原理,外加的绝大部分电压降落在取向膜上,从而无法使液晶层获得足够大的驱动电压。

　　(2) 直流残留效应(DC Residue Effect)。

　　液晶层中不可避免地会含有一些带电离子。如果采用直流电压驱动,在长时间保持一幅画面(长时间加载某一固定直流电压)时,这些带电离子将会聚集在液晶层的上下表面而形成内部电场。当改变画面(改变电压值)时,这些离子不会快速改变位置(内部电场不会马上消失),从而导致发生画面残留的显示不良,即原来显示的画面残影会较长时间的存留。

如果采用交流驱动,上述两个问题便不复存在。交流电压的分配主要决定于液晶容抗和取向膜容抗的相互比较;因为液晶容抗远大于取向膜容抗,所以交流电压绝大部分会落在液晶上。此外,不断变换的交流电场也使得液晶中的带电离子不断改变位置,因此也从根本上杜绝了画面残留的发生。

那么,交流电压驱动液晶显示是否会带来其他问题呢? 答案是完全不会。有趣的是,理论和实验均证明,绝对值相同的正负极性电压对液晶驱动的效果是完全一致的。因此,针对液晶驱动我们通常在奇数帧和偶数帧采用不同极性的电压进行驱动(见图2.18)。需要注意的是,如果显示同一画面,必须确保正负极性电压的绝对值相同,否则便会发生前面提到的闪烁不良。

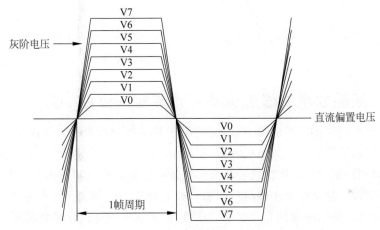

图 2.18　液晶驱动信号示意图

另外,如果在一帧内加载的电压大小甚至极性也发生变化,我们如何表征在这一帧内液晶的驱动效果呢? 这种情况是经常发生的,因为即使在一帧内加载相同的电压,该电压值也可能因为种种原因而有所变化。针对这种情况,通常我们会采用如下公式来计算在该帧内的均方根电压:

$$V_{\mathrm{RMS}} = \left\{ \int_0^T \left[V(t) \right]^2 \mathrm{d}t / T \right\}^{1/2} \tag{2.4}$$

式中,T 为一帧的时间。根据式(2.4),可以用 V_{RMS} 来等效表征一帧加载电压的实际驱动效果。

仅有黑白是无法实现图像的显示的,必须还要实现不同的灰度显示。因此,液晶的驱动要求必须能确定合适的电压以实现各灰度等级。根据人眼的视觉特点,灰度等级与亮度之间必须满足如下的关系:

$$T = A \times G^{\Gamma} \tag{2.5}$$

式中,T 为亮度,A 为系数,G 为灰度等级,Γ 为指数参数,为 2.2~2.5。不同人种对 Γ 值的要求略有不同。根据式(2.5),人眼对亮度和灰度等级之间的感觉并非线性关系。当灰度等级提高一倍时,人眼感觉亮度的变化并没有这么大。因此,在进行液晶驱动设计时必须要迁就人眼的这一特性。

依据液晶显示器件写入机理和显示像素电极的排列方式,即可以确定对其进行驱动的基本条件。用什么方法满足这些基本条件,以及这些基本条件如何完成显示要求,达到显示目的即是所谓"驱动原理"。根据驱动原理的不同,可以对液晶显示驱动方式进行分类。如图 2.19 所示,液晶驱动从大的方面可以分为电驱动、光寻址驱动和热寻址驱动三种方式。而其中最常用的电驱动方式又可分为静态驱动、无源矩阵驱动和有源矩阵驱动三种方式。下面先简单介绍静态驱动和无源矩阵驱动方式,再仔细讲解与本书主题密切相关的有源矩阵驱动方式的基本原理。

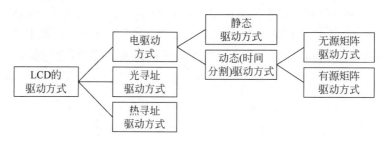

图 2.19　LCD 驱动方式分类示意图

2.2.1　液晶显示的静态驱动和无源矩阵驱动简介

静态驱动是最简单的液晶驱动方式,通常用于数字或字母显示。如图 2.20 所示,静态驱动就是在所显示数字的各笔段电极和共通(common)电极之间同时而连续地施加驱动电压,直到显示时间结束为止。因为这种驱动方式的特点是在显示时间内驱动电压一直保持,所以称作静态驱动。静态驱动中各电极的驱动相互独立、互不影响,而且在显示期间驱动电压一直保持,因此液晶能够得到充分驱动。此外,静态驱动的缺点也显而易见。在静态驱动中,每个段形电极需要一个控制元件,一旦显示数字的位数很多,相应的驱动元件数和引线端子数太多。因而它的应用受到限制,只适用于位数很少的笔段电极显示。

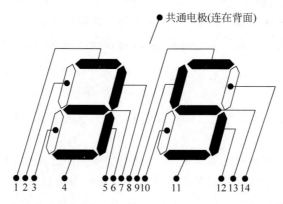

图 2.20　液晶静态驱动原理示意图(摘自参考文献[3])

如果想显示复杂的图像信息则必须采用矩阵驱动显示。矩阵显示通常采用"逐行扫描"的方式进行信息加载。如图 2.21 所示,如果同样显示数字 35,矩阵驱动显示与图 2.20 中的静态驱动方法完全不同。矩阵驱动在一帧时间内对显示像素进行逐行扫描并加载显示信息,即扫描到的像素行写入信息,未扫到的像素行则试图保持原有信息不变。由此可见,矩阵驱

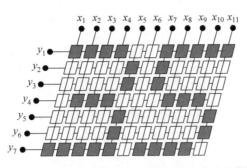

图 2.21　矩阵驱动显示的原理示意图(摘自参考文献[3])

动显示的最显著特点是行信息与待显示的信息无关,而列信号是加载着像素信息的。因此,静态驱动显示中引线端子数过多的问题在矩阵驱动显示中不复存在,后者有能力显示更复杂的图像信息。

实现矩阵驱动显示的最简单方法是采用无源矩阵(Passive Matrix,PM)。如图 2.22(a)所示,所谓无源矩阵即采用上下相互垂直的条形电极形成像素矩阵的一种技术手段。因为无源矩阵结构上的局限性导致这种技术方法存在如下特点:在由占空比决定的极短时间间隔内施加对控制显示状态有用的电压波形,而在其余大部分时间内则施加对控制显示状态无关的电压波形。上述驱动原理上的特点不可避免地导致这样的结果:无源矩阵液晶显示(PMLCD)具有比较严重的串扰特性,即不同像素间在显示效果上存在严重的相互干扰。如图 2.22(b)所示,对于 PMLCD 而言,当被选像素的加载电压为 V_0 时,周边一些未选像素将不可避免地被加载 $V_0/3$ 电压。这种严重的串扰现象势必会显著降低显示对比度,进而使 PMLCD 的分辨率受到极大限制。

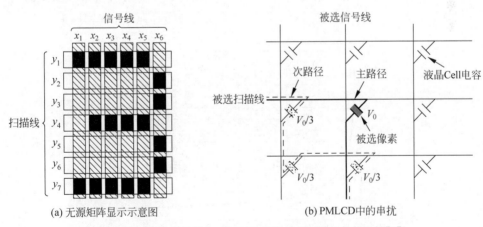

(a) 无源矩阵显示示意图　　　(b) PMLCD中的串扰

图 2.22　无源矩阵显示与 PMLCD 中的串扰(摘自参考文献[3])

为了进一步讨论 PMLCD 对比度与分辨率(显示行数)的关系,设定如表 2.2 所示的驱动条件。其中,V 和 b 都是可以改变的变量。根据式(2.4)可以很容易地推导出选中像素(selected pixels)和非选中像素(non-selected pixels)的均方根电压分别为

$$\bar{V}_s = \left\{ \frac{1}{N} \left[1 \cdot V^2 + (N-1) \left(\frac{V}{b} \right)^2 \right] \right\}^{1/2} \tag{2.6}$$

$$\overline{V}_{\text{ns}} = \left\{ \frac{1}{N} \left[1 \cdot \left(\frac{b-2}{b} V \right)^2 + (N-1) \left(\frac{V}{b} \right)^2 \right] \right\}^{1/2} \qquad (2.7)$$

根据式(2.6)和式(2.7)可以计算出 PMLCD 的对比度为

$$R = \frac{\overline{V}_{\text{s}}}{\overline{V}_{\text{ns}}} = \left[\frac{b^2 + (N-1)}{(b-2)^2 + (N-1)} \right]^{1/2} \qquad (2.8)$$

通过对式(2.8)进行求导计算,可以推导出最大的对比度为

$$R_{\text{m}} = \left(\frac{\sqrt{N} + 1}{\sqrt{N} - 1} \right)^{1/2} \qquad (2.9)$$

表 2.2 PMLCD 的驱动条件

	选中像素电压	非选中像素电压
行	$(b-1)V/b$	0
列	$-V/b$	V/b

根据式(2.9)可以画出 PMLCD 的最大对比度 R_{m} 与矩阵行数之间的关系曲线。如图 2.23 所示,随着矩阵行数的增加,PMLCD 的对比度将快速下降。当扫描线行数为 8 时,PMLCD 的最大选择比是 1.44;当扫描线行数增加到 16 时,PMLCD 的最大选择比降低至 1.29;而当扫描线行数增加到 32 时,PMLCD 的最大选择比降低至 1.19。一般而言,如果最大选择比为 1.44 的 PMLCD 还可勉强被接受,1.19 的最大选择比通常是无法形成有效显示效果的,因为此时选中像素所加载的均方根电压仅比非选中像素的均方根电压高 1/5。因此,可以得出如下重要结论:无源矩阵液晶显示因为受到串扰的影响而无法实现高分辨率显示。事实上,在实际应用中也的确如此。PMLCD 只在一些对分辨率要求不高的低成本显示中得到了实际应用,更多的对显示特性要求较高的场合都采用 AMLCD。

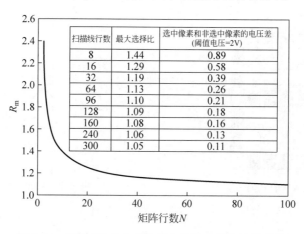

图 2.23 PMLCD 最大对比度与行数之间的关系曲线

PMLCD 因为受到串扰的影响而无法精确地对液晶盒施加驱动电压,所以在灰度实现方面必须采用一些特殊的方法。比较常见的包括面积灰度调制法和帧分解调制法等。这些方法均无法实现较细灰度等级的划分,而且还会带来分辨率降低或帧频增加的弊端。因此,从灰度等级实现的角度讲 PMLCD 也无法像 AMLCD 那样可以完成高质量画质的显示。

2.2.2　AMLCD 像素电路的充放电原理

有源矩阵液晶显示器(AMLCD)是当前平板显示的主流,从手机、数码相机、笔记本电脑、桌面型电脑到电视基本上都采用 AMLCD 作为其显示解决方案。液晶显示有源矩阵驱动方法的关键在于引入了 TFT 器件作为像素开关,如图 2.24(a)所示,在所有液晶像素中都引入了一个薄膜晶体管作为开关。基于矩阵显示逐行扫描原理,扫描选择像素行的 TFT 器件全部打开,同时显示信息沿数据线同时写入;扫描完成后像素行的 TFT 全部关闭,已经写入的信息电压将基本保持不变,直待下一帧扫描到时再重新写入信息。这样任一像素电极的电压值将基本不会受到其他像素显示信息的影响,较好地解决了串扰的技术难题。与图 2.22(a)所示的无源矩阵驱动液晶显示相比,AMLCD 将会获得高得多的对比度,因此高显示分辨率可以很容易得到实现。

AMLCD 像素阵列的等效电路图和驱动信号波形如图 2.24(b)所示。沿着横向的扫描线和沿着纵向的数据线将几百万甚至几千万个液晶像素连接起来。每个像素都包含 1 个 TFT 器件、1 个液晶电容和 1 个存储电容等。TFT 器件的栅极(gate)与扫描线相连接,漏极(drain)与数据线相连接。这样扫描线加载高电平时,与之相连接的所有 TFT 器件都打开,数据线上的电压将通过 TFT 的漏极、沟道(channel)和源极(source)加载到液晶电容和存储电容上;当扫描线加载低电平时,与之相连接的所有 TFT 将关闭,这时信号线上的电压变化将不会对液晶电容产生影响,即液晶电容上的电压得到了有效保持。上述内容便是 AMLCD 充放电的基本过程,相关原理后续将详细讲解。

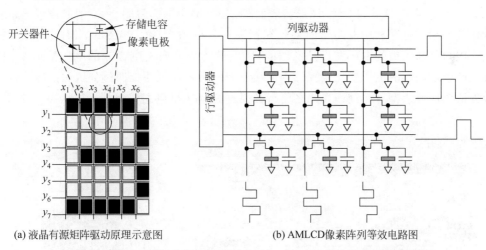

(a) 液晶有源矩阵驱动原理示意图　　　　(b) AMLCD像素阵列等效电路图

图 2.24　液晶有源矩阵驱动原理示意图与 AMLCD 像素阵列等效电路图

另外,AMLCD 灰度电压的设定也比 PMLCD 方便得多。因为 AMLCD 每个像素的电压都可以比较精确地加载,我们只需对液晶施加适当的电压值即可获得所需的灰度。AMLCD 灰度电压值的设定方法如图 2.25 所示。只需将液晶的电光曲线(透过率-液晶电压曲线)与 Γ 曲线(透过率-灰阶曲线)相结合便可非常方便地计算出每个灰阶所需的驱动电压值。针对彩色显示灰度电压的设定则因为情况更复杂而本章不作讨论。

事实上,AMLCD 像素的实际电路结构要比图 2.24 所示的更为复杂。图 2.26(a)是 AMLCD 像素断面结构示意图,从中可以推断 AMLCD 像素中除了液晶电容(C_{LC})和存储

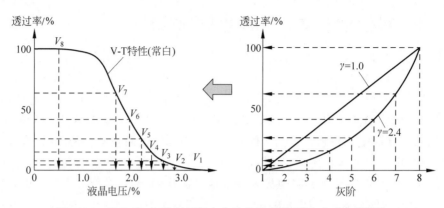

图 2.25　AMLCD 灰度电压设定方法的示意图(摘自参考文献[3])

电容(C_s)还应该存在更多的寄生电容和电阻,有些甚至可能会对 AMLCD 像素的充放电产生较大的影响,因此对其中比较重要的元件有必要加以更深入地了解。首先,液晶的电阻作为耗能元件在像素电路中一般是不能忽略的。此外,还有一个非常重要的寄生电容 C_{gs} 也会对 TFT-LCD 的像素充放电产生至关重要的影响。如图 2.26(b)所示,在 TFT 的栅极与源极存在重叠的区域,夹在中间的是绝缘层,因此会形成一个寄生电容,即 C_{gs}。因为工艺条件的限制,栅源电极间的重叠是无法彻底避免的,所以 C_{gs} 总是客观存在的,其值一般比液晶电容和存储电容小一个数量级,具体取决于器件结构的设计、材料的选择和制造工艺能力等。将液晶电阻和 C_{gs} 电容引入后即可获得改进后的 AMLCD 像素等效电路图,如图 2.27(a)所示。驱动电压 V_g、V_d 和 V_{com} 波形一般如图 2.27(b)所示。将图 2.27 中的像素电路和驱动电压波形相结合并利用电路学的基础知识进行分析和推导便可获得 AMLCD 的充放电曲线。因为共通电极的电压波形是已知的,所以只要知道像素电极处的电压波形 V_n 便可掌握液晶电容两端的电压变化情况。因此接下来的主要任务便是通过分析和推导获得像素电极处的电压波形 V_n。当然,在此之前有必要对 AMLCD 电路作更深入的认识和理解。

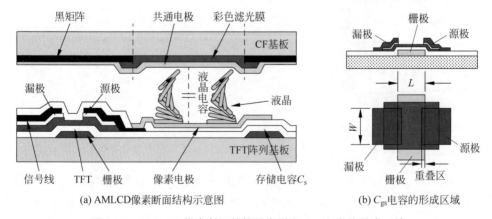

(a) AMLCD像素断面结构示意图　　　　(b) C_{gs}电容的形成区域

图 2.26　AMLCD 像素断面结构示意图和 C_{gs} 电容的形成区域

　　为了更深入地理解 AMLCD 像素电路的充放电物理过程,将对图 2.27 中涉及的驱动波形和电子元器件逐一作仔细介绍。

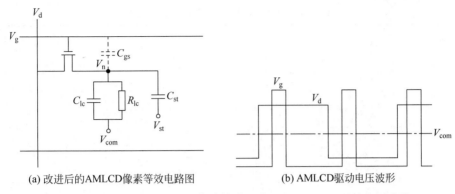

(a) 改进后的AMLCD像素等效电路图　　(b) AMLCD驱动电压波形

图 2.27　改进后的 AMLCD 像素等效电路图和 AMLCD 驱动电压波形

（1）扫描驱动波形 V_g。

图 2.28 为 AMLCD 扫描驱动波形的示意图。从图 2.28 中可以看出，V_g 的波形实际上包含两个电平，即高电平 V_{gh} 和低电平 V_{gl}。前者与 TFT 的开态电压相对应，而后者与 TFT 的关态电压相对应。在一帧的时间内，从第一行开始至最后一行，逐行加载高电平 V_{gh}，通常前一行由 V_{gh} 变为 V_{gl} 后下一行再开始加载 V_{gh}，以此类推。这样的波形通常由周边驱动 IC 给出。产生扫描信号的集成电路一般包括移位寄存器（shift register）、逻辑计算电路（logic）、电位提升电路（level shifter）和数字堆栈（digital buffer）等。上述电路再搭配适当的输入信号便可获得图 2.28 所示的驱动波形。事实上，因为扫描驱动波形产生电路的结构比较简单，很多 TFT-LCD 制造厂商出于降低成本的考虑，尝试采用 TFT 替代 MOSFET 构成扫描信号产生电路并将其直接制作在 TFT 阵列基板上。这种技术通常称为"阵列上的栅极电路技术（Gate on Array，GOA）"。因为 GOA 对 TFT 特性要求并不太高，在实际生产中甚至采用场效应迁移率较低的 a-Si TFT 器件也可以实现这一技术。

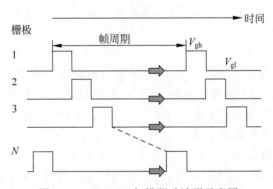

图 2.28　AMLCD 扫描驱动波形示意图

扫描信号波形中最重要的一个参数是扫描线选择时间，即每一行加载高电平的时间。这一参数与液晶显示的分辨率密切相关，事实上扫描线选择时间等于每一帧的时间除以扫描线行数。表 2.3 为不同分辨率下 AMLCD 的扫描线选择时间。显然随着 LCD 分辨率的提高，扫描线选择时间将减少，这势必增加了液晶像素的充电难度，因为 AMLCD 像素必须在扫描选择时间内完成充电过程并使像素电极的电压达到目标值。

表 2.3　扫描线选择时间与分辨率的关系

画面比率	标准	分辨率 (纵向×横向)	点数	像素数	扫描线选择 时间/μs
4 : 3	VGA	640×480	307 200	921 600	34.7
	SVGA	800×600	480 000	1 440 000	27.7
	XGA	1024×768	786 432	2 359 296	21.7
	UXGA	1600×1200	1 920 000	5 760 000	13.8
	QXGA	2048×1536	3 145 728	9 437 184	10.8
	QUXGA	3200×2400	7 680 000	23 040 000	6.9
5 : 4	SXGA	1280×1024	1 310 720	3 923 160	16.2
	QXGA	2560×2048	6 242 880	15 728 640	8.1
16 : 10	Wide XGA	1280×800	1 024 000	3 072 000	20.8
16 : 9	HD	1280×720	921 600	2 764 800	23.1
	HD	1366×768	1 049 080	3 147 264	21.7
	Full HD	1920×1080	2 073 600	6 220 800	15.4

(2) 数据信号 V_d。

前面我们讲过,液晶驱动必须采用交流电压(见图 2.18)。其中各灰度电压的设定方法可见图 2.25。事实上,数据信号电压的产生比扫描信号要困难得多,因为它的信号频率非常高。在扫描线选择时间内,必须同时完成所有列像素的数据信号电压加载。数据信号实际上从主机以"串行"的方式传输过来,而对 AMLCD 同一行像素却需要"并行"加载数据信号,这势必导致只有采用高频集成电路才能完成。从结构上讲,数据信号驱动 IC 包括双向移位寄存器、数据暂存器(latch)、电位提升电路、数模转换电路(DAC)和缓冲器(buffer)等。在实际生产中,TFT-LCD 厂商也尝试用 TFT 取代 MOSFET 来制作数据信号驱动电路。因为这种电路对 TFT 的迁移率要求较高,通常只有采用 p-Si TFT 等高迁移率器件才能达到要求。

(3) 共电极信号 V_{com}。

一般情况下 V_{com} 通常采用 0V 左右的固定直流电压。需要强调说明的是,在 TFT-LCD 中,所有的共电极(含 CF 共电极和 TFT 阵列基板上的共电极)都需要加载同一 V_{com} 电压,这一电压一般从阵列基板上的 COM 端子处加入。CF 上的共电极则通常采用含有金球的导电胶连接至 TFT 阵列基板的端子上,这样的连接点在 TFT-LCD 面板上一般会有几处至十几处不等,具体数目取决于面板的大小和相关的工艺条件等。这样,通过 TFT 阵列基板的 COM 端子加载的 V_{com} 电压不但可以传递到阵列基板上的共电极,也可以通过导电胶传递到彩膜基板的共电极上。

(4) 液晶电阻(R_{lc})与电容(C_{lc})。

液晶材料的电阻率很大,一般为 $10^{12}\Omega\cdot cm$ 以上。液晶材料介电常数的大小与液晶指向矢的分布有很大关系,通常最大值为最小值的 2 倍左右(见图 2.17)。由此导致不同灰阶的液晶电容是不同的,这无疑增加了液晶驱动设计的复杂性。除材料特性外,液晶像素电阻和电容的大小还与液晶盒厚 d 及像素面积 s 有关。其中,液晶电阻的计算公式如下:

$$R_{lc} = \rho_{lc}\frac{d}{s} \tag{2.10}$$

式中，ρ_{lc} 为液晶电阻率。液晶电容的计算则可以采用标准平板电容器的公式：

$$C_{lc} = \varepsilon_r \varepsilon_0 \frac{s}{d} \tag{2.11}$$

式中，ε_0 为真空介电常数，ε_r 为液晶相对介电常数。

（5）存储电容 C_{st}。

存储电容（Storage Capacitor，C_{st}）是我们有意引入 AMLCD 像素中的一个元件。后续我们会解释为何引入 C_{st}，在此主要介绍一下存储电容的基本架构。众所周知，任何平板电容均由两个电极中间夹绝缘层构成，存储电容也不例外。C_{st} 的一个电极是固定的，即液晶的像素电极。根据 C_{st} 另一个电极的不同选择可以将存储电容分成两种架构，即共电极上的存储电容（C_{st} on Common）和扫描电极上的存储电容（C_{st} on Gate）。如图 2.29 所示，如果在 TFT 阵列基板上制作扫描电极的同时还制作与其平行的共电极，并在此 Common 电极上形成存储电容，这种架构称为 C_{st} on Common；如果将存储电容构建在本像素相邻的一条扫描线（通常是上一条扫描线）上则称之为 C_{st} on Gate。一般而言，C_{st} on Common 架构的驱动比较简单，因为共电极上的信号通常是一固定电压，但像素的开口率会较低，实际应用中，大尺寸显示通常会采用此架构；C_{st} on Gate 架构的像素开口率较高，但驱动波形相对较复杂，因为在扫描电极上会加载相对比较复杂的扫描信号，但像素的开口率较高，实际应用中，中小尺寸显示有可能采用此类架构。需要强调指出的是，存储电容的架构对 AMLCD 像素电极上的电压变化规律会产生一定影响。基于这两种存储电容架构的 AMLCD 像素的充放电曲线将在后续章节中详细介绍。

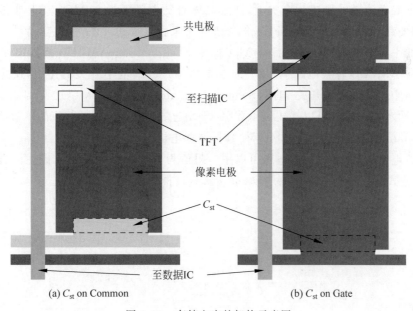

(a) C_{st} on Common　　　　　　(b) C_{st} on Gate

图 2.29　存储电容的架构示意图

（6）寄生电容 C_{gs}。

前面讲到，在 TFT 器件中不可避免地存在大量的寄生电容，而对 AMLCD 像素的充放电影响最大的莫过于 C_{gs}。一般来说，寄生电容 C_{gs} 通常会比液晶电容和存储电容小一个数量级，约几十飞法（fF）。事实上，C_{gs} 的具体大小一方面取决于 TFT 的制备工艺能力，另一方面也取决于 TFT 器件的版图设计。如图 2.30 所示，C_{gs} 的大小直接取决于沟道宽度 W 和栅源电极重叠区域宽度 ΔL 的数值。值得一提的是，ΔL 的大小还与 S/D 电极和有源层之间接触电阻的大小有关，相关内容将在第 4 章予以介绍。

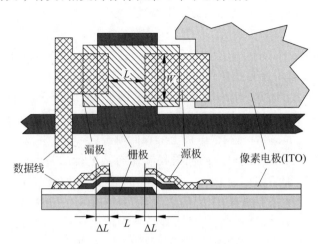

图 2.30　寄生电容 C_{gs} 的结构示意图

　　(7) TFT 开关。

　　薄膜晶体管是 AMLCD 像素电路中的核心器件，也是像素电路中电学特性最复杂的元器件。为了深入地讨论 AMLCD 像素电路的充放电物理过程，必须对 TFT 开关的电学特性有一个准确而清晰的描述。事实上，薄膜晶体管的电学特性与 MOSFET 非常类似。因此，为了简便起见可以采用 MOSFET 的物理模型来直接描述 TFT 的电学特性。但即使采用最简单的平方律模型(Square-Law Model，SLM)用于讨论 AMLCD 像素电路也过于复杂。因为在 AMLCD 像素电路中 TFT 的主要功能是起到电学开关的作用，在此我们采用在数字电路中经常采用的开关-电阻(Switch-Resistance，SR)模型来描述 TFT 的电学特性。如图 2.31 所示，SR 模型可以描述用于数字/开关电路的典型三端场效应晶体管器件的电学特性。当 Gate 端电压小于阈值电压(V_T)时，源漏电极电流(i_{DS})为零；当 Gate 端电压大于或等于阈值电压时，源漏之间的电阻可以用一阻值为 R_{on} 的线性电阻来描述。需要说明的是，R_{on} 表达式可以根据 SLM 的线性区表达式直接推导出来，在此从略。

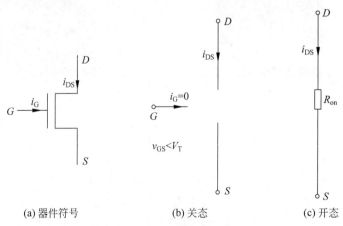

(a) 器件符号　　　　　　(b) 关态　　　　　　(c) 开态

图 2.31　SR 模型示意图

　　至此,在充分了解了 AMLCD 像素电路中的驱动波形和电子元器件的基本特性后,我们便可以开始分析和讨论 AMLCD 像素电路的充放电物理过程。事实上,AMLCD 像素电路只能处于两种状态,即关态和开态。如图 2.32(a)所示,当 $V_{gs}=V_{gl}$ 时,因为栅极电压低于阈值电压,所以此时 TFT 的导电沟道处于截断状态(根据 SR 模型,$I_{DS}=0$),我们将这种状态称为 AMLCD 像素电路的关态。与之相反,当 $V_{gs}=V_{gh}$ 时,因为栅极电压高于阈值电压,所以此时 TFT 的导电沟道处于导通状态(根据 SR 模型,沟道电阻为 R_{on}),我们将这种状态称为 AMLCD 像素电路的开态。与之相对应,AMLCD 像素电路的两个物理过程(充电和放电)就是图 2.32 所示两个状态之间的转换过程。如果 AMLCD 像素电路由开态转换为关态,我们称之为放电(或电压保持)过程;如果 AMLCD 像素电路由关态转换为开态,我们称之为充电过程。AMLCD 像素电路绝大部分时间都处于放电(或电压保持)过程,只有极短的一段时间(如表 2.2 所示的扫描线选择时间)处于充电过程。

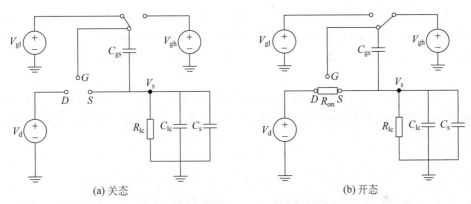

(a) 关态　　　　　　　　　　　　(b) 开态

图 2.32　AMLCD 像素电路的两个状态

　　首先讨论 AMLCD 像素电路的放电(或电压保持)过程。事实上,这一物理过程又可以分成两个阶段。当 TFT 的栅极电压由 V_{gh} 改变为 V_{gl} 的一瞬间,因为电荷守恒定律,像素电极电压 V_s 将会发生跳变。跳变前,像素电路的总电荷可以表示为

$$Q_{before} = C_{gs}(V_{s-before} - V_{gh}) + (C_{lc} + C_{st})V_{s-before} \qquad (2.12)$$

式中,$V_{s-before}$ 为跳变前像素电极的电压值。跳变后像素电路的总电荷可以表示为

$$Q_{after} = C_{gs}(V_{s-after} - V_{gl}) + (C_{lc} + C_{st})V_{s-after} \qquad (2.13)$$

式中,$V_{s-after}$ 为跳变后像素电极的电压值。根据电荷守恒定律,有

$$Q_{before} = Q_{after} \qquad (2.14)$$

综合式(2.12)~式(2.14),可以获得电压的跳变值(Feedthrough Voltage,V_{ft})为

$$V_{ft} = V_{s-after} - V_{s-before} = \frac{C_{gs}}{C_{lc} + C_{st} + C_{gs}}(V_{gl} - V_{gh}) \qquad (2.15)$$

　　在此我们注意到,在放电(或电压保持)阶段的 V_{ft} 为负值,所以此阶段的电压向下跳变。根据式(2.15)可以得到,V_{ft} 电压值与寄生电容 C_{gs} 成正比,所以减小 C_{gs} 有利于降低这一跳变电压值。此外,因为 V_{ft} 与 C_{lc} 成反比关系,所以增加液晶电容值也可以降低跳变电压值。但在实际应用中液晶电容值很难为此特意做出改变,我们必须另想办法解决此问题。事实上,如果引入一个与液晶电容并联的电容(存储电容 C_{st})也可以同样起到降低 V_{ft} 的效果,这便是在 AMLCD 像素电路中引入存储电容的原因之一。当然,存储电容的引入

还有更为重要的原因,我们后续再作介绍。

像素放电过程的第一阶段(电压跳变)结束后像素电极电压即进入保持阶段。为了方便讨论,此阶段的像素电路可以简化为图 2.33。该电路满足如下微分方程:

$$\frac{V_\mathrm{s}}{R_\mathrm{lc}} + (C_\mathrm{lc} + C_\mathrm{st})\,\frac{\mathrm{d}V_\mathrm{s}}{\mathrm{d}t} = 0 \tag{2.16}$$

求解式(2.16)可得

$$V_\mathrm{s} = V_\mathrm{s0}\exp\left(-\frac{t}{R_\mathrm{lc}(C_\mathrm{lc} + C_\mathrm{st})}\right) \tag{2.17}$$

式中,V_s0 为像素电路放电过程跳变后的像素电极电压值。式(2.17)方程实际上在描述像素电极电压逐渐降低的一个物理过程。显然,提高液晶电阻值和液晶电容值有利于延缓像素电压的下降速度,即改善液晶像素电路的电压保持特性。但在实际应用中液晶材料一旦确定,其电容和电阻值很难改变,所以必须采用其他技术手段来解决这一技术问题。事实上,存储电容的引入正是主要为此目的。根据式(2.17),随着存储电容的增加,AMLCD 像素电极电压的稳定性将得到显著改善。当然,为此付出的代价便是液晶面板的开口率有所降低。

与放电过程相类似,AMLCD 像素电路的充电过程也同样包含两个阶段。第一阶段是因为栅极电压的突变导致像素电极电压的跳变。根据电荷守恒定律我们可以很容易获得充电过程 V_ft 电压大小为

$$V_\mathrm{ft} = V_\mathrm{s-after} - V_\mathrm{s-before} = \frac{C_\mathrm{gs}}{C_\mathrm{lc} + C_\mathrm{st} + C_\mathrm{gs}}(V_\mathrm{gh} - V_\mathrm{gl}) \tag{2.18}$$

显然,与放电过程的情况不同,根据式(2.18)我们得知,充电过程的 V_ft 是正值。这意味着充电过程刚开始时像素电极电压向上跳变。此后便开始了第二阶段,即像素充电的阶段。为简便起见,充电过程 AMLCD 像素电路可以简化为如图 2.34 所示形式。

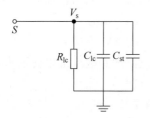

图 2.33　放电阶段像素电路的简化形式　　　图 2.34　充电过程 AMLCD 像素电路的等效形式

图 2.34 所示的电路实际上是全响应的 RC 电路,根据电路学的基本原理,我们可以很容易地推导出像素电极的电压变化规律符合下式:

$$V_\mathrm{s} = V_\mathrm{s0}\exp\left(-\frac{t}{R_\mathrm{on}(C_\mathrm{lc} + C_\mathrm{st})}\right) + V_\mathrm{d}\left(1 - \exp\left(-\frac{t}{R_\mathrm{on}(C_\mathrm{lc} + C_\mathrm{st})}\right)\right) \tag{2.19}$$

式中,V_s0 为充电过程跳变后的像素电极电压值。根据式(2.19)我们注意到,当减小液晶电阻、液晶电容和存储电容时液晶像素的充电过程将会加快。此外,较小的 TFT 开态电阻有利于加快 AMLCD 像素的充电过程。

到此为止,我们分别介绍了 AMLCD 像素电路放电(或电压保持)过程与充电过程的基

本规律,如果将上述两过程连接起来并考虑到液晶的交流驱动特点,便可获得 AMLCD 像素电极电压变化的完整曲线,如图 2.35 所示。以任一 AMLCD 像素为例,当扫描 IC 发出的脉冲信号扫描到该像素所在行时,该像素的 TFT 打开并开始了充电过程。在数据信号电压为正极性的情况下,首先该像素的像素电极电压因 TFT 栅极电压的突然增加而产生了一个向上跳变的 V_{ft} 电压,其数值可通过式(2.18)计算;接着像素电极电压以 V_{s0} 为起点开始符合指数函数增加的阶段,该段曲线符合式(2.19)。当该像素选择时间结束后,扫描电极的电压由 V_{gh} 变成 V_{gl},随之 TFT 开关关闭,自此该像素的放电(或电压保持)过程开始。首先,因为 TFT 栅极电压的突然降低导致像素电极电压发生向下跳变 V_{ft},具体数值可根据式(2.15)计算;电压跳变结束后像素电极的电压值变为 V_{s0} 并以此为基点开始了缓慢的电压下降过程,其具体规律可用式(2.17)描述。至此,数据信号为正极性的一帧充放电结束并立刻开始数据信号为负极性的下一帧充放电。需要着重指出的是,尽管 AMLCD 像素电路在充电阶段和放电(或电压保持)阶段都存在 V_{ft} 电压跳变的现象,但 V_{ft} 对这两个阶段产生的影响效果是有区别的。充电阶段的电压跳变后便是快速充电过程,所以 V_{ft} 的大小对像素电极最终能充到的电压值实际上影响并不大。放电阶段则不同,电压跳变后是非常缓慢的电压保持过程,所以保持阶段电压值的大小与 V_{ft} 直接相关。

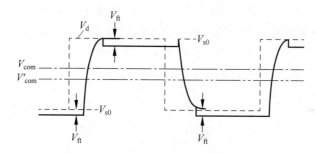

图 2.35　AMLCD 像素电极的电压波形

值得注意的一个基本事实是,AMLCD 像素在绝大部分时间都处于放电(或保持)过程,因此液晶显示效果很大程度上取决于像素电极电压保持能力。如果像素电极电压在一帧时间内下降过快将可能导致显示错误的发生,这也正是为何引入存储电容以增加像素电极电压保持能力的原因所在。另外,液晶像素电极在正负极性的等效电压(RMS 电压)必须是对称的,否则会引起闪烁不良。如图 2.35 所示,输入数据信号电压的极性是对称的,但是因为 V_{ft} 的存在导致像素电极电压在正负极性是不对称的(因为放电过程的 V_{ft} 无论数据信号电压的极性正负都向下跳变),负极性波形包络的面积明显大于正极性波形,这势必会引起严重的闪烁不良。这一问题最简单的解决办法是调整共电极电压(V_{com})的大小。如图 2.35 所示,如果将共电极电压由原来的 V_{com} 减小到 V'_{com},正负极性像素电极电压的包络面积将基本相等,从而使正负极性电压驱动液晶获得的亮度也基本相等。这一调整通常在 TFT-LCD 模组制造完成后进行。

2.2.3　AMLCD 像素阵列的相关原理

2.2.2 节详细讨论了 AMLCD 像素电路的充放电基本原理,由此可以推测液晶像素亮度对应变化的基本规律。然而,单一的 AMLCD 像素是无法形成图像显示的。要想呈现出纷繁复杂甚至动态的图像信息必须将像素扩展成几百万乃至数千万的像素阵列。在扫描信号和数据信号的驱动下,像素阵列中的各像素分别显示不同的灰度或颜色信息,从而形成所需的单色或彩色图像。通过前面的讲解我们已经掌握了单个 AMLCD 像素(子像素)的充放电原理,但是如果扩展成像素阵列后问题将变得更复杂。具体而言,将涉及像素阵列反转模式、RC 延迟和串扰等一系列技术问题。

(1)像素阵列反转模式。

对 AMLCD 而言,每个像素都必须采用交流驱动,即相邻帧数据信号电压极性必须是相反的。一旦将像素扩展成阵列后则又带来了另一个技术问题:在同一帧内相邻像素之间的电压极性关系如何? 这就是我们要谈到的像素阵列反转模式问题。如图 2.36 所示,AMLCD 像素阵列共有 4 种反转模式。第一种模式称为帧反转(frame inversion),即同一帧所有像素的电压极性相同,下一帧所有像素电压极性反转;第二种模式称为行反转(row inversion),即同一帧内同一行像素极性相同,相邻行像素极性相反,下一帧所有像素电压极性反转;第三种模式称为列反转(column inversion),即同一帧内同一列像素电压极性相同,相邻列像素电压极性相反,下一帧所有像素电压极性反转;最后一种模式称为点反转(dot inversion),即同一帧内任一像素的电压极性与其最近邻的 4 个像素相反,下一帧所有像素电压极性反转。事实上,图 2.36 只是对 AMLCD 像素阵列极性反转特性的一个静态呈现,要想完整准确地理解这一问题还必须结合行扫描驱动的概念进行。需要着重指出的是,只有扫描到的行所在的像素的电压极性才能进行反转,因此在任一时刻去观察 AMLCD 像素阵列的电压极性必然呈现上下两幅完全相反的极性状态,分界线即为此刻扫到的像素行。

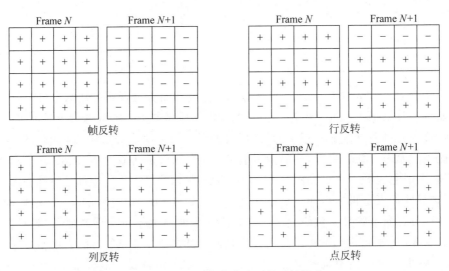

图 2.36　AMLCD 像素阵列的反转模式

采用不同的像素阵列反转模式可影响到 AMLCD 的显示效果。帧反转的驱动最简单,但其显示效果通常最差。行反转和列反转的驱动略微复杂一些,但显示效果一般也有所改善。点反转的驱动最复杂,但其显示效果一般也最佳。这是因为正极性和负极性电压的驱动效果通常相反,因此如果相邻像素的电压极性相反往往产生对某些显示不良的"抵消作用"。因此,点反转的串扰和闪烁特性通常要好于其他三种像素阵列反转模式。正因为如此,当前 AMLCD 中大多采用点反转模式。

(2) RC 延迟。

AMLCD 像素电路中主要存在如下的电阻和电容：液晶电阻、液晶电容和存储电容。此外,在 AMLCD 像素中还存在大量的寄生电容,其中最重要的是 C_{gs},它可以引起电压跳变,从而对像素的充放电产生重要的影响。当像素扩展为像素阵列后,事实上将形成非常庞大的电阻电容(RC)网络,如图 2.37 所示。在每个像素电路中,以 TFT 为核心串联和并联大量的电容和电阻;所有的像素电路通过扫描电极和数据电极连接到一起。一方面,如果从某一像素电极出发,其电压值将受到所有与其串并联的电阻和电容的影响,当然起到主导作用的是液晶电阻、液晶电容、存储电容和 C_{gs} 电容等,相关充放电规律 2.2.2 节已经详细讨论过;另一方面,如果从扫描电极或数据电极出发,同样会有很多的电容和电阻与其串并

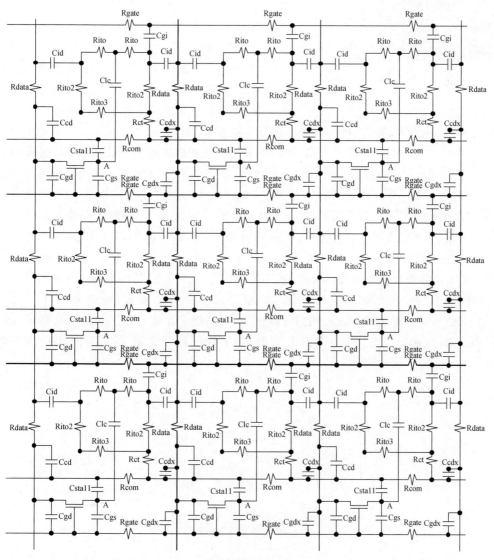

图 2.37 AMLCD 像素阵列等效电路图

(此为仿真电路,保持软件中使用的国际标准电气符号)

联。这是一种典型的一维 RC 网络,将导致加载的扫描信号或数据信号在传输过程中发生信号波形的畸变,这一物理现象称为 RC 延迟。在 RC 延迟中最重要的电阻是扫描电极电阻 R_{gate} 和数据电极 R_{data},而最重要的电容除了我们比较熟悉的液晶电容、存储电容和 C_{gs} 电容之外,还包括与扫描电极和数据电极直接相连的寄生电容 C_{gd}、C_{gi}、C_{id} 和 C_{cd} 等。液晶电容和存储电容虽然不直接与扫描电极或数据电极相连,但因为它们的电容值非常大而不容忽视。

图 2.38　扫描线信号延迟对 AMLCD
显示的影响示意图

AMLCD 面板的驱动信号通常从最左端和最上端加载,所以一般除了左上端的第一个像素外,几乎所有的 AMLCD 像素都会受到 RC 延迟的影响。此外,在 CF 上的共电极通常会形成二维的 RC 网络,所以共电极波形也会受到 RC 延迟的影响。因此,在 AMLCD 中一般存在三种 RC 延迟,即扫描电极信号延迟、数据电极信号延迟和共电极信号延迟。其中,扫描电极信号延迟一般是最严重的。如图 2.38 所示,如果扫描电极的 RC 延迟严重可能对 AMLCD 显示效果产生较大影响并引起显示不良。下面以扫描电极 RC 延迟为例讲解这种物理现象的基本原理。

实际上,扫描电极的电阻是连续分布的,与之相连的寄生电容一般也是连续分布的。为了简便起见,我们通常将扫描电极的 RC 模型看作许多单元的分立电阻/电容串联而成,如图 2.39 所示。每一单元的电阻和电容是并联的,具体电阻和电容的连接方式可以多种多样,最简单的情况便是一个电阻 R 与一个电容 C 的简单并联。这样的电路单元实际上是一种低通滤波器,即低频信号容易通过,而高频信号则易于被过滤掉。因此,扫描电极的一维 RC 网络实际上等价于多个串联的低通滤波器。如图 2.39 所示,从最左端输入的方形波信号通过多个串联的低通滤波器后,信号波形将发生严重的畸变,具体表现为开关的开启时刻和关闭时刻都发生了延迟。精确求解 RC 延迟波形的方法很多,包括傅里叶变换法和 SPICE 仿真法等。通过这些方法我们可以证明,当网络单元级数超过 6 便可获得足够的计算精度。因此,在实际产品设计仿真计算时,为了保证计算效率,没必要采用过大的网络级数。

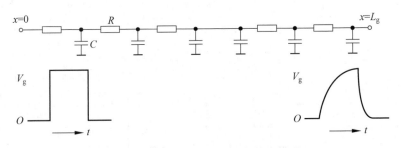

图 2.39　扫描电极 RC 延迟的物理模型

理论和实验均证明,针对一维 RC 网络的延迟计算可以采用更简单的经验公式,当然计算精度会略有降低。如图 2.40 所示,针对 N 级的 RC 网络,如果从 A 点输入图 2.40 中所

示的阶跃信号,在输出点 B 将获得的输出波形可表示为

$$V_B = V_2 - (V_2 - V_1) \exp\left[-\frac{2t}{N(N+1)RC}\right] \qquad (2.20)$$

式中,R 和 C 分别为网络单元的电阻和电容值。

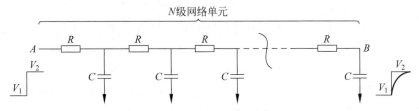

图 2.40　一维 RC 网络示意图

前面已经提到,在 AMLCD 中,RC 延迟可以导致显示不良。下面仍以扫描电极的 RC 延迟为例详细讨论这一问题。如图 2.41 所示,液晶面板的扫描信号通常从最左端加入,传到最右端时由于存在严重的 RC 延迟,扫描信号已发生了严重畸变。因此,当最左端的 TFT 器件已经打开时,最右端的 TFT 器件仍处于关闭状态。换言之,最右端 TFT 器件控制的像素电路的充电时间比设定值大为减小。近年来,AMLCD 的分辨率迅速增加,导致 TFT 开关选择时间以及 AMLCD 像素充电时间的设定值越来越短,即 AMLCD 的充电难度越来越大,RC 延迟的存在使这一问题更加雪上加霜,因为受 RC 延迟影响的像素的有效充电时间变得更短。针对这一问题的解决方法有两种。第一种方法是通过优化制备工艺或采用新的沟道材料提高 TFT 的场效应迁移率,从而使 TFT 的充电能力提升;第二种方法是采用新的驱动方法,如双边驱动等,以减小 RC 延迟导致的扫描信号畸变程度,进而使受 RC 延迟最严重的像素的充电时间变化量有所减少。如图 2.41 所示,液晶面板最右端 TFT 器件的关闭也显著延迟,即当最左端 TFT 已经关闭时,最右端的 TFT 仍处于打开的状态。这可能导致非常严重的"写入错误"。以 NW 显示模式为例,设定第 35 行的像素显示一条亮线,而第 36 行的像素显示一条暗线。这样,当扫描到第 35 行像素时,为第 35 行的所有像素加载 0V 以确保所有像素呈现亮态;当第 35 行扫描结束并开始扫描第 36 行时,为了实现第 36 行所有像素呈现暗态,所有数据线都同时加载 5V 电压。但是,此时第 35 行右边像素

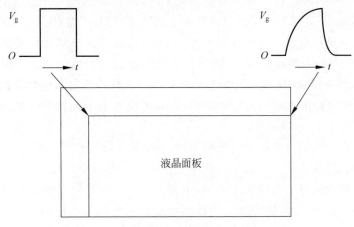

图 2.41　液晶面板扫描电极 RC 延迟示意图

的 TFT 器件因 RC 延迟的影响仍然打开,因此也被写入高电压而呈现暗态,这显然与其设定的亮态显示是相反的,由此产生了写入错误。解决这一问题的方法也很简单,即提前 3～4μs 停止扫描信号。显然这样做能够有效避免"写入错误"的发生,但也缩短了 TFT 的实际充电时间,所以必须同时采取有效的方法提高 TFT 的场效应迁移率。

此外,AMLCD 扫描电极的 RC 延迟还会对前面提到的跳变电压的大小产生影响。如图 2.42 所示,液晶面板最左端像素的跳变电压的基本规律和计算方法与 2.2.2 节所述内容是一致的。面板右侧像素的跳变电压则由于 RC 延迟的原因而有所减小,这主要是因为在这些位置的扫描信号由 V_{gh} 变为 V_{gl} 的过程有所延迟所致。换言之,由于 RC 延迟导致液晶面板在不同位置像素的跳变电压是不一致的,即不同位置处的面板闪烁特性也是不一致的。前面提到,可以通过调整 V_{com} 来改善液晶面板的闪烁特性,但因 RC 延迟导致液晶面板闪烁特性的不均匀为这一方法的实施增加了难度。当然采取某些技术手段可以在一定程度上缓解这种不均匀性,但却无法从根本上解决这一难题。

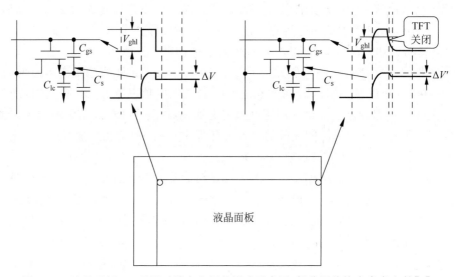

图 2.42　液晶面板 RC 延迟对跳变电压的影响示意图(部分图片摘自参考文献[2])

(3) 串扰。

AMLCD 因为 TFT 像素开关的引入基本上解决了困扰 PMLCD 的严重串扰问题。但 AMLCD 像素阵列仍然存在一定程度地串扰,采用适当的测试画面便可观察到 AMLCD 的串扰现象。如图 2.43(a)所示,采用中间黑框搭配周边灰度的测试画面一般可以有效地进行串扰测试。当存在横向串扰时,如图 2.43(b)所示,黑框的左右两侧会呈现与设定灰度不同的画面;当存在纵向串扰时,如图 2.43(c)所示,黑框的上下两侧会呈现与设定灰度不同的画面。

AMLCD 串扰的形成有着多种复杂的原因,要想深入分析相关机理和规律,必须结合像素阵列的反转模式才能进行。在这里只简单介绍纵向串扰的相关机理。AMLCD 的纵向串扰的成因一般有两个:寄生电容和 TFT 漏电流。AMLCD 的像素电极与本身的数据电极会形成寄生电容 C_{pd},同时与相邻像素的数据电极也会形成寄生电容 C'_{pd}。当像素本身的 TFT 关闭后,数据电极(包括本身数据电极和相邻数据电极)所加载的信号仍然可以通过上

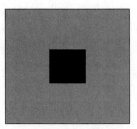
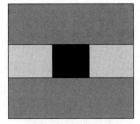
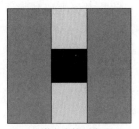

(a) 正常显示画面　　　　　(b) 横向串扰示意图　　　　　(c) 纵向串扰示意图

图 2.43　正常显示画面与横向和纵向串扰示意图(图片摘自参考文献[2])

述两个寄生电容影响到像素电极的电压,因而产生纵向串扰。此外,TFT 的漏电流也具有类似的效果。当 TFT 关闭后,像素本身数据电极的加载信号仍然因漏电流的存在而对像素电极的电压产生或多或少的影响,从而产生纵向串扰。与寄生电容相比,TFT 漏电流产生的纵向串扰的效果更复杂,也更难以控制。

2.2.4　液晶显示有源矩阵驱动的特殊方法

前面介绍的都是关于 AMLCD 驱动最基本的知识,有时为了提高显示性能或改善显示不良会采用一些特殊的有源矩阵驱动方法。这里我们只简单介绍双边驱动技术、变动共电极电压技术和三阶驱动技术。

1) 双边驱动技术

2.2.3 节介绍过,AMLCD 像素电极的 RC 延迟将对面板的显示效果产生一定的负面影响,尤其是扫描电极 RC 延迟最严重,双边驱动技术的目的就是改善这一问题。如图 2.44 所示,与一般驱动时扫描信号仅从面板的左侧写入的方式不同,双边驱动技术的扫描信号同时从面板的左右两侧写入。左侧写入的扫描信号只控制 A 区的像素阵列;右侧写入的扫描信号只控制 B 区的像素阵列。这样扫描电极 RC 延迟最严重的位置便由最右侧改变为面板的中央位置。因为扫描信号传到面板中央位置时累计经过的电阻和电容大小都只有整条扫描线的一半,所以双边驱动技术的 RC 延迟问题将大幅度减轻。当然,采用双边驱动技术也有不利之处。如果元器件选择不当或制备工艺不完善,可能导致 A 区和 B 区的显示效果出现比较明显的差异。此外,双边驱动因为左右两侧都须绑定集成电路芯片,这也会增加材料和工艺成本。

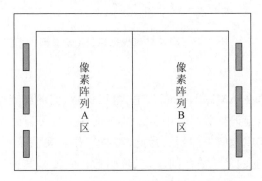

图 2.44　AMLCD 双边驱动技术示意图

2）变动共电极电压技术

一般而言,在 AMLCD 的驱动中,共电极电压(V_{com})是保持不变的,如图 2.18 所示。在这种情况下,正极性的数据信号电压大于 V_{com},而且灰度等级越低对应电压值越高(NW 的情况);负极性的数据信号电压则小于 V_{com},而且灰度等级越低对应电压绝对值越大(NW 的情况)。因此,在共电极电压不变的情况下,数据信号的正负极性电压是以 V_{com} 为中心对称的。

另外,在中小尺寸显示中,有时为了达到省电的目的,可以采用变动共电极电压技术以形成灰度。如图 2.45 所示,变动共电极电压技术在形成正极性和负极性信号电压时采用不同的共电极电压。当形成正极性信号电压时,共电极电压拉到最低,数据信号电压随着灰阶数的增加而降低(NW 模式);当形成负极性信号电压时,共电极电压拉到最高,数据信号电压随着灰阶数的增加而增加。显然,此时 AMLCD 数据信号的正负极性电压仍然是对称的,但对称中心是正负极性的 V_{com} 的平均值。如图 2.45 所示,这种通过改变共电极电压形成灰度的驱动方法使数据信号电压的变化范围只有常见驱动方法(共电极电压保持不变的情况)的一半,从而达到了节省电能的效果。当然,变动共电极电压技术的主要缺点是 V_{com} 波形变得相对复杂。

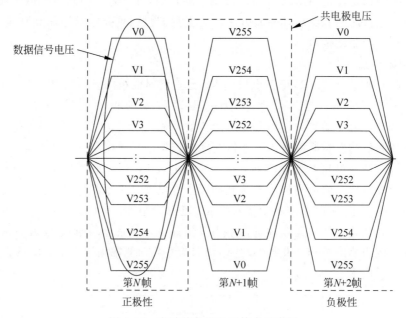

图 2.45 变动共电极电压技术示意图

3）三阶驱动技术

从前面的叙述可知,在 AMLCD 像素放电(电压保持)前的跳变电压对面板的显示特性具有较大的影响,可以引起闪烁等显示不良。虽然这些不良可以通过调整共电极电压的方法予以改善,但不可能彻底地解决问题。为此,科技工作者发明了一些新的技术方法,尝试从根本上解决因跳变引起的显示电压问题,三阶驱动技术便是其中比较行之有效的方法之一。三阶驱动是针对 C_{st} on Gate 的架构[见图 2.29(b)]开发的一种驱动技术,比较适合在中小尺寸液晶显示中应用。为了方便起见,我们在图 2.46 中给出了 C_s on Gate 架构的结构示意图和等效电路图。

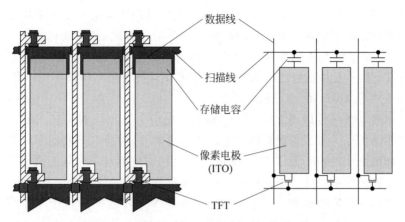

图 2.46 C_s on Gate 架构的结构示意图和等效电路图

2.2.2节已经介绍过针对 C_s on Common 架构 AMLCD 像素电路的充放电基本规律,其充放电曲线可见图 2.35。如果存储电容的架构换成 C_s on Gate,AMLCD 像素的充放电规律又会发生哪些变化呢?如图 2.47 所示,C_s on Gate 架构的 AMLCD 像素的充放电曲线的确与 C_s on Common 的情况有所不同。根据图 2.47 我们注意到,对于 C_s on Gate 架构的AMLCD 像素而言,在本像素 TFT 打开之前,存在一个显著的电压跳变,这是由于存储电容耦合造成的。如图 2.46 所示,C_s on Gate 架构的存储电容的两端电极分别是像素电极和上一条扫描电极。因此,当上一条扫描电极的电压发生变化时,必然会通过存储电容影响到本像素电极的电压,从而引起像素电极电压的跳变。这个跳变电压的大小同样可以根据电荷守恒原理进行计算。因为这个跳变电压是由存储电容耦合造成的,显然其数值会远远大于前面提到的由 C_{gs} 引起的跳变电压。幸运的是,这个跳变电压对 AMLCD 的显示效果基本不会造成影响,原因如下:①电压跳变的时间范围很短,约为一帧时间的千分之一;②电压跳变后马上开始本像素的充电过程,使本像素的电压可以迅速达到目标电压值。

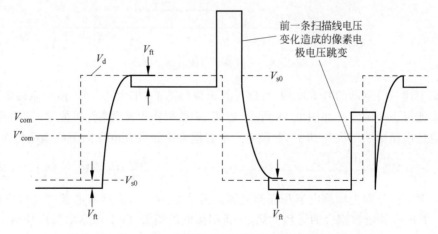

图 2.47 C_s on Gate 架构的 AMLCD 像素电路的充放电曲线

图 2.47 所示的因存储电容耦合而导致的电压跳变给我们提供了有意义的启示。我们

注意到,在 C_s on Gate 架构中,因上一条扫描电极电压变化而通过存储电容耦合导致的本像素电极电压的跳变是向上的,而因本像素扫描电极电压由高电平变为低电平而通过寄生电容 C_{gs} 耦合导致的本像素电极电压的跳变是向下的。因此,如果设计出合理的扫描电极驱动波形,就能够实现上述两个跳变电压互相抵消,进而实现在一帧的绝大部分时间内 AMLCD 像素电极不受跳变电压的影响,即能够基本保持目标电压值不变。基于上述思路,科研工作者发明了 AMLCD 的三阶驱动方法。

通常的扫描电极信号如图 2.28 所示,包括高电平 V_{gh} 和低电平 V_{gl} 两个电压值,因此称之为二阶驱动信号。为了实现对跳变电压的补偿效果,科研人员提出了三阶驱动的扫描电极信号。如图 2.48 所示,除了 V_{gh} 和 V_{gl} 电压值,三阶驱动信号还包含一个电压值更低的 V'_{gl}(与 V_{gl} 的差值是 V_e)。三阶驱动信号的方形波上升沿与二阶驱动信号完全相同,但在下降沿二者存在显著的不同。三阶驱动信号先从 V_{gh} 降到 V'_{gl},待下一条扫描电极也变成低电平后再拉回到 V_{gl}。换言之,V'_{gl} 电压值持续的时间必须略大于 TFT 的充电时间。三阶驱动信号中电压值由 V'_{gl} 回拉到 V_{gl} 的一瞬间,因为存储电容的耦合作用必然导致下一条扫描线上的 TFT 像素电极电压发生向上跳变,如果选择合适的 V_e 值将使跳变电压的大小刚好等于因 C_{gs} 耦合产生的跳变电压值,从而使两者达到完全抵消的效果。

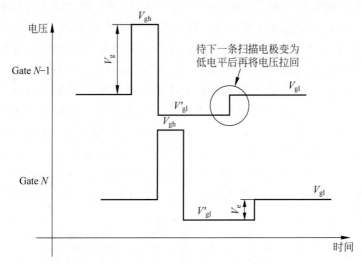

图 2.48　三阶驱动电压波形示意图

根据上述三阶驱动的基本原理,可以计算出理想的 V_e 值大小。V_e 值一旦确定,三阶驱动的波形便可完全确定。如图 2.48 所示,以第 N 条扫描电极为例,相关 TFT 的像素电极因扫描电极电压由 V_{gh} 突降到 V'_{gl} 并因 C_{gs} 电容耦合而导致其电压向下跳变值的大小为

$$V_{ft}^N = \frac{C_{gs}}{C_{lc} + C_{st} + C_{gs}}(V_{gh} - V'_{gl}) = \frac{C_{gs}}{C_{lc} + C_{st} + C_{gs}}(V_g + V_e) \qquad (2.21)$$

式中,C_{lc} 和 C_{st} 分别为液晶电容和存储电容。因为第 $N-1$ 条扫描电极的电压值由 V'_{gl} 回拉到 V_{gl} 并因存储电容耦合而导致的第 N 条扫描电极相关 TFT 像素电极电压向上跳变值大小为

$$\Delta V = \frac{C_{st}}{C_{lc} + C_{st} + C_{gs}}V_e \qquad (2.22)$$

据前述,若想达到理想的补偿效果,式(2.21)和式(2.22)必须相等,由此获得

$$V_e = \frac{C_{gs}}{C_{st} - C_{gs}} V_g \qquad (2.23)$$

根据式(2.23)可知,V_e 值的大小与存储电容 C_{st}、寄生电容 C_{gs} 和二阶驱动方形波的高度有关。值得注意的是,V_e 值与液晶电容 C_{lc} 没有关系。在 C_{lc}、C_{st} 和 C_{gs} 三个电容中只有 C_{lc} 的数值与其两端电压有关。既然 V_e 值与 C_{lc} 无关,这说明三阶驱动的补偿方法可以适合于任何显示灰度。

图 2.49 是三阶驱动 AMLCD 像素充放电曲线示意图。如果采用理想的三阶驱动波形,像素电极电压在放电开始前因 C_{gs} 耦合而导致的电压向下跳变将在极短时间内回跳至目标电压。如图 2.49 所示,上述补偿效果对正负极性的数据信号都是适用的。这样,在一帧绝大部分时间内像素电极电压无论极性的正负都基本维持在目标电压值上,从而使正负极性的电压波形基本上是对称的,进而在原理上消除了闪烁不良发生的可能。关于三阶驱动技术的设计有以下几点必须予以强调:①三阶驱动技术只适用于 C_s on Gate 架构,而对于 C_s on Common 架构则不能使用;②三阶驱动波形中的 V_e 值确定最为关键,必须严格按照式(2.23)计算才能达到理想的补偿效果;③三阶驱动波形中 V_{gl}' 电压值持续的时间必须略大于 TFT 的充电时间。只要严格遵循上述原则进行三阶驱动设计,便可达到预期的补偿效果。当然,三阶驱动也有不利之处,主要体现在扫描波形变得更复杂,一方面增加了驱动设计的难度,另一方面也会导致扫描驱动 IC 成本的提升。

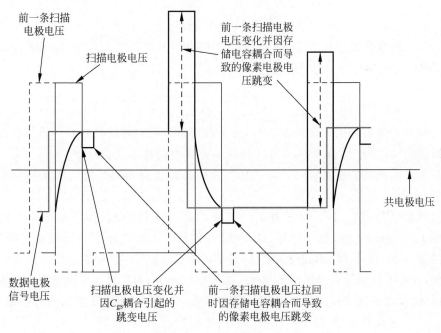

图 2.49 三阶驱动 AMLCD 像素充放电曲线

2.2.5 液晶显示有源矩阵驱动的技术要求

液晶显示的有源矩阵驱动技术基本上由以下要素构成:TFT 器件、像素电极、扫描电

极、数据电极、共电极和驱动信号等。根据前面所介绍的 AMLCD 驱动原理,要想对液晶显示实现行之有效的有源矩阵驱动,必须对上述元器件和驱动信号在技术上提出一些要求。这些要求对本书后续章节中将要介绍的 TFT 材料和器件设计、TFT 阵列制备工艺以及版图设计等都具有重要的指导意义。下面我们就对这些技术要求一一进行讲解。

　　1) 对 TFT 器件的技术要求

　　从 AMLCD 像素充电的角度出发,一般希望 TFT 的场效应迁移率越大越好。较大的场效应迁移率可以使 AMLCD 像素更迅速地完成充电,这一点对超高分辨率的液晶显示尤显重要。非晶硅 TFT 的场效应迁移率一般是 $0.5\mathrm{cm}^2/(\mathrm{V} \cdot \mathrm{s})$ 左右,目前已越来越难以满足超高分辨率液晶像素的充电需要。因此,近年来针对超高分辨率液晶显示倾向于采用 p-Si TFT 和 a-IGZO TFT 技术。

　　从放电(或电压保持)的角度,一般希望 TFT 的漏电流越小越好。当然,小的 I_{off} 值也有利于降低 AMLCD 面板的纵向串扰特性。

　　综合考虑 AMLCD 像素的充电和放电(或电压保持)特性,可以确定 TFT 的开关电流比($I_{\mathrm{on}}/I_{\mathrm{off}}$)的基本要求。液晶的充电电流可以表示为

$$I_{\mathrm{charge}} = C_{\mathrm{charge}}\frac{\mathrm{d}V_{\mathrm{charge}}}{\mathrm{d}t_{\mathrm{charge}}} \tag{2.24}$$

式中,C_{charge} 是充电时液晶像素的电容,V_{charge} 是充电时的电压值,t_{charge} 是充电时间。同理,可以得到 AMLCD 像素电压保持阶段的电流值为

$$I_{\mathrm{hold}} = C_{\mathrm{hold}}\frac{\mathrm{d}V_{\mathrm{hold}}}{\mathrm{d}t_{\mathrm{hold}}} \tag{2.25}$$

式中,C_{hold} 是放电时液晶像素的电容,V_{hold} 是放电时的电压值,t_{hold} 是放电时间。如果将式(2.24)和式(2.25)相除,可以得到

$$\frac{I_{\mathrm{charge}}}{I_{\mathrm{hold}}} = \frac{C_{\mathrm{charge}}}{C_{\mathrm{hold}}} \cdot \frac{\mathrm{d}V_{\mathrm{charge}}}{\mathrm{d}V_{\mathrm{hold}}} \cdot \frac{\mathrm{d}t_{\mathrm{hold}}}{\mathrm{d}t_{\mathrm{charge}}} \tag{2.26}$$

式(2.26)等号右边第一项的大小为 3~4,等号右边第二项的数量约为 10^3,等号右边第三项的数量级也约为 10^3。综合考虑,AMLCD 像素充放电的电流比为 $(3\sim4)\times10^6$,所以 TFT 器件的开关电流比也必须大于 $(3\sim4)\times10^6$,否则将无法有效地完成 AMLCD 像素开关的基本功能。

　　针对 AMLCD 像素而言,出于省电的考虑,TFT 的开关电压差不能太大。这就要求 TFT 的亚阈值摆幅(S 值)越小越好,这样 TFT 器件才能较快地完成开关态之间的转换。相比较而言,p-Si TFT 和 a-IGZO TFT 的 S 值比 a-Si TFT 要小得多。

　　此外,AMLCD 显示的闪烁特性与跳变电压直接相关,而后者又取决于寄生电容 C_{gs} 的大小。因此,从改善液晶显示闪烁特性的角度出发,希望 TFT 的寄生电容 C_{gs} 越小越好。当然,C_{gs} 电容主要取决于 TFT 的栅极与源极之间的重叠面积,而这一重叠面积与 S/D 电极和有源层之间的接触电阻有关,也在很大程度上取决于 TFT 制备的工艺能力。

　　AMLCD 显示的串扰特性与寄生电容 C_{pd}(像素电极与本数据电极之间的电容)和 C'_{pd}(像素电极与相邻数据电极之间的电容)密切相关。从降低纵向串扰的角度出发,一般希望 C_{pd} 和 C'_{pd} 越小越好。

　　AMLCD 像素阵列包含几百万甚至几千万个 TFT 器件,为保证显示特性的均匀,所有

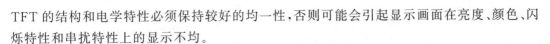

TFT 的结构和电学特性必须保持较好的均一性,否则可能会引起显示画面在亮度、颜色、闪烁特性和串扰特性上的显示不均。

2）对存储电容的要求

前面讲过,为了提高 AMLCD 的电压保持特性和降低跳变电压,我们特意引入存储电容。因此,增加存储电容有利于提高像素电压的保持特性和降低 V_{ft};另外,降低存储电容则有利于改善 AMLCD 像素的充电特性并可提高面板开口率。因此,在 AMLCD 产品和工艺的设计中,需要综合考虑以确定合适的存储电容值。

3）对扫描电极的要求

如前所述,扫描电极与 AMLCD 的 RC 延迟特性密切相关。因此,增加扫描电极的宽度和厚度有利于降低扫描电极的电阻值,从而有利于降低 AMLCD 中 RC 延迟的不利影响;减小扫描电极的宽度则有利于增加液晶面板的开口率,降低扫描电极的厚度则有利于提高薄膜台阶覆盖性并提高生产效率。因此,在实际产品和工艺设计中通常需要综合考虑以确定合适的扫描电极相关技术参数。

4）对数据电极的要求

与扫描电极相类似,数据电极也与 AMLCD 的 RC 延迟特性密切相关。因此,增加数据电极的宽度和厚度有利于降低扫描电极的电阻值,从而有利于降低 AMLCD 中 RC 延迟的不利影响;减小数据电极的宽度则有利于增加液晶面板的开口率,降低数据电极的厚度则有利于提高薄膜台阶覆盖性并提高生产效率。因此,在实际产品和工艺设计中也通常需要综合考虑以确定合适的数据电极相关技术参数。

5）对共电极的要求

这里所说的共电极指在 CF 上的 ITO 电极。从原理上讲,如果增大共电极的厚度有利于降低其电阻值,进而降低共电极 RC 延迟对 AMLCD 显示的影响;减小共电极的厚度则有利于提高 AMLCD 面板的光透过率,提高生产制造效率并降低成本。因此,一般需要综合考虑以确定合适的共电极厚度。此外,共电极厚度的均一性也非常重要,因为这直接影响到 AMLCD 显示的均匀性。

6）对驱动信号的要求

比较常见的 AMLCD 驱动信号如图 2.27(b)所示。有时为了提升显示效果或节省电能,可以采用更复杂的驱动信号,2.2.4 节提到的变动共电极电压技术便是一个很好的例子。然而,复杂的驱动信号会提高生产成本并降低产品的可靠性。因此,需要综合考虑产品的技术规格、工艺特点和生产成本而最终确定驱动信号的波形。

2.3 有机发光二极管显示的有源矩阵驱动

有机发光二极管(OLED)是目前比较公认的新一代平板显示技术,当前制约其迅速发展的主要原因之一便是其有源矩阵驱动技术及相关制备工艺。与 LCD 不同,OLED 是电流驱动的光电器件。如图 2.50 所示,对于 OLED 而言,其电流密度-电压曲线与发光强度-电压曲线的规律是基本一致的,这说明有机发光二极管是电流驱动的器件。从驱动方式划分,OLED 也可分为无源矩阵驱动和有源矩阵驱动两种,下面逐一加以介绍。

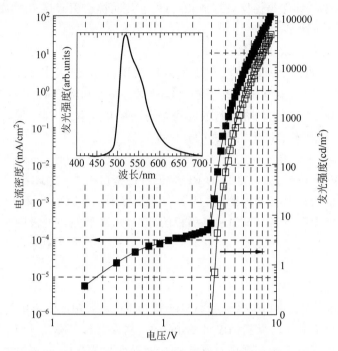

图 2.50　有机发光二极管在不同电压下的电流密度及发光强度

2.3.1　有机发光二极管显示的无源矩阵驱动简介

图 2.51 为无源矩阵有机发光二极管（PMOLED）的器件结构和等效电路图。如图 2.51(a)所示,PMOLED 的结构与 PMLCD 非常类似,都是采用相互垂直的条状电极重叠以形成像素,两者的区别在于分别以电流和电压驱动。如图 2.51(b)所示,PMOLED 的等效电路中发光二极管跨接扫描电极和数据电极,必然导致非选通像素上的等效电容和电极间存在漏电,会引起脉冲信号在电极间的串扰,导致交叉串扰现象和显示图像失真。与 PMLCD 的情况非常类似,在 PMOLED 中的选择像素与非选择像素之间的有效电流比值与其行数成反比,即 PMOLED 也无法实现高分辨率的显示。

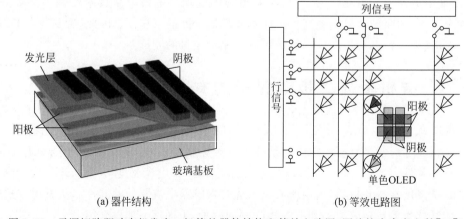

(a) 器件结构　　　　　　　　　　　(b) 等效电路图

图 2.51　无源矩阵驱动有机发光二极管的器件结构和等效电路图(图片摘自参考文献[12])

2.3.2 有机发光二极管显示的有源矩阵驱动基本原理

根据 2.3.1 节所述,无源矩阵驱动有机发光二极管受困于严重的串扰问题而无法实现高分辨率的图像显示,因此有源矩阵驱动有机发光二极管(AMOLED)才是未来显示技术的主流。图 2.52 是 AMOLED 器件结构示意图,在此以底发光器件为例。从图 2.52 中可以看出,在 AMOLED 中引入 TFT 作为开关和电流源,可以实现所有像素电流信号的单独加载和信息保持,因此基本上解决了串扰问题。

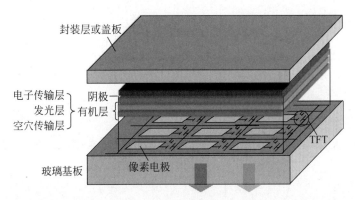

图 2.52 有源矩阵驱动有机发光二极管的器件结构示意图(图片摘自参考文献[12])

2.1.4 节介绍过,从发光的方向进行划分,OLED 可以分为底发光器件和顶发光器件两种。此外,OLED 器件还可以划分为正常型和倒置型两种器件结构。如图 2.53 所示,正常型 OLED 器件的阳极在下并与 TFT 阵列基板相连接,阴极则位于器件的顶端;倒置型 OLED 器件的阴极在下并与 TFT 阵列基板连接,而阳极则位于器件的顶端。一般而言,正常型 OLED 器件比较常见,其制备工艺也相对比较简单,大多数的 AMOLED 像素电路都倾向于采用这一类器件结构。但是倒置型 OLED 器件对于采用 N 型 TFT 器件构成的像素电路驱动的情况具有一定优势,其驱动电流可以不受因 OLED 器件特性退化而引起的不利影响。详细情况后续会加以介绍。

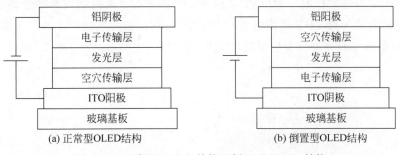

图 2.53 正常型 OLED 结构和倒置型 OLED 结构

OLED 是电流驱动器件,所以 AMOLED 像素中至少应包含两个 TFT 器件,一个作为像素开关,功能与 AMLCD 中的 TFT 类似;另一个作为电流源,给 OLED 提供稳定的驱动电流。此外,还必须有一个存储电容以保证开关 TFT 关闭后仍有持续的电流提供给 OLED 器件。因此,电压驱动的 AMOLED 像素电路最简单的形式便是 2T1C,如图 2.54 所示。值得注意的是,此处的 TFT 均为 N 型,2T1C 的具体连接方式还与 OLED 器件结构类型(正常型或倒置型)有关。如图 2.54(b)所示,倒置型 OLED 器件与 T_2 的漏极连接,导致流过 OLED 的驱动电流不受 OLED 器件本身特性变化的影响,这种像素电路的稳定性要好于图 2.54(a)所示的正常型 OLED 器件构成的像素电路。2T1C 像素电路的驱动信号波形非常简单,如图 2.54(c)所示,与 AMLCD 的驱动波形比较类似。因为在 2T1C 像素电路中采用电压波形进行驱动,所以此类 AMOLED 像素电路称为电压驱动型。

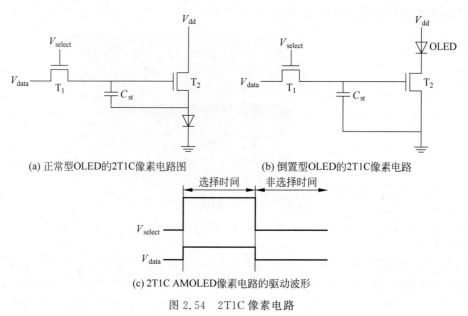

(a) 正常型OLED的2T1C像素电路图 (b) 倒置型OLED的2T1C像素电路

(c) 2T1C AMOLED像素电路的驱动波形

图 2.54　2T1C 像素电路

2T1C 的电压驱动 AMOLED 像素电路非常简单实用,但是其稳定特性并不理想。如图 2.54(a)所示,如果 OLED 器件的电流-电压特性发生了变化,流过 OLED 的电流势必发生变化并使 OLED 的发光亮度和颜色发生变化。与此相反,图 2.54(b)所示的倒置型 OLED 器件的 2T1C 电路便没有此问题存在。更为严重的是,2T1C 像素电路会受到 TFT 电压偏置不稳定特性的影响。如图 2.54 所示,T_2 器件在一帧时间内始终受到电压作用,长时间的电压偏置将导致 TFT 的阈值电压发生偏移(相关机理将在第 4 章中详细介绍),进而导致 OLED 电流和发光亮度发生显著的变化,如图 2.55 所示。

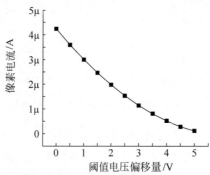

图 2.55　2T1C AMOLED 像素电路的 OLED 电流随着阈值电压漂移而变化的实验结果

解决上述问题的方法有两种：①采用更复杂的电路结构进行补偿，如 3T1C、4T2C、5T1C、6T1C、7T1C 等，但这势必会使驱动变得更复杂并降低生产合格率；②采用电流驱动像素电路，但电路工作速度减慢且缺乏配套的集成电路。因为实际生产中采用第①种方法，所以我们在 2.3.3 节对其基本原理进行详细讲解。

2.3.3 AMOLED 电压型像素电路的补偿原理

所有针对电压型 AMOLED 像素电路的补偿都是在 2T1C 电路的基础上引入额外的 TFT 器件、电容元件和更复杂的驱动电压波形，其补偿的基本原理是动态读取驱动 TFT 的阈值电压并将其写入存储电容的一端，这样在发光显示时流经 OLED 器件的电流便不再受器件阈值电压变化的影响。具体实现补偿的 AMOLED 像素电路结构千变万化，这里仅介绍一种比较简单的 3T1C 电压型 AMOLED 像素电路。

如图 2.56 所示，除了原有的开关 TFT 器件 T_1 和驱动 TFT 器件 T_3，在这里还引入了一个新的开关 TFT 器件 T_2，其栅极加载信号波形 AZ；另一个比较大的变化是 OLED 器件的阴极不再接地，而是连接信号 V_{ca}。电路的工作过程可分为三个阶段：①写入 V_{TH}；②写入 V_{data}；③显示。其中，写入 V_{TH} 阶段又分成三步，分别用步骤 1、2、3 表示，如图 2.56(b) 所示。

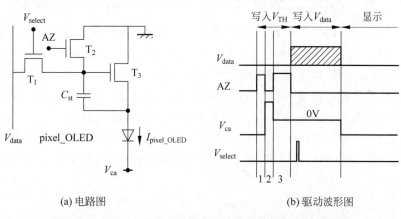

(a) 电路图　　　　　　　　　　　　　　　(b) 驱动波形图

图 2.56　3T1C AMOLED 像素电路的电路图和驱动波形图

在第一阶段（写入 V_{TH}），V_{select} 加载低电平，T_1 断开，数据信号 V_{data} 与像素电路隔断。作为本阶段的第 1 步，AZ 和 V_{ca} 分别加载高电平和负电压，T_3 的漏极与栅极连通，此时 T_3 工作在饱和区（原因详见本书 4.2.2 节）；存储电容 C_{st} 开始充电，其两端电压值大于 T_3 的阈值电压；尽管 OLED 器件有电流流过，但这一极短时间的发光几乎不影响一帧的显示效果。如图 2.56(b) 所示，在本阶段的第 2 步，AZ 和 V_{ca} 分别加载低电平和正电压，T_3 的漏极与栅极断开，OLED 器件与 T_3 都处于反向加载状态，器件中的残余电荷将被清除。在本阶段的第 3 步，AZ 和 V_{ca} 分别加载高电平和 0V，T_3 的漏极与栅极再次连通，此时 T_3 工作在饱和区（原因详见本书 4.2.2 节），电流流过 T_3 和 OLED 器件并逐渐衰减至 0；此时 T_3 的电流电压关系符合式(2.27)（详见本书 4.2.2 节）：

$$I_{DS} = K(V_{GS} - V_{TH})^2 = 0 \qquad (2.27)$$

式中，K 是与 TFT 沟道层、栅绝缘层、沟道几何尺寸等有关的参数，V_{TH} 是 T_3 的阈值电压。

进一步化简,可以得到式(2.28):

$$V_s = -V_{TH} \tag{2.28}$$

即第一阶段完成时 T_3 的源极电压正是其阈值电压的负值。

在第二阶段(写入 V_{data}), V_{select} 加载高电平, T_1 闭合,数据信号 V_{data} 写入 T_3 的栅极,此时流经 T_3 和 OLED 器件的电流大小为

$$I_{pixel\_OLED} = K(V_{GS} - V_{TH})^2 = K(V_{data} - (-V_{TH}) - V_{TH})^2 = KV_{data}^2 \tag{2.29}$$

由式(2.29)可知,在第二阶段结束时,流经 OLED 的电流强度与 T_3 器件的阈值电压无关。

在第三阶段(显示), V_{select} 加载低电平, T_1 断开,数据信号 V_{data} 与像素电路隔断。此时,OLED 器件依靠存储电容保持一定驱动电流大小[见式(2.29)],实现发光显示,直到下一帧再刷新显示信息。

需要强调指出的是,实际生产中采用的电压型 AMOLED 像素电路的补偿方法比我们列举的技术要复杂得多,一般要采用多于 6 个 TFT 的像素电路结构,存储电容也可能不止 1 个,但是其基本的补偿原理是不变的,即动态读取驱动 TFT 的阈值电压并将其写入存储电容的一端,从而实现在发光显示时流经 OLED 器件的电流不再受器件阈值电压变化的影响。

2.3.4 有机发光二极管显示的有源矩阵驱动技术要求

在 AMOLED 中,TFT 同时承担像素开关和电流源的两项任务,因此对 TFT 的性能将提出更高的要求。与 AMLCD 相比,AMOLED 要求其 TFT 的场效应迁移率要高得多。一般而言,AMOLED 中的 TFT 的场效应迁移率须在 $10cm^2/(V \cdot s)$ 以上。如图 2.57 所示,非晶硅 TFT 技术尽管已经发展到了第 11 代技术,但因为其场效应迁移率太低而无法在 AMOLED 中得到应用。多晶 TFT 的场效应迁移率最高可达到 $100cm^2/(V \cdot s)$ 以上,但其制备均匀性较差,所以只适合中小尺寸 AMOLED 的应用。非晶氧化物 TFT 的场效应迁移率恰好满足 AMOLED 的技术要求,且其制备均一性较好,可望将来在 OLED 电视领域一显身手。

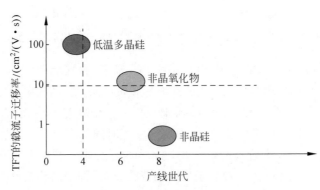

图 2.57 不同 TFT 器件的特性比较示意图

在 AMOLED 中,TFT 的电压偏置稳定特性将起到至关重要的作用,因此在 AMOLED 中应用的 TFT 必须具备较好的电压偏置稳定特性,即驱动 TFT 在长时间偏置电压的作用下其阈值电压的偏移应尽可能小。为此,需要从材料选择、工艺优化和器件设计等多角度进

行技术开发以提高 TFT 的电压偏置稳定特性。

此外,因为 AMOLED 具有非常复杂的像素电路结构,所以在 TFT 的制备工艺方面也比 AMLCD 困难得多。因此,AMOLED 的 TFT 阵列制备的合格率是其能否最终取代 AMLCD 而成为平板显示主流技术的最严峻的考验。

另外,OLED 器件本身的稳定性也至关重要。一般而言,OLED 器件在长时间工作后其电学特性也会发生一定程度的退化,这通常会引起驱动电流的变化。因此,采用切实有效的技术提高 OLED 器件的稳定性对 AMOLED 而言具有非常重要的意义。

2.4 电子纸显示的有源矩阵驱动

与液晶显示和有机发光二极管显示相类似,电子纸显示的驱动同样包括无源矩阵和有源矩阵两种方式。因为电子纸显示通常采用柔性塑料作为基板,所以对其制程工艺和材料选择具有较大的限制,在此条件下无源矩阵驱动的电子纸显示面板很难达到理想的显示效果。因此,目前市场上常见的电子纸显示产品大都采用有源矩阵驱动。下面以有源矩阵驱动电泳显示(Active Matrix Electrophoretic Display,AMEPD)为例讲解电子纸显示驱动的基本原理。

2.4.1 电子纸显示的驱动波形

就驱动技术而言,电子纸显示与液晶显示同属于电压驱动,在工作原理上比较类似。图 2.58 为 AMEPD 像素电路的示意图,电泳显示的像素单元可以简单看作电容和电阻的串联。此外,为了提高 EPD 的电压保持能力,在像素电路中同样也引入了存储电容 C_{st}。然而,与 AMLCD 不同,AMEPD 像素电极电压 V_n 并非实时更新的,而且其数据信号 V_d 的驱动波形也更加复杂,这是由电子纸显示的基本特点所决定的。

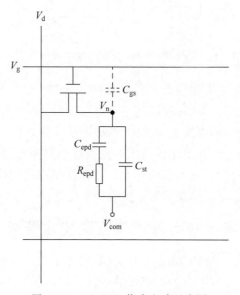

图 2.58 AMEPD 像素电路示意图

由 2.1.5 节可知,电泳显示是通过微胶囊中黑白粒子的运动而实现灰度显示的,因此其响应时间必然很长,一般要大于一帧的时间。通过简化,电泳显示的响应时间 T 可用式(2.30)表示:

$$T = \frac{6\pi d^2 \gamma}{V\delta\varepsilon} \tag{2.30}$$

式中,d 是电极之间的距离,V 是电极间施加的电压,δ 是电荷量,ε 是悬浮液的介电常数。经过估算,电泳显示的响应时间通常在几十毫秒以上,而一帧时间一般仅为十几毫秒,因此在一帧时间内通常无法完成电泳显示的响应过程。当前电子纸显示一般不进行动态视频显示,因而对其显示画面进行实时更新也是不必要的。综合上述,电子纸显示的驱动与AMLCD 和 AMOLED 有所不同,它只是在内容更新时才重新写入显示数据。

图 2.59 是常见的电泳显示数据驱动信号波形,从时间轴观察可划分为三个阶段:擦除、激活和写入。需要指出的是,每个阶段都需要消耗显示器数帧的时间,因此导致了电泳显示的驱动时间过长,不适合进行视频播放。通常把白色作为参考灰阶,其他灰阶通过先驱动到白色灰阶,然后再驱动到目标灰阶而得到。如图 2.59 所示,第一阶段是擦除原有的图像信息,将显示屏置为白色灰阶;第二阶段用于激活带电黑白颗粒的活性,因为当带电粒子在胶体悬浊液中稳定态存在时,胶体的黏性会影响其运动活性,所以需要通过黑白刷屏来提高黑白粒子的活性;第三阶段是将新的灰度电压值写入像素电极,对于 AMEPD 而言,通常需要结合 TFT 开关的逐行打开而完成。

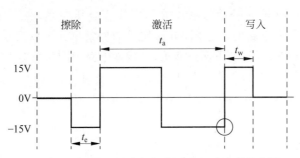

图 2.59　AMEPD 像素数据信号的驱动波形示意图

采用图 2.59 所示驱动波形往往会带来一些不佳的显示效果。在图形更新的过程中,因为要擦除原始图像并激活黑白粒子,所以电子纸显示屏需要在黑色和白色之间选择性刷新,从而驱动粒子在微胶囊中不断更换电泳方向,造成屏幕反射率的高低转变,这样就导致了闪烁,影响了阅读舒适度。此外,如果原始图像不能很好地被擦除,其残影会继续留在显示屏上,形成所谓的"鬼影"。这些显示不良的解决一方面需要通过优化电子纸显示材料和器件结构,另一方面也有赖于驱动波形和有源矩阵设计的优化。

2.4.2　电子纸显示的有源矩阵驱动技术要求

AMEPD 在驱动原理上与 AMLCD 非常类似,因此 2.2.5 节讲解的针对液晶显示有源矩阵驱动的技术要求基本上也适合于电子纸显示。这里需要强调的是,因为电子纸显示通常制作在柔性塑料基板上,所以其 TFT 背板的加工温度一般要限制在 150℃以下。这样一来,传统的硅基 TFT 并不适合用来作为 AMEPD 有源矩阵的开关器件,因为采用等离子体化学气相沉积(PECVD)制备非晶硅时的工作温度需要达到300℃以上(详见本书5.1.2节)。

非晶金属氧化物半导体(AOS)TFT 的沟道层采用磁控溅射沉积,可以实现室温制备(详见本书7.2节),比较适合用来制作电子纸显示的驱动背板,但其电学稳定性仍有待提高。

有机 TFT 可采用低温沉积和溶解工艺制作,因此也非常适合用来驱动 AMEPD。然而,有机半导体材料的性质不够稳定,高温或长时间实用都会导致器件的性能下降;此外,有机 TFT 的开态电流会随着在空气中暴露时间的延长而衰减,从而导致 TFT 器件的电学特性受到较大影响。

2.5 平板显示外围驱动电路和 SOG 技术

2.2~2.4 节分别讲解了液晶显示、有机发光二极管显示和电子纸显示的有源矩阵驱动原理,其中涉及的驱动信号均由外围驱动电路提供。所谓平板显示的外围驱动电路是指介于主机和显示面板之间的一些电路,其主要功能是从主机获取相关信息并转换成显示面板工作所需要的驱动电压信号格式。平板显示外围驱动电路在物理上表现为印制电路板、集成电路和其他分立电子元器件等,其具体封装形式因显示技术种类和显示尺寸的不同而千差万别。需要着重指出的是,出于降低制造成本和提高产品可靠性的考虑,平板显示外围驱动电路的部分功能可以被由 TFT 器件构成的电路所取代,这便是通常所说的“玻璃上系统”(System on Glass,SOG)技术。SOG 技术是未来显示的重要发展方向,但是目前除集成栅极驱动器(Gate on Array,GOA)外的 SOG 技术尚未得到大规模的实际应用。接下来以 AMLCD 技术为例,简单介绍其外围驱动电路的基本原理及相关 SOG/GOA 技术的设计原理等。

2.5.1 AMLCD 外围驱动电路简介

图 2.60 是 AMLCD 外围驱动电路的框架示意图,在主机和液晶显示屏之间的七个功能模块共同构成了外围驱动电路,具体包括电源管理集成电路(PMIC)、时序控制器(TCON)、栅极集成电路(G-IC)、源极集成电路(S-IC)、GAMMA 电路、V_{com} 电路和 LED 背光源控制电路等。主机、外围驱动电路各功能模块和液晶显示屏之间的箭头线表示电压信号的传递方向。接下来将逐一简单介绍 AMLCD 外围驱动电路各功能模块的结构和性能原理。

PMIC 是非常重要的外围驱动电路部件,其主要功能是将从主机获得的电压转换为外围电路其他部件所需要的工作电压。从结构上划分,PMIC 一般包含有以下三种电路:

(1)电感型 DC/DC 转换电路,可分为实现降压功能的 BUCK 型、实现升压功能的 BOOST 型和既能降压又能升压的 BUCK-BOOST 型;

(2)电容型 DC/DC 转换电路,主要指电荷泵(CHARGE PUMP)型电路,分为降压型和升压型两种;

(3)低压差线性稳压器(LDO),通常实现小范围降压和稳压功能。

从主机输入 PMIC 的电压值大小与主机类型有关。以液晶电视为例,PMIC 从主机获得的电压大小通常为 12V。而 TCON、G-IC、S-IC、GAMMA 电路和 V_{com} 电路等需要的工

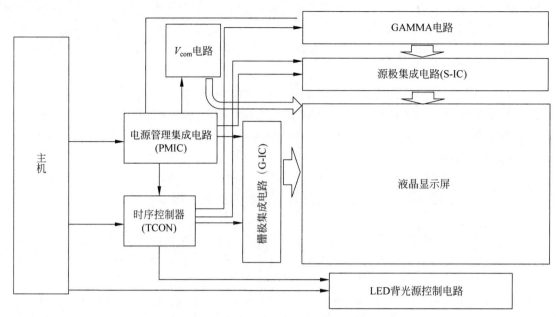

图 2.60　AMLCD 外围驱动电路的框架示意图

作电压则五花八门,都需要 DC/DC 电路完成转换。仍然以液晶电视显示模组的外围驱动电路为例,所涉及的工作电压主要包括以下几种:

(1) TCON、G-IC、S-IC 等所需的数字工作电压 DV_{DD},一般为 3.3V,通常由 BUCK 型、LDO 型电路实现;

(2) GAMMA 电路和 V_{com} 电路所需的基准模拟电压 AV_{DD},一般为 17V,通常由 BOOST 型电路实现;

(3) G-IC 所需的 TFT 器件开启/关闭电压 V_{gh}/V_{gl},一般为 30V/−8V,通常分别由升压型 CHARGE PUMP 和降压型 CHARGE PUMP 电路实现。

TCON 是外围驱动电路的核心部件,其主要功能是把从主机获得的数据/控制/时钟等信号转换为适合 S-IC、G-IC 等部件工作的信号,以实现正常显示功能。此外,TCON 还与外围电路其他部件配合实现可编程 GAMMA 校正、精准颜色补偿(ACC)、帧速控制(FRC)、过驱动(OD)及内置自我检查(BIST)等。从结构上划分,TCON 一般包括输入模块电路、数据处理模块、控制信号发生器、BIST 信号发生器和输出模块电路等。

与 TCON 相关的信号界面标准最常见的有两种,即主机/TCON 之间的低压差分信号(LVDS)和 TCON/S-IC 之间的 mini-LVDS。LVDS 通常采用差分线对之间的电压差来表示数据;一般来说,当电压差为正时表示数据 1,当电压差为负时表示数据 0。与 TCON 相关的 LVDS 信号最常见的以 1.2V 为中心,电压摆幅为 250mV。TCON 从主机获得的信号包括三种:RGB 数据信号、控制信号和时钟信号,其中控制信号包含使能信号(DE)、场同步信号(VS)和行同步信号(HS)。TCON 对接收到的 LVDS 信号进行解析,分离出控制信号和 RGB 数据信号,TCON 的控制信号发生器根据前者生成 S-IC/G-IC 工作所需的众多控制信号,而 TCON 的数据处理模块则对后者进行处理,转换成 mini-LVDS 信号输出到 S-IC。mini-LVDS 与 LVDS 一样由正负信号对构成差分信号,但与 LVDS 不一样的是,

mini-LVDS 信号不包括控制信号,而且每个时钟周期内每对线对仅传输 2bit 数据。

G-IC 又称为行驱动器,属于数字电路,通常由数百行单元电路构成,逐行输出控制
TFT 开关的方形波[见图 2.24 (b)]。G-IC 单元电路一般包括移位寄存器、电平转换器和
输出缓冲器等。其中,移位寄存器的主要功能是产生高电平为 DV_{DD}、低电平为 0 的方形
波;电平转换器的主要功能是将方形波的高电平提升到 V_{gh},低电平降低到 V_{gl};输出缓冲
器的主要功能是减小输出阻抗,提高 G-IC 的带载能力。移位寄存器、电平转换器和缓冲器
具体电路实现可以多种多样,图 2.61 是采用 CMOS 技术实现上述电路的一个实例。

S-IC 又称列驱动器,属于高频数模混合电路,在结构和功能上远比 G-IC 复杂。S-IC 的
主要功能是在 TCON 的控制下,与 G-IC 相配合将从 TCON 获得的 mini-LVDS 格式的数
据信号逐列写入像素电路中[见图 2.24 (b)]。S-IC 通常包括数百列单元电路,每个单元电
路一般包括移位寄存器、数据缓冲器、电平转换器、数模转换器(DAC)和输出缓冲器等。其
中,移位寄存器的主要功能是产生高电平为 DV_{DD}、低电平为 0 的方形波;数据缓冲器的主
要功能是与移位寄存器相配合逐列写入和暂存数据信号;电平转换器的主要功能是将数据
信号的高电平提升到 15V 左右以满足 DAC 工作的需要;DAC 的主要功能是将数据由数字
信号转换成模拟信号,通常由晶体管矩阵和电阻网络共同构成;输出缓冲器的主要功能是
减小输出阻抗,提高 S-IC 的带载能力。

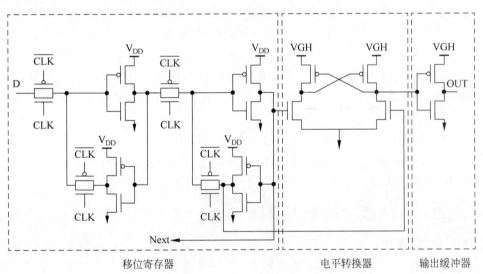

图 2.61　G-IC 电路结构举例

GAMMA 校正电路通常指在电路板上的电阻网络,其基本功能是以 AV_{DD} 电压为基
准,采用电阻串联网络产生 14 个新的基准电压。S-IC 中 DAC 的电阻网络结合这 14 个基
准电压产生所有灰阶的电压值。当 GAMMA 值有所偏离时,一般通过调整串联网络中的
电阻值实现校正功能。

V_{com} 电路通常由包含可调电阻的电阻网络及电压跟随放大器构成,以 AV_{DD} 为基准,
生成大小可调的 V_{com} 电压,以满足液晶显示驱动的基本需求。

LED 背光源驱动电路的主要功能是为 LED 灯条产生稳定可调的驱动电流。当前液晶
显示用 LED 背光源的调光模式分为全域调光(global dimming)和局域调光(local

dimming)两种。全域调光驱动电路比较简单,通常包括 DC/DC 电路、电流采样电路和控制电路等。其中,DC/DC 产生 LED 灯条驱动所需的工作电压;电流采样电路把电流变化转换成电压变化并反馈至控制电路;控制电路则接收主机/TCON 的控制信号,根据电流采样信号输出的信息调控 DC/DC 电路,最终实现 LED 灯条电流的稳定。局域调光驱动电路需要额外增加 MCU 信号处理电路,将主机/TCON 输入的背光局域控制信号转换成各个区域的亮度控制信号,并传递给 LED 灯条的控制电路,以实现分区 LED 灯条的驱动电流控制。

2.5.2 SOG 技术基础简介

如前所述,SOG 技术是未来显示的发展方向,但目前仍然面临着巨大挑战。除 GOA 技术已经投入实际生产外,其他的 SOG 技术还在研究和开发中,其根本原因仍在于 TFT 器件的操作特性和稳定特性较差,无法构成复杂的数字电路和模拟电路。与 MOSFET 相比较,无论是 a-Si TFT 还是 p-Si TFT 都呈现出不太理想的电学特性,我们将在第 4 章详细比较这三种器件的操作特性,这里仅定性讨论因 TFT 电学特性相对较差而引起的 SOG 电路设计局限性。

数字集成电路的信号延迟与开关器件的结构和性能之间存在密切的联系。当采用 TFT 器件作为数字开关时,因为其具有较小的场效应迁移率和较大的寄生电容,所以导致其开关较慢,功耗较大,无法满足高速数字集成电路的基本要求。

采用 TFT 器件实现模拟集成电路相对来说更加困难。以运算放大器为例,其增益大小严重受限于 TFT 器件较小的场效应迁移率和开态电流值。此外,因为 TFT 器件通常具有比 MOSFET 大得多的寄生电容,所以其工作频率一般要低于 2MHz。虽然可以采用优化电路结构的方法改善 TFT 电路的频率特性,但是 TFT 的阈值电压通常较大,导致共源共栅(cascode)的电路结构无法采用。

比较令人振奋的是,相对简单的 SOG 技术——GOA 已经在 AMLCD 等显示产品中得到了大规模应用,即使采用 a-Si TFT 也能实现稳定可靠的 GOA 电路。接下来详细介绍 GOA 技术,其基本原理对研究和开发更复杂 SOG 技术具有重要的参考价值。

2.5.3 GOA 技术的基本原理

GOA 电路最初由 a-Si TFT 实现并投入实际生产,因此也经常被称为 ASG (Amorphous Silicon Gate)。GOA 电路的主要功能是取代 G-IC 中的移位寄存器,因此其输入信号的高低电平通常已经经过了变换,这是为了满足 GOA 电路中 TFT 器件的开关要求。与 G-IC 电路结构类似,GOA 电路通常也是由几百行单元电路构成的。就某一行单元电路而言,其输入信号(input signal)是上一行的输出信号,其复位信号(reset signal)是下一行的输出信号。这样,在上一行单元电路输出信号的驱动下,本行单元电路开始输出高电平,待下一行单元电路也输出高电平时,本行单元电路的输出信号被拉低至低电平(复位)。下面结合 Thomson 公司于 1995 年发表的 GOA 电路进行基本原理的讲解。

如图 2.62 所示,该 GOA 电路由 4 个 TFT 和 2 个电容构成,其中 T1 是预充电 TFT,T3 是上拉 TFT,T2 和 T4 是下拉 TFT,C1 是耦合电容,C2 是自举电容。在输入信号 Input 和时钟信号 CLK1 的作用下,T3 闭合,输出端 Output 被上拉到高电平;此时 Reset 信号也变为高电平,T2 和 T4 闭合,输出端 Output 被下拉到低电平 Voff;至此,用来开启本行像素 TFT 器件的方形波完成输出。

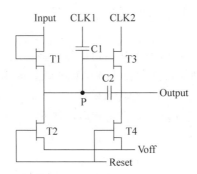

图 2.62　典型 GOA 电路结构图（Thomson 公司在 1995 年公开发表）

2.6　本章小结

薄膜晶体管当前的主要应用领域是平板显示，因此本章首先介绍了平板显示的基本概念和原理，包括显示技术的分类及特性指标、平板显示定义和分类、液晶显示器件基本原理、有机发光二极管显示器件的基本原理和电子纸显示的基本原理等。接着着重讲解了液晶显示有源矩阵驱动的原理和实务，具体包括 AMLCD 像素电路的充放电原理、AMLCD 像素阵列相关原理、液晶显示有源矩阵驱动的特殊方法和液晶显示有源矩阵驱动的技术要求等。这部分内容是本章的重点内容。接下来我们简单介绍了新一代平板显示技术——有机发光二极管和电子纸的有源矩阵驱动相关技术。最后讲解了平板显示外围驱动电路和 SOG 技术。通过本章的学习，读者应该掌握 TFT 器件的主要应用背景、相关电路原理及这些实际应用对 TFT 器件提出的具体技术要求。这些知识是后续器件物理及工艺原理学习的重要基础。

习题

1. 试计算分辨率为 XGA 的 15"TFT-LCD 的 PPI 值。

2. 在描述显示特性的 8 个技术指标中哪些指标与显示驱动技术密切相关？

3. 如果分辨率为 XGA 的彩色液晶显示采用静态驱动，需要多少根电极线？

4. 如果分辨率为 XGA 的彩色液晶显示采用矩阵驱动，一共需要多少根电极线？

5. 如何增加 PMLCD 的显示分辨率？

6. 有哪些因素可以影响 AMLCD 像素电压的保持能力？

7. AMLCD 像素电压的保持能力必须达到什么水准才能实现正常显示？

8. 在实际生产中经常采用调整共电极电压的方法改善 TFT-LCD 的闪烁特性。试问这种方法是否能彻底解决闪烁问题？

9. 对于 AMLCD 像素电路，已知：$C_{LC} = C_S = 100\text{fF}$，$C_{gs} = 10\text{fF}$，$V_{gh} = 20\text{V}$，$V_{gl} = -10\text{V}$，$R_{on} = 100\,000\Omega$，$R_{LC} = 10^{13}\,\Omega$，当前电压为 -4V，充电目标电压为 5V。试计算像素电极充到 90% 目标电压所需的时间。

10. 对于 C_s on gate 模式的 TFT-LCD 面板,已知:$C_{lc} = 130\text{fF}$,$C_s = 110\text{fF}$,$C_{gs} = 10\text{fF}$。在二阶驱动的情况下有 $V_{gh} = 20\text{V}$ 和 $V_{gl} = -5\text{V}$。

(1) 计算 V_{ft} 值;

(2) 如果采用三阶驱动技术,请画出其扫描信号波形。

11. 对 AMLCD 像素阵列而言共存在 4 种反转模式。如果同时采用变动共电极电压技术,试问哪些反转模式是可以采用的? 为什么?

12. TFT-LCD 中的 RC 延迟会显著影响其显示特性,试画出下图中 E 点的信号波形并计算在 $t = 20\,\mu\text{s}$ 时的 $V(E)$ 值。

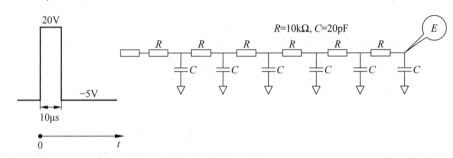

13. AMLCD 面板因 RC 延迟和跳变电压的交叉影响而导致的不均一性可定义如下:最佳共电极电压均一性=最佳共电极电压最大值—最佳共电极电压最小值。试设想一些技术方案以改善最佳共电极电压均一性值。

14. OLED 驱动与 LCD 驱动有何主要区别?

15. 试分析说明 AMOLED 与 PMOLED 相比较的优势所在。

16. AMOLED 像素电路分为电压型和电流型两种,试比较两种技术各自的优劣之处。

17. 倒置型 OLED 器件在应用上有何优势?

18. AMOLED 技术目前仍然不是平板显示的主流,这因为其存在许多技术难点。试分析并总结 AMOLED 技术的难点所在。

19. 电子纸显示的有源矩阵驱动有何特点?

20. 试分析图 2.62 中 GOA 电路的不足之处。

参考文献

[1] Kagan C R,Andry P. Thin-film transistors[M]. Boca Raton:CRC Press,2003.

[2] 戴亚翔. TFT LCD 面板的驱动与设计[M]. 北京:清华大学出版社,2008.

[3] 申智源. TFT-LCD 技术:结构,原理及制造技术[M]. 电子工业出版社,2012.

[4] Chaji R,Nathan A. Thin film transistor circuits and systems[M]. Cambridge:Cambridge University Press,2013.

[5] 田民波. 电子显示[M]. 北京:清华大学出版社,2001.

[6] 黄子强. 液晶显示原理[M]. 北京:国防工业出版社,2008.

[7] 李维諟,郭强. 液晶显示应用技术[M]. 北京:电子工业出版社,2000.

[8] 刘永智,杨开愚. 液晶显示技术[M]. 成都:电子科技大学出版社,2000.

[9] Li Z,Li Z R,Meng H. Organic light-emitting materials and devices [M]. Boca Raton:CRC Press,2006.

［10］ Pierret R F. Semiconductor device fundamentals［M］. New York：Addison Wesley Longman,1996.

［11］ Agarwal A,Lang J. Foundations of analog and digital electronic circuits［M］. Amsterdam：Morgan Kaufman Publisher,2005.

［12］ 王丽娟.平板显示技术基础［M］.北京：北京大学出版社,2013.

［13］ Hayt W H,Buck J A. 工程电磁场［M］.北京：机械工业出版社,2002.

［14］ 郑玉祥,刘贵君.电路基础［M］.哈尔滨：哈尔滨工业大学出版社,1999.

［15］ 朱正涌.半导体集成电路［M］.北京：清华大学出版社,2001.

［16］ 周国富.电子纸显示技术［M］.北京：科学出版社,2021.

［17］ 段飞波,白鹏飞,周国富.基于直流平衡的电泳电子纸驱动波形的优化研究［J］.液晶与显示,2016, 31(10)：11-16.

［18］ 周国富,易子川,王利,等.电泳电子纸驱动波形研究现状与前景［J］.华南师范大学学报：自然科学版,2013,45(6)：56-61.

［19］ 于军胜,黄维.OLED 显示技术［M］.北京：电子工业出版社,2021.

［20］ Tsujimura T. OLED display fundamentals and applications［M］. New York：John Wiley & Sons,2017.

［21］ 廖燕平,宋勇志,邵喜斌.薄膜晶体管液晶显示器：显示原理与设计［M］.北京：电子工业出版社,2016.

［22］ 闫晓林,马群刚,彭俊彪.柔性显示技术［M］.北京：电子工业出版社.2022.

［23］ 孟鸿,黄维.有机薄膜晶体管材料器件和应用［M］.北京：科学出版社.2019.

第 3 章

薄膜晶体管材料物理

从第 2 章的内容我们得知,平板显示的有源矩阵驱动对 TFT 器件的特性、制备工艺和设计方法等提出了相应的技术要求。为此,我们必须研究和开发出不同种类 TFT 技术以应对不同的应用需求。从原理上讲,TFT 技术最核心的内容是其器件物理,即 TFT 的器件结构(含材料的选择和内部缺陷态分布等)与其电学特性之间的对应关系原理。TFT 的器件结构,简单讲就是数层不同形状和材料的薄膜堆积而成的半导体器件。因此,讨论 TFT 的器件物理,首先要弄清楚构成 TFT 器件的这些薄膜材料的基本物理特性,具体包括有源层(Active Layer,AL)、栅绝缘层(Gate Insulator,GI)、保护层(Passivation Layer,PL)、栅电极(Gate Electrode,GE)、源漏电极(Source/Drain Electrode,S/D)和像素电极(Pixel Electrode,PE)等。从电学特性上区分,上述材料包括半导体(AL)、绝缘体(GI,PL)和导体(GE,S/D,PE)等。其中,起核心作用的材料便是半导体有源层,目前实际生产中采用最多的是非晶硅(a-Si)和多晶硅(p-Si),因此本章便从这两种材料的物理特性讲起,接着再讲解 TFT 中常用的绝缘层材料和电极层材料特性,最后简单介绍在 TFT 技术中最常用的基板材料——玻璃基板和柔性基板。

3.1 非晶硅材料物理

在电子工业中使用的材料基本上都是固体。从结构的有序度划分,固体可分为单晶体、多晶体和非晶体。非晶硅(a-Si)是非晶体的一种,所以非晶体具有的共性非晶硅全都具备。因此,在详细讲解 a-Si 的材料物理前先简单介绍非晶体的基本概念和相关物理特性。

3.1.1 非晶体简介

单晶体是最简单也是目前为止研究最清楚的,因此在讲解非晶体和多晶体时一般都会以单晶体的结构作为参照。如图 3.1(a)所示,单晶体的原子排列是非常有规律的,如果选出一个基本结构单元并按照此单元重复,便可获得完整的单晶体,这样的结构特点称为长程有序。图 3.1(b)给出了非晶体的基本结构,我们可以很容易分辨出非晶体的结构与单晶体截然不同,不具有长程有序的特点。实际上,非晶体的结构特点是短程有序,相关内容将在后续章节中详细介绍。

在长程有序的基础上,根据单晶体的对称性特点可以进一步将其划分为 7 大晶系,即三斜、单斜、正交、四方、菱方、六方和立方。其中,立方晶系最常见,大部分半导体材料都属于

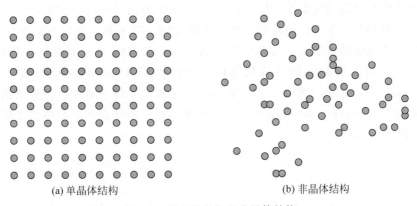

(a) 单晶体结构　　　　　　　　　　(b) 非晶体结构

图 3.1　单晶体结构和非晶体结构

立方晶系。根据基本单元的特点立方晶系又可划分为简单立方、体心立方和面心立方三种结构,如图 3.2 所示。经常使用的半导体单晶体,如硅、锗、砷化镓和氮化镓等都是以面心立方为基础的晶体结构。

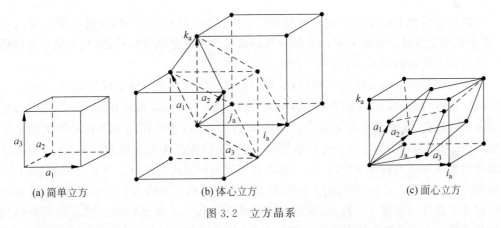

(a) 简单立方　　　　　　　　(b) 体心立方　　　　　　　　(c) 面心立方

图 3.2　立方晶系

事实上,单晶体的结构也并非十全十美的,其中往往会存在一定的缺陷。比较常见的缺陷包括空位(vacancy)、间隙原子(interstitial)和位错(dislocation)等,如图 3.3 所示。一般而言,单晶体的晶格格点位置处都会有原子分布,如果由于某些原因导致格点原子缺失,便将这种缺陷称为空位,如图 3.3(a)所示。另外,如果在晶格格点的间隙位置多出了一个原子,便将这种缺陷称为间隙原子,如图 3.3(b)所示。空位和间隙原子都属于点缺陷,位错则属于线缺陷。图 3.3(c)所示的是最常见的刃型位错,即一排原子中的部分缺失导致的缺

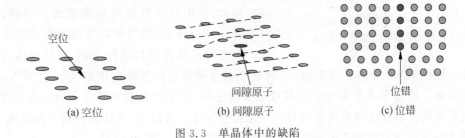

(a) 空位　　　　　　　　　(b) 间隙原子　　　　　　　　(c) 位错

图 3.3　单晶体中的缺陷

陷。除了点缺陷和线缺陷还有面缺陷,3.2节详细介绍的晶界便是面缺陷的一种。上述这些缺陷的存在势必会在单晶体的能带上有所反映,并在一定程度上影响其电学特性。

有时为了改变单晶体的电学性质而有意加入一些杂质原子,这种做法一般称为掺杂。如图3.4(a)所示,如果杂质原子替代基体原子而位于晶格格点可能形成替代型杂质(substitutional impurity);如图3.4(b)所示,如果杂质原子位于基体晶格原子的间隙位置便形成间隙型杂质(interstitial impurity)。这些杂质原子同样会在单晶体的能带中形成能级并显著影响其电学特性。

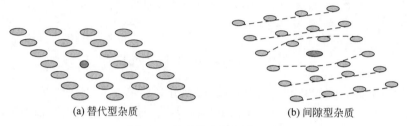

(a) 替代型杂质   (b) 间隙型杂质

图3.4 单晶体中的杂质原子

单晶体的构成有赖于原子间的价键结合,根据结合特点的不同,价键一般可分为共价键、离子键和金属键。常见元素的半导体材料都是由共价键结合而成的,化合物半导体则会在一定程度上存在离子键结合。

以上简单介绍了单晶体的结构特点,其中大部分特点对非晶体也同样适用。例如,非晶体也同样由价键构成,其中也存在缺陷和杂质原子等。另外,非晶体在结构上与单晶体也存在显著不同,这主要体现在有序度上。如图3.1(b)所示,非晶体的原子在总体上是杂乱无章的,只在最近邻原子间存在一定的有序度,这种结构称之为短程有序。事实上,液体的结构便是短程有序。当液体缓慢冷却时,原子有充足的时间进行扩散运动并达到理想的位置,因此最终形成晶体;当液体快速冷却时,原子没有充足的时间进行扩散运动,所以在形成固体时保留了液体的短程有序特点,最后形成的是非晶体。从非晶体的形成过程可以得到两个重要结论:①非晶体在热力学上是不稳定的,处于"亚稳态",所以外界条件变化时有转化成晶体的趋势;②非晶体中的缺陷比率远远高于单晶体。

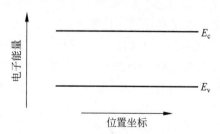

图3.5 单晶体的能带示意图

下面再回到单晶体电学特性的介绍上来。根据单晶体的晶体结构和势场分布,可以求解薛定谔方程组,进而获得单晶体的基本电学结构。为方便起见,一般采用能带图来描述单晶体材料的电学结构特点。如图3.5所示,单晶体一般都具有清晰的禁带结构,禁带中具有极少的缺陷能级。当然,如果对单晶体进行掺杂,禁带中可能出现较多的杂质能级。根据单晶体能带特点的不同,可将固体再划分为导体、绝缘体和半导体。简单地讲,价带全满导带全空且禁带宽度较大(>4.0eV)的材料为绝缘体;价带全满导带全空且禁带宽度较小(<4.0eV)的材料为半导体;在导带中半充满或导带和价带存在重叠情况的材料一般都是导体。实际上,上述这种划分绝缘体、半导体和导体的方法并不仅限于单晶体,对于多晶体和非晶体一般也适用。

非晶体的情况与单晶体相比存在显著不同。前面讲过，非晶体是长程无序的，这必然导致在非晶体中的势场存在较强的能量起伏，使电子难以自由移动。非晶体的原子排列存在短程有序，即在近邻范围内原子的排列与单晶体是非常类似的，这就决定了非晶体也会形成与单晶体类似的能带结构。当势场的能量起伏较小时，电子仍能在导带中自由移动并形成导电；当势场的能量起伏非常严重时，电子将无法在能带中自由移动，这种情况称为电子被"局域化"了。电子的

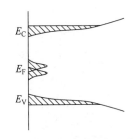

图 3.6 非晶体能带结构示意图

局域化现象体现在能带上便是在非晶体的禁带中形成缺陷态。如图 3.6 所示，非晶体一般仍能形成比较明确的禁带，但禁带中会存在大量的缺陷态。如果缺陷态分布在导带底或价带顶附近，我们称之为带尾态（tail states）；如果缺陷态分布在费米能级附近，我们称之为深能级态（deep states）。这些缺陷态会显著影响非晶体的电学性质，使其在电学特性上与单晶体存在较明显的区别。需要强调的是，这种区别并非本质上的区别，只是量变意义上的区别。实践证明，决定物质本质特性的是其短程结构。非晶体材料与其对应的单晶体材料在短程结构上是基本相同的。因此，如果某种材料在单晶体时是半导体，在非晶体时也一定是半导体。正是因为这个原因，非晶硅与单晶硅一样也是半导体材料。接下来详细讲解非晶硅材料的结构和电学特性。

3.1.2 非晶硅材料结构

非晶硅是最常用的非晶体材料之一，可以用作 TFT 的有源层和薄膜太阳能电池中的半导体层等。在正式讲解非晶硅结构之前先简单介绍单晶硅材料的基本结构特点以作为参照。事实上，在短程范围内非晶硅的结构与单晶硅是基本相同的。

众所周知，单晶硅在集成电路和太阳能电池等领域得到了非常广泛的应用，而且硅又是地壳中含量最丰富的化学元素之一。上述这些因素导致单晶硅成为到目前为止人类研究最透彻的一种材料。图 3.7 是单晶硅晶包结构和价键结构的示意图。如图 3.7（a）所示，单晶硅属于金刚石结构，其晶胞包括 8 个原子。其中，8 个顶点上各有一个原子，分摊计算后相当于每个晶胞有 1 个顶点原子；6 个面心各有 1 个原子，分摊计算后相当于每个晶胞有 3 个面心原子；晶胞内部还有 4 个原子。这样将顶点原子、面心原子和晶胞内部原子加和后计算出每个晶胞包含 8 个原子。如果考虑单晶硅最基本的结构单元，则如图 3.7（b）所示，4 个硅原子构成正四面体结构。事实上，这也正是单晶硅的共价键结构示意图，其中键长 0.235nm，键角 109°28′。

单晶硅的原子序数是 14，最外层包括 4 个电子。这 4 个电子中分别有 2 个电子属于 s 亚层，另外 2 个电子属于 p 亚层。但当硅原子组合成硅晶体后，因为轨道杂化的原因，这 4 个电子参与形成了对称的价键结构，如图 3.7（b）所示。假设单晶硅晶体的原子数目为 N，则 4N 个电子会形成两种状态，即反成键态（anti-bonding state）和成键态（bonding state）；前者扩展成导带，后者扩展成价带，如图 3.8 所示。单晶硅的禁带位于导带和价带之间，宽度约为 1.10eV。本征单晶硅的电子和空穴浓度相同，均约为 10^{10} cm^{-3}。如果在单晶硅中掺杂 P、As 等元素将使其电子浓度显著高于空穴浓度，从而形成 N 型单晶硅；如果在单晶硅中掺杂 B 等元素将使其空穴浓度显著高于电子浓度，从而形成 P 型单晶硅。单晶硅中缺

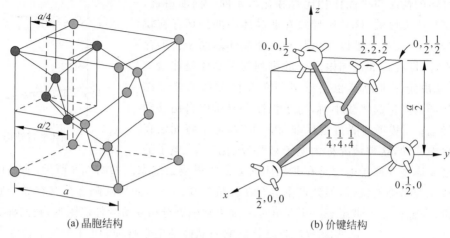

(a) 晶胞结构   (b) 价键结构

图 3.7 单晶硅晶包结构和价键结构

陷浓度极低,所以禁带中基本上没有缺陷态存在。关于单晶硅材料详细的特性参数可参考附录 C。

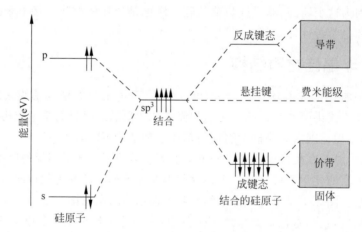

图 3.8 单晶硅晶体的能带结构

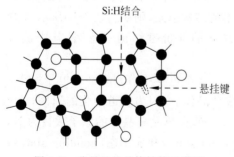

图 3.9 非晶硅的晶体结构示意图

与单晶硅相比,非晶硅的晶体结构发生了较大的变化。如图 3.9 所示,非晶硅的原子分布从总体上看是杂乱无章的,即长程无序。但是从某一个原子出发,观察其最近邻原子的分布状况,则很容易发现存在着与单晶硅类似的情况,这便是所谓的短程有序。与单晶硅类似,非晶硅原子的周围一般也包括 4 个最近邻原子并形成共价键。但与单晶硅不同之处在于,非晶硅的共价键往往是不理想的。前面提到过,单晶硅共价键的键长是 0.235nm,键角为 $109°28'$;非晶硅的键长和键角则围绕上述值在一定范围内浮动。其中键长浮动范围较小,小于 $±1\%$;键角的浮动范围则相当大,约为±10%。键角偏离 109°28′越大,共价键的结合力越弱。通常称键角偏离较大的价键为弱键(weak bonds)。

　　非晶硅在价键结构上还有一点与单晶硅显著不同。单晶硅原子必须与周边 4 个硅原子形成共价键,非晶硅则不一定。如图 3.9 所示,一个非晶硅原子可能只与周边 3 个原子形成共价键,剩下的一个价键处于悬空状态,我们形象地称之为悬挂键(dangling bond)。在非晶硅中悬挂键大量存在并使非晶硅的电学特性变得极差。如图 3.10(a)所示,非晶硅的悬挂键会在禁带中形成大量的缺陷态,这些缺陷态都是局域化态(localized states),即处于其中的电子都是无法移动的。为了解决这一问题,通常加入氢原子以修补这些缺陷态。氢原子最外层有 1 个电子,悬挂键最外层也只有一个电子,两者结合后恰好可以达到互补的效果。如图 3.10(b)所示,掺氢的非晶硅(简称氢化非晶硅,a-Si：H)禁带中的缺陷态显著减少。在实际生产中,一般采用的都是非晶硅,通常氢原子的掺入量为 10 at.% 以下。如果氢原子掺入量超过 10 at.%,可能出现一个硅原子与两个氢原子结合的情况,这种价键结构的 a-Si：H 是非常不稳定的;如果氢原子的掺入量超过 20 at.%,非晶硅薄膜中可能会出现氢集中析出并导致孔洞的出现,这样的材料显然是无法使用的。因此,在实际生产中必须严格控制氢原子的掺入量。

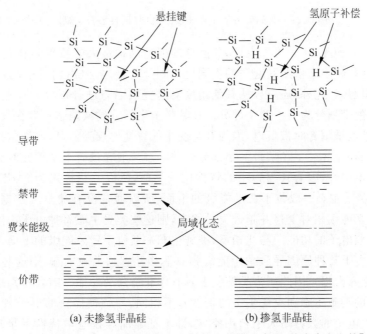

图 3.10　未掺氢非晶硅与掺氢非晶硅的结构和能带示意图(摘自参考文献[1])

　　图 3.11 是非晶硅能带态密度(Density of States,DOS)的示意图。首先,非晶硅与单晶硅一样具有清晰的禁带(E_g),但是非晶硅的禁带宽度(~1.8eV)略大于单晶硅(~1.1eV)。其次,与单晶硅一样,非晶硅的共价键也会形成扩展态(extended states),包括导带(conduction band)和价带(valence band),扩展态中的载流子(导带中的电子和价带中的空穴)是可以自由移动的。非晶硅的能带态密度与单晶硅相比也存在显著的不同,这主要表现在禁带中的态密度分布特点上。本征单晶硅的禁带非常"干净",基本上没有缺陷态的分布。

但是非晶硅的情况则完全相反,在禁带内会存在大量的缺陷态或局域化态。前面提到过,在非晶硅的共价键中存在很多键角偏差较大的弱键,这些弱键分别在 E_c 和 E_v 附近导致大量的带尾态,如图 3.11 所示。此外,尽管通过掺氢可以显著降低非晶硅中的悬挂键,但仍然会有大量的悬挂键存在在非晶硅中,并导致在费米能级附近的深能级缺陷态,如图 3.11 所示。

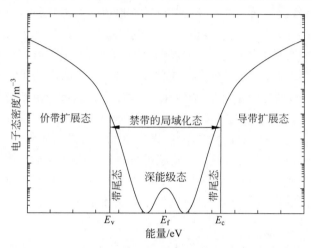

图 3.11 非晶硅的能带态密度示意图(摘自参考文献[1])

根据图 3.10 和图 3.11 可以发现,非晶硅的能带结构最大的特点是在其禁带中存在大量的缺陷态,这些缺陷态依照其起源的不同可以划分为带尾态(由弱键引起)和深能级缺陷态(由悬挂键引起)。此外,还可以从其他角度对这些缺陷态进行划分。首先我们可以以费米能级为界将禁带划分为上下两个部分。在禁带上半部分的缺陷态一般在没有电子填充时是电中性的,被电子填充时带负电,因为其与受主的特性比较类似,所以通常称之为“类受主态”(acceptor-like states);在禁带下半部分的缺陷态一般在没有电子填充时是带正电的,被电子填充时呈电中性,因为其与施主的特性比较类似,所以一般称之为“类施主态”(donor-like states)。类受主态一般位于费米能级的上面,所以通常没有被电子占据;如果由于某种原因导致费米能级相对上移并越过类受主态,则这些类受主态将被电子占据,因此认为类受主态具有俘获电子的功能。与此相反,类施主态一般位于费米能级的下面,所以通常被电子占据;如果由于某种原因导致费米能级相对下移并越过类施主态,则这些类施主态将失去电子(或被空穴占据),因此认为类施主态具有俘获空穴的功能。需要特别指出的是,因为非晶硅禁带内的类施主态和类受主态的密度并不相同,导致被俘获的电子数目略少于空穴数目,因此自由电子的数目略大于自由空穴,即本征非晶硅在电学特性上呈现弱 N 型。这一点与单晶硅是不同的。

实验证明,非晶硅禁带中的缺陷态符合指数函数分布或高斯函数分布。为简单起见,这里都采用指数函数加以描述。据前述,非晶硅禁带中的缺陷态可分为类受主态和类施主态,而这两种态又分别可划分为带尾态和深能级态。因此,需要描述的缺陷态密度($g(E)$)应包含类受主态态密度($g_A(E)$)和类施主态态密度($g_D(E)$)。前者又包含类受主带尾态(acceptor-like band tail states)态密度和类受主深能级态(acceptor-like deep states)态密度;后者又包含类施主带尾态(donor-like band tail states)态密度和类施主深能级态(donor-like deep states)态密度。综上所述,$g_A(E)$ 可以用以下指数函数描述:

$$g_{\mathrm{A}}(E)=g_{\mathrm{tc}}\exp\left(\frac{E-E_{\mathrm{C}}}{E_{\mathrm{tc}}}\right)+g_{\mathrm{dc}}\exp\left(\frac{E-E_{\mathrm{C}}}{E_{\mathrm{dc}}}\right) \tag{3.1}$$

式中,E_{C}为导带底能级,g_{tc}和E_{tc}是与类受主带尾态态密度相关的参数,g_{dc}和E_{dc}是与类受主深能级态态密度相关的参数。与式(3.1)类似,g_{D}也可以用以下指数函数描述:

$$g_{\mathrm{D}}=g_{\mathrm{tv}}\exp\left(\frac{E_{\mathrm{V}}-E}{E_{\mathrm{tv}}}\right)+g_{\mathrm{dv}}\exp\left(\frac{E_{\mathrm{V}}-E}{E_{\mathrm{dv}}}\right) \tag{3.2}$$

式中,E_{V}为价带顶能级,g_{tv}和E_{tv}是与类施主带尾态态密度相关的参数,g_{dv}和E_{dv}是与类施主深能级态态密度相关的参数。

在本征单晶硅中,在价带的电子跃迁至导带后便会形成可以自由移动的电子和空穴,而在禁带内一般不存在载流子。非晶硅的情况则存在显著不同。一方面,因为扩展态的存在,本征非晶硅内也具有一定浓度的自由电子和空穴;另一方面,因为非晶硅的禁带内存在大量的缺陷态,所以较多的电子和空穴会被俘获在这些缺陷态内。正因为如此,一般禁带内的缺陷态也称之为"俘获态"。如前所述,类受主态可以俘获电子,类施主态可以俘获空穴。这些被俘获的电子和空穴是不能自由移动的,一般情况下对导电是没有帮助的。由此可以推断,在本征非晶硅中的自由载流子的浓度要远远低于本征单晶硅。下面将分别推导出在非晶硅中自由载流子和被俘获载流子浓度的物理方程。

众所周知,电子属于费米子,因此符合费米分布的基本规律,即电子占据能级E的概率为

$$f(E)=\frac{1}{1+\exp\left(\dfrac{E-E_{\mathrm{F}}}{kT}\right)} \tag{3.3}$$

式中,E_{F}是费米能级,T为绝对深度。导带扩展态态密度可表示为

$$g_{\mathrm{E}}(E)=g_{\mathrm{fc}}\exp\left(\frac{E-E_{\mathrm{C}}}{E_{\mathrm{fc}}}\right) \tag{3.4}$$

式中,g_{fc}和E_{fc}是与导带扩展态分布相关的参数。在导带扩展态内的自由电子浓度可以表示为

$$n_{\mathrm{free}}=\int_{E_{\mathrm{C}}}^{\infty}g_{\mathrm{E}}(E)f(E)\,\mathrm{d}E \tag{3.5}$$

将式(3.3)和式(3.4)代入式(3.5)中可得

$$n_{\mathrm{free}}=n_{\mathrm{fi}}\exp\left(\frac{\psi}{v_{\mathrm{th}}}\right) \tag{3.6}$$

式中,$\psi=E_{\mathrm{F}}-E_{\mathrm{i}}$,即费米能级与本征费米能级之间的能量差距;$n_{\mathrm{fi}}$是本征自由电子浓度;$v_{\mathrm{th}}=kT$,即玻耳兹曼常数与绝对温度的乘积。价带扩展态态密度可表示为

$$g_{\mathrm{H}}(E)=g_{\mathrm{fv}}\exp\left(\frac{E_{\mathrm{V}}-E}{E_{\mathrm{fv}}}\right) \tag{3.7}$$

式中,g_{fv}和E_{fv}是与价带扩展态分布相关的参数。而在价带扩展态内的自由空穴密度可以表示为

$$p_{\mathrm{free}}=\int_{-\infty}^{E_{\mathrm{V}}}g_{\mathrm{H}}(E)(1-f(E))\,\mathrm{d}E \tag{3.8}$$

将式(3.3)和式(3.7)代入式(3.8)可得

$$p_{\text{free}} = p_{\text{fi}} \exp\left(-\frac{\psi}{v_{\text{th}}}\right) \qquad (3.9)$$

式中，p_{fi} 是本征自由空穴浓度。被俘获载流子浓度的计算原理与自由电子基本相同，其中被类受主态俘获的电子浓度可根据以下方程计算：

$$n_{\text{t}} = \int_{E_V}^{E_C} g_A(E) f(E)\, dE \qquad (3.10)$$

将式(3.1)和式(3.3)代入式(3.10)中可得

$$n_{\text{t}} = n_{\text{ti}} \exp\left(\frac{\psi}{v_{\text{nt}}}\right) + n_{\text{di}}\left(\frac{\psi}{v_{\text{nd}}}\right) \qquad (3.11)$$

式中，n_{ti} 和 v_{nt} 是与类受主带尾态分布相关的参数，n_{di} 和 v_{nd} 是与类受主深能级态分布相关的参数。同理，在类施主缺陷态中俘获的空穴则可表示为

$$p_{\text{t}} = \int_{E_V}^{E_C} g_D(E)(1 - f(E))\, dE \qquad (3.12)$$

将式(3.2)和式(3.3)代入式(3.12)中可得

$$p_{\text{t}} = p_{\text{ti}} \exp\left(-\frac{\psi}{v_{\text{pt}}}\right) + p_{\text{di}} \exp\left(-\frac{\psi}{v_{\text{pd}}}\right) \qquad (3.13)$$

式中，p_{ti} 和 v_{pt} 是与类施主带尾态分布相关的参数，p_{di} 和 v_{pd} 是与类施主深能级态分布相关的参数。

至此，我们推导出了在非晶硅中所有载流子浓度的表达式，包括：①由式(3.6)和式(3.11)分别表示的自由电子浓度和俘获电子浓度；②由式(3.9)和式(3.13)分别表示的自由空穴浓度和俘获空穴浓度。对于电子而言，无论是自由电子浓度还是俘获电子浓度均随着 ψ 的增加而增加；对于空穴而言，无论是自由空穴浓度还是俘获空穴浓度均随着 ψ 的增加而减少。下面以电子为例，详细分析在扩展态、带尾态和深能级态的电子是如何随着 ψ 的变化而变化的。相关分析结果对理解第 4 章将要讲解的 a-Si TFT 的器件物理具有较大帮助。

表 3.1 给出了非晶硅材料中电子浓度表达式式(3.6)和式(3.11)中各物理参数的取值范围。根据指数函数的变化规律以及表 3.1 中给出的各参数的相互比对关系，可以得出如下定性的结论：①本征态非晶硅的绝大部分电子都被俘获在深能级缺陷态中；②随着 ψ 的逐渐增加越来越多的电子会被深能级态、带尾态和扩展态所俘获；③被带尾态俘获电子的增长速度高于深能级态，而自由电子的增长速度又高于带尾态；④当 ψ 较大时，被带尾态俘获的电子数占主导地位；⑤当 ψ 足够大时，自由电子的数目将远大于被俘获的电子数目，此时非晶硅的电导率较大。实际上，构成非晶硅 TFT 最核心的结构 MIS 电容所感生的电子浓度随栅极电压的变化而变化的基本规律正是与上述定性结论相吻合的。更进一步讲，非晶硅 TFT 沟道载流子浓度随栅极电压的变化也符合上述基本规律。

表 3.1　非晶硅材料中电子浓度表达式参数

扩展态/带尾态/深能级态	本征态密度/cm^{-3}	指数斜率/mV
扩展态	$n_{\text{fi}} \sim 10^{10}$	$v_{\text{th}} \sim 25.9$
带尾态	$n_{\text{ti}} \sim 6.2 \times 10^{13}$	$V_{\text{nt}} \sim 30$
深能级态	$n_{\text{di}} \sim 10^{15}$	$V_{\text{nd}} \sim 85$

前面提到，本征非晶硅呈弱 N 型，但在实际生产中，往往还需要强 N 型非晶硅，即

n^+ a-Si,所以需要对非晶硅进行掺杂。起初科研人员认为,非晶硅是不能进行掺杂的,因为非晶硅的共价键不像单晶硅一样受到键角、键长和价键数目的约束。但实验证明,非晶硅是可以进行掺杂的,例如在非晶硅中掺磷即可以获得 n^+ a-Si。理论研究证明,非晶硅的掺杂物理机制与单晶硅完全不同,掺杂效果不仅与杂质浓度有关,而且与弱键数目和悬挂键数目有关。事实上,随着掺杂的增加,悬挂键的数目也会相应增加,并导致费米能级的位置发生变化。在实际生产中,非晶硅的掺杂一般采用原位掺杂的方法,即在非晶硅成膜时通入含有掺杂原子的气体(如磷烷等),在成膜的同时也一并完成掺杂工艺。

3.1.3　非晶硅电学特性

非晶硅在短程序结构上与单晶硅基本相同,因此本征非晶硅也与本征单晶硅一样呈现典型的半导体特性。此外,因为非晶硅在禁带内存在大量的缺陷态,所以其电学特性与单晶硅也存在显著的不同点。下面介绍非晶硅材料在不同温度范围内的导电物理机制。

1) 极低温度范围

在极低温(接近 0K)的情况下,单晶硅材料基本上是不导电的,因为此时电子的能量极低,无法实现从价带跃迁到导带并形成自由载流子。非晶硅的情况则有所不同,因为其禁带内存在大量的缺陷态,所以在极低温时可以通过变程跳跃(variable range hopping)的物理机制实现导电。如图 3.12 所示,在非晶硅的费米能级以下(同时非常接近费米能级)的深能级态上的电子所具有的能量与费米能级以上(同时非常接近费米能级)的深能级态的电子能量非常接近,所以在外电场的作用下,上述电子可以实现从前一种缺陷态跃迁到后一种缺陷态,在宏观上表现为有微小的电流产生。

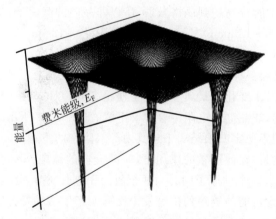

图 3.12　非晶硅极低温时导电物理机制示意图(摘自参考文献[1])

非晶硅通过变程跳跃机制导电的电导率可以表示为

$$\sigma_h = \sigma_{h0} \exp\left(-\frac{\alpha_h}{T^{\frac{1}{4}}}\right) \tag{3.14}$$

式中,σ_{h0} 是电导率系数,α_h 是常数。根据式(3.14),在极低温的范围内,非晶硅的电导率随着温度的增加而增加。

2) 中等温度范围

当温度继续升高时,例如在室温左右时,电子的能量已经高到可以从类施主带尾态跃迁到类受主带尾态;进入类受主带尾态的电子被局域化在弱键附近,同时在类施主带尾态会留下被局域化在弱键附近的空穴。上述电子和空穴在外加电场的作用下,可以从一个缺陷态跳跃到另一个缺陷态,从而在宏观上表现为有一定大小的电流产生。这种导电物理机制称为"带尾态跳跃"(band tail hopping)。非晶硅在中等温度范围内的电导率可表达为

$$\sigma_t = \sigma_{t0} \exp \left(-\frac{E_{Ct} - E_F}{kT} \right) \tag{3.15}$$

式中,E_{Ct} 是类受主带尾态的平均能级;参数 σ_{t0} 与带尾态内跳跃概率有关,一般与带尾态密度和态间波函数重叠程度有关。

需要特殊强调的是,非晶硅室温电导率取决于带尾态跳跃机制,所以其数值较低,约为 $10^{-8}\,\Omega^{-1}\,m^{-1}$。

3) 高温范围

当温度继续升高,例如在 500 K 左右时,在价带内的电子具有足够的能量跃迁至导带内,从而在扩展态内形成较多的电子和空穴。在扩展态内的载流子不再被局域化,属于自由电子和自由空穴。因此,此时非晶硅的导电为扩展态导电(extended states conduction)物理机制。宏观表现的导电电流要远大于前面提到的两种物理机制。研究表明,非晶硅在高温时的电导率可由以下方程表示:

$$\sigma_e = \sigma_{e0} \exp \left(-\frac{E_C - E_F}{kT} \right) \tag{3.16}$$

式中,σ_{e0} 为高温导电电导率系数。

需要着重指出的是,尽管非晶硅高温时是自由载流子参与导电,但因其晶格结构呈现长程无序,电子或空穴运动时极易遭到晶格散射,所以非晶硅的载流子迁移率相对较低。与单晶硅的情况(电子迁移率 $\sim 1350 cm^2 V^{-1} s^{-1}$,空穴迁移率 $\sim 480 cm^2 V^{-1} s^{-1}$)不同,非晶硅的电子迁移率不到 $1 cm^2 V^{-1} s^{-1}$,空穴迁移率更是只有 $0.02 cm^2 V^{-1} s^{-1}$。

与所有的非晶体材料一样,非晶硅的电学特性也处于亚稳态。外界环境条件一旦发生变化,其电学特性也会发生变化。最典型的例子便是 SWE (Staebler-Wronski Effect)效应,即随着照光强度的增加,非晶硅的电阻率会显著下降,如图 3.13 所示。

非晶硅电学特性的不稳定归根结底来自其内部缺陷态的不稳定。外界环境的变化可以为非晶硅提供一定的能量,在此能量的作用下,非晶硅内的缺陷态密度将发生变化。例如,链状(chain-like)结构,即一个硅原子同时与两个氢原子连接的结构,是非常不稳定的,当外界环境发生变化时,非常可能与周边的价键发生反应而产生新的悬挂键,即

$$SiHHSi + Si\text{-}Si \leftrightarrow 2SiHDSi \tag{3.17}$$

式中,D 表示悬挂键。需要强调的是,式(3.17)所示的反应是可逆的。当外加光照时反应由左至右进行,缺陷态产生;当对非晶硅进行退火处理时,反应由右至左进行,即缺陷态因消灭而数量减少,如图 3.14 所示。

如果从更广泛的角度讨论非晶硅的不稳定性,一般认为非晶硅中的悬挂键、弱键和氢原子含量之间都是相互关联的,如图 3.15 所示。当非晶硅中氢原子含量发生变化时,悬挂键和弱键的数量也随之而变,反之亦然。更为重要的是,非晶硅的掺杂、导电及电学稳定性都与这三个因素密切相关。因此,要想获得稳定的非晶硅材料,必须建立图 3.15 所示的三元素之间相对稳定的平衡关系。显然,在非晶硅中三元素可以建立多种状态下的平衡,但有些

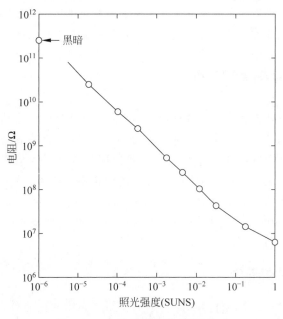

图 3.13　非晶硅材料的 SWE 效应

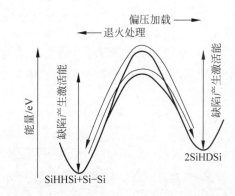

图 3.14　非晶硅中缺陷态产生物理机制示意图

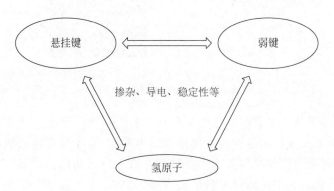

图 3.15　非晶硅不稳定性机理示意图：弱键、悬挂键和氢原子之间的关系

平衡很容易被打破,这种状态下的非晶硅材料便是不稳定的。因此,工艺探索的目的便是发现能够获得相对比较稳定平衡关系的工艺条件,相关内容将在第 5 章和第 6 章中有所涉及。

3.2 多晶硅材料物理

目前最常见的薄膜晶体管有源层材料是 3.1 节介绍的非晶硅。除此之外,多晶硅(p-Si)薄膜因为具有较高的迁移率也在 TFT 技术中得到了越来越广泛的应用。实际上,多晶硅材料还在 IC、太阳能电池等技术领域中发挥了重要作用。从材料的结构特点分类上来说,多晶硅属于多晶体中的一种,所以多晶体所具有的结构和物理特性多晶硅都具备。当然,多晶硅也具有一些自身所独有的结构和特性。为了更全面和深入地理解多晶硅材料的结构和物理特性,先简单介绍多晶体的基本定义和相关结构特点,然后再全面而深入地讲解多晶硅材料的结构特点和电学特性。

3.2.1 多晶体简介

前面介绍过单晶体的基本结构和分类,本节介绍多晶体的相关内容。简单地讲,多晶体与单晶体都属于晶体的范畴,但前者在自然界中更为普遍存在。如图 3.16 所示,多晶体是由许多晶粒(grain)和晶界(grain boundary)共同构成的晶体结构。晶粒中的原子排列与单晶体完全相同,是长程有序的。晶界内的原子排列则是非常混乱的。晶界是结晶时直接产生的,因为结晶时结晶中心不止一个,当各结晶中心进一步长大并相遇时,即在汇合处形成晶界。由此可见,多晶体晶粒的大小(或晶界的多寡)与结晶时结晶中心的数量有密切的关系。如果结晶中心较多,便会形成较小的晶粒(或较大的晶界体积比例);反之,便会形成较大的晶粒(或较小的晶界体积比例)。

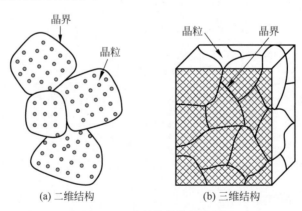

(a) 二维结构   (b) 三维结构

图 3.16 多晶体结构示意图

从结构上讲,多晶体最显著的特点便是具有大量的晶界。因此,只有对晶界的结构有一个清晰的理解才能真正掌握多晶体的结构特点。事实上,由于晶界两边的晶粒质点排列取向有一定差异,两者都力图使晶界上的质点排列符合于自己的取向,当达到平衡时,就形成某种过渡的排列方式。在多晶体研究的早期,科研人员提出了许多理论模型来描述晶界结构,具体包括以下几种。

(1) 皂泡模型。晶界由 3～4 个原子间距厚的区域组成,晶界层内原子排列较差,具有比较松散的结构,原子间的键被打断或被严重扭曲,具有较高的界面能量。皂泡模型过分夸张了晶界结构的无序性。

(2) 过冷液体模型。晶界层中的原子排列接近于过冷液体或非晶态物质,在应力的作用下可引起黏性流动,但只有认为晶界层很薄(不超过两三个原子厚度)时才符合实验结果。根据晶界的过冷液体模型,多晶体即可简单地看作单晶体和非晶体的混合物。这一概念后续还会用到。

(3) 小岛模型。晶界中存在原子排列匹配良好的岛屿,散布在排列匹配不好的区域中,这些岛屿的直径约为数个原子间距,用小岛模型同样也能解释晶界滑动的现象。

上述模型都分别具有其合理性,也同时具有与实际情况不符合之处。到目前为止,仍然没有非常完善的晶界理论模型。另外,也可以根据晶界两边晶粒取向差的大小将晶界分为以下两大类。

(1) 小角度晶界。一般而言,如果晶界两边晶粒原子排列取向差小于 $10°$,称这种晶界为小角度晶界。根据形成方式的不同,小角度晶界又可划分为倾转晶界和扭转晶界两种;前者可认为由刃型位错构成,而后者则可认为由螺型位错构成。

(2) 大角度晶界。与小角度晶界不同,大角度晶界的两边晶粒原子排列取向差一般都大于 $10°$。大角度晶界的结构相对比较复杂,根据其界面原子排列特点,可以将大角度晶界划分为共格界面、半共格界面和非共格界面三种。如果界面的原子恰好位于两晶粒的晶格节点上,即界面处原子的阵点位置刚好重合便形成共格界面。共格界面是最简单的特殊大角度晶界。实际上,最常见的大角度晶界应该是非共格界面,即两晶粒之间界面处原子无重合点阵关系。此外,如果界面处原子的重合状态介于上述两种情况之间则称为半共格界面。半共格界面可以采用刃型位错周期性地调整补偿的方法加以描述。

至此,我们可以对晶界的特性加以总结。晶界上的质点具有一定的排列规律,但比正常晶格的规律性要差很多。晶界中存在着大量空位、位错与键变形等缺陷,导致晶界处于高能状态并具有许多特殊性质。具体而言,晶界的特点可总结如下:

(1) 晶界内质点排列偏离了理想点阵,因此晶界属于面缺陷。

(2) 由于晶界能量高而容易富集杂质,使晶界的熔点低于晶粒。

(3) 晶界内质点容易迁移,是扩散的快速通道。

(4) 晶界是固态相变时优先成核区域。

(5) 晶界结构疏松,容易受到腐蚀(热腐蚀、化学腐蚀等)。

在实际生产和科研中,可以利用上述第(5)条性质对多晶体表面进行化学腐蚀,从而能够清晰地观察到晶界的具体位置和形状,如图 3.17 所示。

为了能够定量地研究多晶体的结构和特性,有必要定义一些与多晶体结构密切相关的物理量,比较常见的有两个:晶界能和晶粒尺寸。

如前所述,晶界上的原子排列是不规则的,存在畸变,从而使系统的自由能增高。晶界能(grain boundary energy)定义为形成单位面积界面时系统自由能的变化(dF/dA),它等于界面区单位面积的能量减去无界面时该区单位面积的能量。小角度晶界的能量主要来自位错能量(形成位错的能量和将位错排成有关组态所做的功),而位错密度又决定于晶粒间的位向差,所以小角度晶界能 γ 也和位向差 θ 有关。大角度晶界能在 $0.25～1.0\mathrm{J/m^2}$ 范围

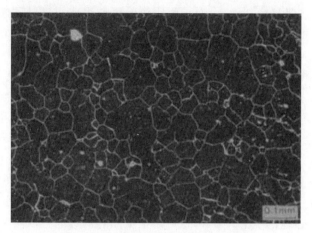

图 3.17　多晶体扫描电子显微镜照片

内(金属),与晶粒之间的位向差无关,大体上为定值。

　　多晶体的晶粒尺寸的定义则有些困难,因为多晶体的晶粒大小一般是不均匀的。为了方便起见,通常选择一定数量的晶粒进行直径测量,然后通过取平均值的方法计算其晶粒尺寸。如果晶粒尺寸大于$1\mu m$,通常称之为超大晶粒;如果晶粒尺寸小于$100nm$,通常称之为纳米晶粒;介于上述两个尺寸之间的晶粒称为中等尺寸晶粒。需要说明的是,TFT 有源层用多晶硅薄膜的晶粒尺寸一般在中等尺寸晶粒范围,具体原因将在 3.2.2 节中讲解。

3.2.2　多晶硅材料结构

　　图 3.18(a)为多晶硅薄膜的透射电子显微镜(TEM)照片。从中可以清楚地看到,薄膜中存在大量尺寸在数十纳米的多晶硅晶粒,晶粒之间的界面便是晶界。需要指出的是,不同工艺方法制备的多晶硅薄膜的结构会存在一定的差别,但基本结构是一致的。图 3.18(b)画出了多晶硅晶体结构。我们注意到,晶粒的结构与单晶硅并无区别,但是晶界中则可能存在大量的结构缺陷,包括悬挂键、弱键和点缺陷等。非晶硅的缺陷均匀分布在薄膜内,而多晶硅的缺陷则主要分布在晶界内,这是两者之间存在的重要区别之一。

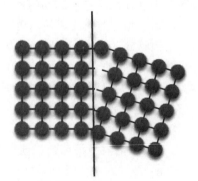

(a) 透射电子显微镜照片　　　　　　　　(b) 多晶硅晶体结构示意图

图 3.18　多晶硅薄膜的透射电子显微镜照片和多晶硅晶体结构示意图

　　在 TFT 中使用的多晶硅薄膜的晶粒尺寸一般都要求在数百纳米的范围内,这主要与
TFT 对有源层材料特性的要求有关。TFT 器件要求其有源层内存在的缺陷态越少越好,
因为多晶硅的缺陷态主要集中分布在晶界内,这就要求晶界的体积百分比越低越好,显然大
尺寸晶粒比较有利于降低多晶硅的缺陷态密度。不同 TFT 器件之间的特性又不能相差太
多,即其均一性必须满足应用上的要求。如果多晶硅的晶粒尺寸过大,在 TFT 的沟道范围
内(沟道长度约 $4\,\mu m$)可能只覆盖一两个晶粒,这种情况下多晶硅 TFT 的特性均一性无法
得到保证。综合以上两点考虑,一般倾向于将多晶硅薄膜的晶粒尺寸控制在数百纳米的范
围内。

　　图 3.19 是多晶硅薄膜缺陷态密度分布示意
图。与非晶硅的情况相类似,多晶硅的禁带内也
存在带尾态和深能级态两种缺陷态。但是多晶
硅的缺陷态分布与非晶硅仍存在显著的不同。
首先,非晶硅的缺陷态是均匀分布在薄膜内的,
而多晶硅只分布在晶界内,晶粒内基本上无缺陷
态分布。其次,因为晶界体积只占多晶硅总体积
的一部分,所以多晶硅总的缺陷态密度要比非晶
硅低很多。为了更形象地理解多晶硅的缺陷态
分布特点,给出本征多晶硅的能带结构示意图,
如图 3.20 所示。为了简便起见,将多晶硅的晶
粒都画成尺寸完全一致的六面体。虽然这与实

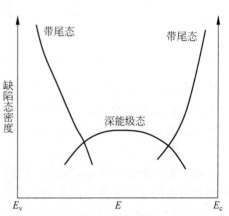

图 3.19　多晶硅薄膜缺陷态密度分布示意图

际情况并不相符,但并不影响原理上的分析和讲解。首先,多晶硅的禁带宽度(~ 1.20 到
1.60eV)介于单晶硅($\sim 1.10\text{eV}$)和非晶硅(~ 1.75 到 1.85eV)之间。其次,本征多晶硅的
费米能级 E_{F0} 大致位于禁带宽度的中央位置。事实上,本征多晶硅与本征非晶硅一样也呈
弱 N 型,这说明其禁带中的类受主缺陷态与类施主缺陷态也并非完全对称的。显然,在这
一点上多晶硅更类似于非晶硅而不是单晶硅。更为重要的是,正如我们前面强调的一样,多
晶硅的缺陷态基本都分布在晶界内,在晶粒内部基本上无缺陷态的分布。如图 3.20 所示,
在热平衡的条件下本征多晶硅内所有位置的费米能级都是相等的。在费米能级以下的类施
主缺陷态(包括带尾态和深能级态)都是基本上填满的;在费米能级以上的类受主态(包括
带尾态和深能级态)则基本上是空的。而晶粒内部则在禁带中基本无载流子存在,这一点与
单晶硅是完全一致的。一般而言,多晶硅晶界内缺陷态的存在会导致本征多晶硅的自由载
流子浓度低于本征单晶硅。另外,因为多晶硅内缺陷态密度低于非晶硅,本征多晶硅的自由
载流子浓度应该高于非晶硅。由此也可以得知,本征多晶硅的电阻率也应该介于本征单晶
硅和本征非晶硅之间。

　　多晶硅要想得到更广泛的应用必须能够通过掺杂调整其载流子类型和浓度。实验证
明,多晶硅可以进行 N 型掺杂(例如采用 P、As 等)和 P 型掺杂(例如采用 B 等),这一点上
与单晶硅非常类似。此外,多晶硅的掺杂效率远低于单晶硅,即多晶硅的大部分掺杂原子是
无效的,这主要由以下两个效应所决定。

　　1) 杂质分凝

　　由于多晶硅的晶粒与晶粒间界结构不同,晶粒内原子与晶界处原子的化学势也就不同,

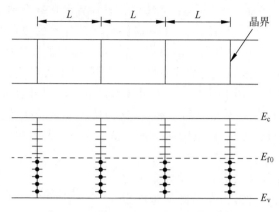

图 3.20 本征多晶硅能带结构示意图

杂质将在晶界处分凝,因而所掺杂质将有部分优先沉积在晶界处,从而使晶粒内的掺杂浓度低于均匀掺杂的情况,直到晶界饱和为止。需要强调的是,分凝在晶界处的杂质原子在电学上是不活动的,即无法有效地电离并产生载流子。

2) 载流子陷阱

随着掺杂浓度的增加,晶界的杂质分凝将逐渐饱和。之后掺杂原子将主要沉积在晶粒内部并可进行正常电离而产生载流子。但这些产生的载流子将首先被晶界内的缺陷态俘获,这是因为晶界原子的排列无序且存在大量的悬挂键和弱键等缺陷态,形成了高密度的陷阱(接近于硅表面态密度)。陷阱在俘获载流子之前是电中性的,一旦俘获载流子就带电并在其周围形成了一个多子势垒区,如图 3.21 所示。势垒区阻挡载流子从一个晶粒向另外一个晶粒运动,因此使载流子迁移率降低。

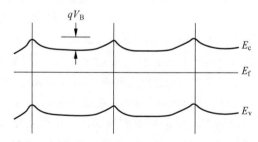

图 3.21 载流子陷阱效应对多晶硅能带的影响

由于上述两个效应的影响,在同等掺杂水平的情况下,多晶硅薄膜中的载流子浓度和迁移率都将远小于单晶硅中的载流子浓度和迁移率。

3.2.3 多晶硅电学特性

如图 3.22 所示,单晶硅的载流子迁移率随着载流子浓度的增加而降低,因为较高的载流子浓度可以增强对载流子的散射作用。多晶硅的载流子迁移率则与其掺杂浓度之间呈现比较复杂的关系。如图 3.22 所示,随着 B 掺杂浓度的增加,多晶硅的空穴迁移率开始降低,在掺杂浓度为 $10^{18}\,\mathrm{cm}^{-3}$ 左右达到最低值,之后随着掺杂浓度的增加,多晶硅的载流子迁移率将迅速增加并逐渐接近于单晶硅的迁移率数值。

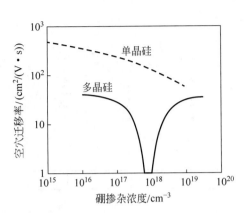

图 3.22 多晶硅的空穴迁移率与掺杂浓度之间的关系(图片摘自参考文献[21])

为何多晶硅材料的迁移率与载流子浓度之间呈现这种先减后增的复杂关系？先以 N 型多晶硅材料为例,对这一规律作出定性的解释。如图 3.23 所示,当施主掺杂浓度较低时,晶粒内电离出的电子都被晶界内的缺陷态所俘获,因此晶粒内留下正离子,而晶界处带负电。这样的电场分布会导致在晶界处形成势垒 E_B,而且 E_B 的高度随着掺杂浓度的增加而增加。因为电子迁移率与势垒高度成反比,所以在此情况下电子迁移率随着掺杂浓度的增加而降低。当施主掺杂浓度增加到某一临界值 N_D^* 时,晶粒电离出的电子数目恰好完全被晶界内的缺陷态所俘获,如图 3.24 所示,此时晶粒内的施主恰好全部电离而势垒的高度达到了最大值,即电子迁移率达到了最小值。如果继续增加施主的掺杂浓度,如图 3.25 所示,因为晶粒内电离出的电子数目大于晶界内的缺陷态数目,所以只要在晶界附近区域(耗尽区)的施主电离出的电子便可满足完全填满晶界内缺陷态的要求,而晶粒中间位置仍然呈电中性。随着施主掺杂浓度的增加,电中性区域的体积越来越大,从而导致势垒 E_B 的高度变小,即电子迁移率也随之增大。另外,如图 3.23~图 3.25 所示,随着施主掺杂浓度的增加,费米能级 E_f 逐渐接近 E_c,即表示自由电子的数目也逐渐增加。因为电阻率同时取决于载流子浓度和迁移率,所以可以推测多晶硅的电阻率与掺杂浓度之间也将呈现比较复杂的关系。

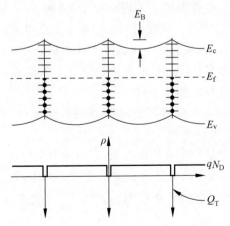

图 3.23 轻微掺杂时多晶硅的能带图和电荷分布示意图

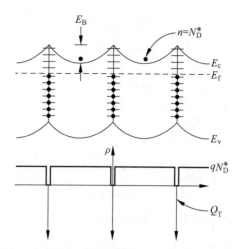

图 3.24　中等掺杂时多晶硅的能带图和电荷分布示意图

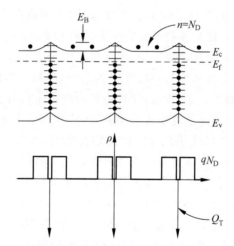

图 3.25　重度掺杂时多晶硅的能带图和电荷分布示意图

J. Y. Seto 等人在 1975 年首先建立了理论模型(简称 Seto 模型)用于定量解释多晶硅的迁移率与掺杂浓度之间的关系。该理论模型的基本假设如下:

(1) 多晶硅晶粒较小,且都呈完全一致的立方体形状。

(2) 在多晶硅中的掺杂是均匀的且所有掺杂原子全部电离。

(3) 晶粒内的能带结构与单晶硅一致。

(4) 晶界内存在缺陷态,N 型薄膜的缺陷态是类受主型,P 型薄膜的缺陷态是类施主型。

(5) 缺陷态为大致位于禁带中央的单能级,起始为电中性,俘获载流子后带电。

图 3.26 为该模型提出的多晶硅结构模型示意图。其中,N_D 是掺杂的施主浓度,单位为 cm^{-3}; N_T 是晶界的缺陷态密度,单位为 cm^{-2}; L_G 是晶粒尺寸,单位为 cm; X 是电荷耗尽区宽度,单位为 cm。

在空间电荷耗尽区($0 < x < X/2$)泊松方程的表达式为

$$\frac{\mathrm{d}^2\varphi}{\mathrm{d}x} = -\frac{qN_D}{\varepsilon_s\varepsilon_0} \tag{3.18}$$

式中，ε_0 为真空介电常数，ε_s 为多晶硅的相对介电常数。在空间电荷区之外（$X/2<x<L_G/2$）泊松方程的表达式为

$$\frac{\mathrm{d}^2\varphi}{\mathrm{d}x} = 0 \tag{3.19}$$

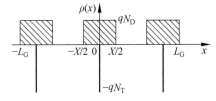

图 3.26　J. Y. Seto 等人在 1975 年提出的多晶硅结构模型示意图

如果对式（3.18）进行积分求解，很容易获得在空间电荷区的电势表达式，即当 $0<x<X/2$ 时

$$\varphi(x) = -\frac{qN_D}{2\varepsilon_s\varepsilon_r}\left(\frac{X}{2}-x\right)^2 + \varphi\left(\frac{X}{2}\right) \tag{3.20}$$

式中，$\varphi(X/2)$ 为空间电荷区边界的电势值。事实上，空间电荷区之外区域的电势均为此值，即当 $X/2<x<L_G/2$ 时，求解式（3.19）可得

$$\varphi(x) = \varphi\left(\frac{X}{2}\right) \tag{3.21}$$

同时运用式（3.20）和式（3.21）可以获得多晶硅晶界处的势垒高度：

$$E_B = -q\left[\varphi(0)-\varphi\left(\frac{X}{2}\right)\right] = \frac{qN_DX^2}{8\varepsilon_s\varepsilon_0} \tag{3.22}$$

根据前面定性分析的结果，存在一个临界的掺杂浓度 N_D^*，当 $N_D=N_D^*$ 时晶粒内电离出的电子恰好完全填满晶界内的类受主缺陷态，即

$$N_D^* = \frac{N_T}{L_G} \tag{3.23}$$

当 $N_D<N_D^*$ 时，$X=L_G$，代入式（3.22）中可得

$$E_B = \frac{qN_DL_G^2}{8\varepsilon_s\varepsilon_0} \tag{3.24}$$

当 $N_D>N_D^*$ 时，$X=N_T/N_D$，代入式（3.22）中可得

$$E_B = \frac{qN_T^2}{8\varepsilon_s\varepsilon_0N_D} \tag{3.25}$$

　　根据式（3.24），当掺杂浓度低于 N_D^* 时，势垒高度随着掺杂浓度的增加而增加；根据式（3.25），当掺杂浓度高于 N_D^* 时，势垒高度随着掺杂浓度的增加而降低。如果将式（3.24）和式（3.25）相结合可得出势垒高度与掺杂浓度的完整关系曲线，如图 3.27 所示。我们注意到，随着掺杂浓度的增加，晶界处势垒高度呈现先增加后降低的变化规律。

　　显然，图 3.27 给出的多晶硅晶界势垒高度与掺杂浓度之间的关系与图 3.22 所示的多晶硅载流子迁移率与掺杂浓度之间的关系完全相符，因为晶界处势垒高度与载流子迁移率之间呈现反比的关系，即势垒越高载流子迁移率越低。如图 3.27 所示，最高的势垒发生在临界掺杂浓度时，将式（3.23）代入式（3.24）式（3.25）中均可获得最大的势垒高度值为

$$E_B^* = \frac{qN_TL_G}{8\varepsilon_s\varepsilon_r} \tag{3.26}$$

事实上，采用 J. Y. Seto 等人提出的理论模型还可以计算多晶硅中载流子浓度的空间

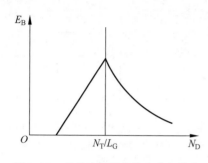

图 3.27　多晶硅晶界势垒高度与掺杂
浓度之间的关系曲线

分布,在此不再介绍。

接下来讨论多晶硅的导电理论。一般而言,可以采用热发射(thermionic emission)理论描述多晶硅的导电现象,其基本方程为

$$J = q n v_{c} \exp\left[-\frac{q}{kT}(V_{B}-V)\right] \quad (3.27)$$

式中,q 为基本电荷电量,n 为载流子浓度,$v_{c}=(kT/2\pi m)^{1/2}$,V_{B} 为势垒高度。根据式(3.27)可以推导出正向电流密度为

$$J_{F} = q n v_{c} \exp\left[-\frac{q}{kT}\left(V_{B}-\frac{1}{2}V\right)\right] \quad (3.28)$$

负向电流密度为

$$J_{R} = q n v_{c} \exp\left[-\frac{q}{kT}\left(V_{B}+\frac{1}{2}V\right)\right] \quad (3.29)$$

根据式(3.28)和式(3.29),可以推导出多晶硅中的电流密度为

$$J = J_{F} - J_{R} = 2 q n v_{c} \exp\left(\frac{-q V_{B}}{kT}\right) \sinh\left(\frac{qV}{2kT}\right) \quad (3.30)$$

将式(3.30)简化后可以获得多晶硅电导率的表达式为

$$\sigma = \frac{J}{E} = \frac{LJ}{V} = \frac{q^{2} n v_{c} L}{kT} \exp\left(-\frac{q V_{B}}{kT}\right) \quad (3.31)$$

由式(3.31)可知,多晶硅的电导率随着晶界势垒高度的增加而降低。此外,电导率与温度之间呈现比较复杂的关系。根据式(3.31)可以得到多晶硅晶界载流子迁移率为

$$\mu_{eff} = \frac{q v_{c} L}{kT} \exp\left(-\frac{q V_{B}}{kT}\right) \equiv \mu_{0} \exp\left(-\frac{q V_{B}}{kT}\right) \quad (3.32)$$

从式(3.32)可知,多晶硅晶界载流子迁移率与晶界势垒高度成反比关系。晶粒内的载流子迁移率 μ_{G} 则与单晶硅类似,因此多晶硅材料总的载流子迁移率可表示为

$$\frac{1}{\mu} = \frac{1}{\mu_{G}} + \frac{1}{\mu_{0} \exp\left(-\dfrac{q V_{B}}{kT}\right)} \quad (3.33)$$

此外,多晶硅晶界在强电场的作用下会因 Fowler-Nordheim 效应而产生大量的电子空穴对,从而形成较大的漏电流,这正是 p-Si TFT 漏电流明显高于 a-Si TFT 的原因之一。

多晶硅的电学稳定性要优于非晶硅,但在外界偏置电压或光照下,多晶硅的电学特性仍然会发生较大的变化。以光照为例,多晶硅薄膜在光照的条件下,光生载流子通过晶粒间界陷阱,经历 SRH 俘获和发射过程,从而调变晶粒间界的电荷,使晶界势垒 V_{B} 降低,因此晶界势垒控制的多子电流得到增强。这是多晶硅光电导现象的物理本质。需要强调指出的是,V_{B} 的降低与光生载流子的产生率有关,因而与位置有关。

3.3　薄膜晶体管绝缘层材料

在 TFT 器件中,除作为有源层的半导体材料外,作为栅绝缘层、中间层和保护层的绝缘层材料也非常重要。如果绝缘层的材料特性达不到要求,TFT 器件也无法表现出良好的电学特

性,甚至无法正常工作。一般而言,在 TFT 中使用的绝缘层材料在特性上有以下要求。

(1) 较好的绝缘特性和致密性。这一点对 TFT 器件的操作特性和稳定特性非常重要。

(2) 适当的介电常数。通常栅绝缘层希望具有较大的相对介电常数,而保护层则希望具有较小的相对介电常数。

(3) 与有源层之间可形成较好的界面特性。这一点对 TFT 器件的操作特性影响非常大。

(4) 较快的成膜速率。这一点对生产效率有影响。

(5) 较好的刻蚀特性。因为绝缘层一般也需要进行图形化,所以这一点是工艺上的基本要求。

根据上述特性要求并结合成膜技术的实际情况,通常在 TFT 生产中采用最多的绝缘层材料是等离子体增强化学气相沉积(PECVD)的氮化硅薄膜和氧化硅薄膜。下面先简单讲解绝缘材料介电特性和漏电特性的基本原理,之后再介绍 TFT 中使用的氮化硅和氧化硅薄膜的基本特性。

3.3.1　绝缘层介电特性

众所周知,绝缘层材料通常也都是电介质。一般来说,电中性的分子中带负电的电子(或负离子)与带正电的原子核(或正离子)束缚得很紧,不能自由运动,从而构成束缚电荷或极化电荷。电介质分子可用电偶极子模型来描述,即每个分子中的正电荷集中于一点,称为正电荷重心;负电荷集中于另一点,称为负电荷重心;两者共同构成电偶极子。

电介质可分为极性电介质和非极性电介质。极性电介质由有极分子构成,即分子正负电中心不重合,有固有电偶极矩;非极性电介质由无极分子构成,即分子正负电中心重合,无固有电偶极。

如图 3.28 所示,当在电场中加入电介质后,电场强度将由 E_0 减小到 E,同时电势差将由 U_0 减小到 U。相关变化满足如下方程:

$$E = \frac{E_0}{\varepsilon_r} \tag{3.34}$$

$$U = \frac{U_0}{\varepsilon_r} \tag{3.35}$$

式中,ε_r 成为相对介电常数,其值大于1。

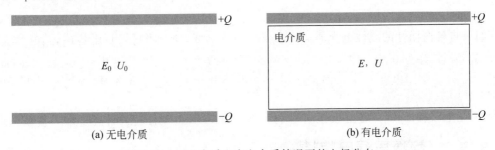

图 3.28　无电介质和有电介质情况下的电场分布

电介质中电场变弱的主要原因是电介质发生了极化(polarization),即在外电场作用下,电介质表面出现正负电荷层的现象。不同种类的电介质会采用不同的极化机制。极性电介质采用取向极化物理机制。如图 3.29(a)所示,当没有外加电场时,极性电介质中的固有电偶极矩因热运动而混乱分布,导致电介质不带电。当对极性电介质施加外电场时,如图 3.29(b)所示,电介质中的固有电偶极矩沿外场取向并与热混乱运动达到平衡。电极化的最终结果导致在极性电介质端面产生极化电荷,因此形成内部电场并对外加电场起到削弱作用。

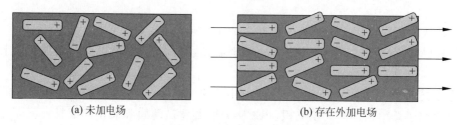

(a) 未加电场　　　　　　　　　　　(b) 存在外加电场

图 3.29　极性电介质极化过程示意图

非极性电介质一般采用位移极化物理机制。在无外电场存在时,非极性电介质不存在固有电偶极矩,因此电介质不带电。当对非极性电介质施加外电场时,如图 3.30 所示,通过电子云的移动可以产生电偶极矩。电极化的最终结果导致在非极性电介质端面产生极化电荷,因此形成内部电场并对外加电场起到削弱作用。

图 3.30　非极性电介质极化过程示意图

最常用来描述电极化效果的物理量是电极化强度,即电介质中某点附近单位体积内分子电偶极矩的矢量和:

$$\vec{P} = \lim_{\Delta V \to 0} \frac{\sum \vec{p}_i}{\Delta V} \tag{3.36}$$

各向同性的线性电介质的电极化强度满足以下方程:

$$\vec{P} = \varepsilon_0 \chi_e \vec{E} \tag{3.37}$$

式中,χ_e 是电极化率,可用以下方程表示:

$$\chi_e \equiv \varepsilon_r - 1 \tag{3.38}$$

如果将各向同性的线性电介质插入两个电极板之间,便可形成平板电容器,其电容值可用式(3.39)计算:

$$C = \varepsilon_r \varepsilon_0 \frac{S}{d} \tag{3.39}$$

式中,S 是电极板面积,d 是电极板间距。式(3.39)在 TFT 器件特性计算中会经常被用到。

3.3.2　绝缘层漏电特性

显然,作为 TFT 的栅绝缘层必须具有良好的绝缘特性。如果栅绝缘层的漏电流过大,会增加 TFT 的关态漏电流,进而对 TFT 的实际应用产生非常不利的影响。因此,有必要对绝缘层材料的漏电物理机制加以研究,并采取有效手段尽量降低绝缘层的漏电流。一般而言,绝缘层的漏电物理机制包括以下几种。

1) 离子导电(Ionic Conduction,IC)

绝缘层中通常会存在一定数量的带电离子。在外加电场的作用下,这些离子会沿电场方向漂移,从而形成导电电流。离子导电的电流密度可表示为

$$J = n_i \mu_i E_E \tag{3.40}$$

式中,E_E 是外加电场强度,n_i 是绝缘层内离子浓度,μ_i 是离子迁移率,可用式(3.41)表达:

$$\mu_i = \mu_0 \exp \left(-\frac{E_S}{kT} \right) \tag{3.41}$$

式中,μ_0 是迁移率系数,k 是玻耳兹曼常数,T 是绝对温度,E_S 是活化能。根据式(3.41),随着温度的增加,绝缘层中离子导电的迁移率和漏电流均会增加。

2) 空间电荷限制导电(Space Charge Limited Conduction,SCLC)

SCLC 漏电流物理机制通常在室温或室温以下的绝缘层中发挥重要作用。在此温度范围的绝缘层一般都具有一些自由电荷。在外加电场的作用下,这些自由电荷会重新分布并形成一定电流,同时电荷重新分布也会影响到总电场的分布,并因此对总电流产生影响,上述物理机制决定的绝缘层导电称为空间电荷限制导电,其电流密度可表示为

$$J = \frac{9}{8} \varepsilon_0 \varepsilon_r \mu \frac{V^2}{\tau^3} \tag{3.42}$$

式中,ε_0 是真空介电常数,ε_r 是相对介电常数,μ 是载流子迁移率,V 是外加电压,τ 是绝缘层厚度。根据式(3.42),SCLC 电流与绝缘层的相对介电常数成正比,与绝缘层的厚度成反比。

3) 隧穿导电

一般而言,当绝缘层与半导体接触时会形成一定势垒,当势垒宽度较窄时,电子在电场的作用下可以直接穿越势垒而形成隧穿漏电流,其电流密度可以表示为

$$J = E_E^2 \exp \left(\frac{-B\varphi_b^{\frac{3}{2}}}{E_E} \right) \tag{3.43}$$

式中,E_E 是外加电场强度,φ_b 是势垒高度,B 是与材料相关的参数。根据式(3.43),随着势垒高度的增加,隧穿漏电流会相应降低。

4) 肖特基热发射导电

金属与绝缘层接触会形成势垒,载流子的传输受到势垒的阻挡。在热能的作用下,载流子可以越过势垒而形成导电电流,这种导电物理机制称为肖特基热发射。金属/绝缘层界面势垒的高度会随着外电场的增强而有所降低,其基本方程式为

$$J = \gamma T^2 \exp \left(\frac{A\sqrt{E_E} - B\varphi_b}{kT} \right) \tag{3.44}$$

式中,k 是玻耳兹曼常数,T 是绝对温度,γ 是热发射参数,A 和 B 是常数,E_E 是电场强度,φ_b 是势垒高度。根据式(3.44)可知,随着势垒高度的降低,电流密度增加。此外,环境温度升高可以增加肖特基热发射电流大小。

5）欧姆导电

尽管绝缘材料的禁带宽度非常大（＞4eV），在室温下仍然会有一定数量的电子从价带跃迁到导带从而形成自由载流子，当然在这种情况下产生的载流子浓度一般要远远小于半导体材料。对于非晶体绝缘材料而言，禁带内的缺陷态有助于这种载流子的产生。因为电子可以借助于禁带中缺陷态的帮助，通过间接的方式从导带跃迁到价带，这样会相对容易一些。如果对绝缘材料施加外电场，自由载流子会沿电场运动而形成电流，这种导电机制便是欧姆导电。相关电流密度可表示为

$$J = E_E \exp\left(-\frac{E_A}{kT}\right) \tag{3.45}$$

式中，k 是玻耳兹曼常数，T 是绝对温度，E_E 是电场强度，E_A 是欧姆导电驱动能。根据式（3.45）可知，欧姆导电电流的大小与外加电场和环境温度成正比。

3.3.3　氮化硅薄膜

氮化硅薄膜是薄膜晶体管中应用最广泛的绝缘层材料。在 a-Si TFT 中，栅绝缘层和保护层一般都采用氮化硅薄膜；在 p-Si TFT 中，缓冲层、中间层和绝缘层也全部或部分采用氮化硅薄膜。单晶氮化硅材料的晶体结构如图 3.31 所示，一般可分为 α-Si$_3$N$_4$ 和 β-Si$_3$N$_4$ 两种结构。在 TFT 中使用的氮化硅薄膜一般采用 PECVD 沉积，通常为非晶体结构，而且其原子比例也在一定范围内变化，因此通常将其标记为 a-SiN$_x$。式中下角标 x 表示硅氮原子比例不确定，在一定范围内变动。

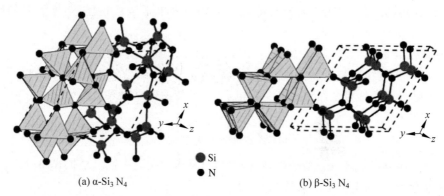

(a) α-Si$_3$N$_4$　　　　　　　　　　　　　(b) β-Si$_3$N$_4$

图 3.31　单晶氮化硅材料的晶体结构

一方面，氮化硅薄膜的禁带宽度不高，约为 5.3eV，所以其绝缘特性并不十分理想；另一方面，氮化硅的相对介电常数较高，约为 7.5，这一点比较适合作为栅绝缘层。此外，氮化硅薄膜的致密性较好，这一特点非常适合作为保护层材料。关于氮化硅详细的材料特性请见附录 D。

3.3.4　氧化硅薄膜

氧化硅薄膜也是薄膜晶体管中常用的绝缘材料。在 p-Si TFT 中，栅绝缘层一般都采用氧化硅薄膜。此外，p-Si TFT 的缓冲层、中间层和保护层也全部或部分采用氧化硅薄膜。晶体 SiO$_2$ 的结构如图 3.32 所示。在 TFT 中使用的氧化硅薄膜一般均由 PECVD

沉积而成,是非晶结构,而且硅氧原子比也不是严格的
1:2。因此通常将其标记为 a-SiO$_x$,下角标 x 表示硅氧
原子比例并不固定,在一定范围内变动。

氧化硅薄膜的禁带宽度较大,约为 9.0eV,说明氧化硅
薄膜的绝缘特性较好,比较适合作 TFT 的栅绝缘层材料。
尽管氧化硅薄膜的相对介电常数比氮化硅小,但其致密性
比氮化硅差,因此一般不单独采用氧化硅薄膜作为 TFT
的保护层材料。需要强调的是,PECVD 制备的氧化硅薄
膜的膜质与其工艺条件存在密切关系,这方面内容将在第

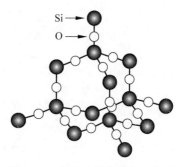

图 3.32　氧化硅晶体结构示意图

5 章中详细介绍和讲解。关于氧化硅详细的材料特性可参考附录 D。

3.4　薄膜晶体管电极材料

理论和实践都证明,电极材料对 TFT 器件和阵列的特性及实际应用会产生重大的影
响。第 2 章中介绍的 AMLCD 的 RC 延迟现象便与 TFT 的电极材料的选择密切相关。一
般而言,针对 TFT 技术中使用的电极材料的特性会作如下要求。

(1) 较低的电阻率。这一点与其在平板显示中的应用密切相关。

(2) 与有源层可形成好的欧姆接触(针对 S/D 电极而言)。这一点对 TFT 的操作特性
影响较大。

(3) 较好的透明性(针对像素电极而言)。这一点会影响 AMLCD 的省电特性。

(4) 成膜速率较快,同时成膜均一性较好。这一点与生产成本和合格率有关。

(5) 较好的刻蚀特性。TFT 中的电极一般都需要进行图形化,因此这一点是工艺上的
基本要求。

(6) 符合环保的要求。一些可能污染环境的重金属材料需要慎重使用。

根据上述各项要求,当前生产中栅电极和 S/D 电极一般采用铝合金薄膜,而像素电极
则选用最常见的透明导电薄膜-氧化铟锡(ITO)合金。接下来将首先简单介绍导电材料的
基本原理,然后再逐一介绍在 TFT 实际生产中用到的导电材料。

3.4.1　导电材料简介

世界上最好的导电材料是金属,其导电理论可以用量子力学加以解释,但更简便的理论
是 1900 年由特鲁德首先提出后经洛伦兹等人加以发展的金属经典电子理论。金属材料的
电学结构如图 3.33 所示,其基本理论模型框架如下:

(1) 金属中的正离子按一定的方式排列为晶格;

(2) 从原子中分离出来的外层电子成为自由电子;

(3) 自由电子的性质与理想气体中的分子相似,因而形成自由电子气;

(4) 大量自由电子的定向漂移形成电流。

有了上述理论模型,便可以利用经典物理的知识对金属的导电规律加以描述。其中,金
属的电导率可用如下方程描述:

$$\sigma = ne^2\lambda/vm_e \tag{3.46}$$

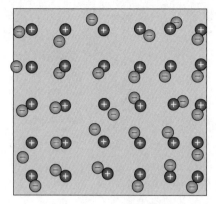

图 3.33　金属材料的电学结构

式中，n 是电子浓度，e 是基本电荷电量，λ 是电子平均自由程，v 是电子热运动速率，m_e 是电子质量。从电导率表达式知：电导率与自由电子的浓度成正比，与电子的平均自由程也成正比。此外，式(3.46)还可定性地说明温度升高时电导率下降的原因。当外界环境温度升高时，电子的热运动速率 v 增大，根据式(3.46)，金属的电导率相应下降。

除金属外，常用的导体材料还包括一些氧化物薄膜。与金属键不同，导电氧化物薄膜一般主要由离子键构成，当然也包含一些共价键的成分。最常见的导电氧化物材料是 ITO，它在包括平板显示的许多行业中得到了非常广泛的应用。

3.4.2　TFT 用铝合金薄膜

TFT 电极材料的选择最基本的依据是电阻率。一般而言，我们希望电极的电阻率越小越好。图 3.34 给出了不同元素的电阻率。从图 3.34 中我们注意到，电阻率最小的金属元素是 Ag（$\sim 1.6\,\mu\Omega\cdot\mathrm{cm}$），但遗憾的是，Ag 极易发生污染且非常难于刻蚀，因此银电极并未在 TFT 生产中得到实际应用。世界上电阻率仅大于 Ag 的金属元素是 Cu（$\sim 1.7\,\mu\Omega\cdot\mathrm{cm}$），铜金属也存在易污染的缺点。虽然铜制程在 IC 中已成为标准工艺，但在 TFT 的实际生产中仍未普及。要想将铜薄膜大规模地用在 TFT 的电极中还有许多技术难题有待克服。电阻率处于第三位的金属元素是 Au（$\sim 2.2\,\mu\Omega\cdot\mathrm{cm}$），因为其属于贵重货币金属，很难在实际生产中得到广泛应用。电阻率仅略大于 Au 的金属元素便是 Al，铝具有价格低、与玻璃黏附性好和电阻率较低等优点，尽管其存在电迁移等技术难题，目前均已找到了有效的解决方法。因此，铝是当前 TFT 金属电极的首选材料。

图例：□ $0\sim5\,\mu\Omega\cdot\mathrm{cm}$　■ $5\sim10\,\mu\Omega\cdot\mathrm{cm}$

H																	He
Li 9.4	Be 4											B	C	N	O	F	Ne
Na 4.7	Mg 4.4											Al 2.65	Si	P	S	Cl	Ar
K 7	Ca 3.4	Sc 55	Ti 40	V 20	Cr 12.7	Mn 160	Fe 9.7	Co 6	Ni 7	Cu 1.7	Zn 5.9	Ga 14	Ge	As	Se	Br	Kr
Rb 12	Sr 13	Y 56	Zr 42	Nb 15	Mo 5	Tc 20	Ru 7.1	Rh 4.3	Pd 10	Ag 1.6	Cd 7	In 8	Sn 11	Sb 40	Te	I	Xe
Cs 20	Ba 35	Lu 56	Hf 30	Ta 13	W 5	Re 18	Os 8.1	Ir 4.7	Pt 10.6	Au 2.5	Hg 96	Tl 15	Rb 21	Bi 130	Po 43	At	Rn
Fr	Ra 100	Lr	Rf	Db	Sg	Bh	Hs	Mt	Ds	Uuu	Uub	Uut	Uuq	Uup	Uuh	Uus	Uuo

La 64	Ce 74	Pr 70	Nd 64	Pm 75	Sm 94	Eu 90	Gd 130	Tb 120	Dy 91	Ho 94	Er 86	Tm 70	Yb 28
Ac	Th 15	Pa 18	U 28	Np 120	Pu 150	Am	Cm	Bk	Cf	Es	Fm	Md	No

图 3.34　不同元素的电阻率

众所周知,纯金属元素很难在工业生产中使用,一般多采用合金材料。在纯金属中添加一定数量的合金元素可以显著改变其物理和化学特性。事实上,如果采用纯铝薄膜作为电极,在器件退火过程中很容易发生小丘(Hillock)现象,即在退火过程中,铝金属薄膜的膨胀系数($\sim 23.6 \times 10^{-6}/℃$)与玻璃基板的膨胀系数($0.4 \times 10^{-6}/℃$)存在较大差异,在两者界面间会产生压缩应力,为释放上述应力便会有小丘产生,如图 3.35(a)所示。如果采用纯铝薄膜作为 TFT 的金属电极,这种小丘的出现可能会对薄膜晶体管产生致命的影响,因为这些小丘可能穿过绝缘层而导致不同层间的电极短路。

解决铝电极小丘问题的最有效办法是合金化。科研人员经过广泛而深入的研究最终确定在铝中添加少量的钕元素可以有效地抑制小丘的产生。如图 3.35(b)所示,Al-2at％Nd 合金薄膜在退火后基本上观察不到明显的小丘产生。在生产中为了确保万无一失,通常在铝合金电极的表面还覆盖一层 MoNb 合金以彻底断绝小丘可能对 TFT 器件造成的不良影响。以倒置错排(inverted staggered)型 TFT 器件结构为例,因为栅电极在最底层,所以采用 AlNd/MoNb 的双层金属电极;S/D 电极则处于 TFT 器件的中间位置,因此必须选用 MoNb/AlNd/MoNb 这种类似三明治的金属电极结构。

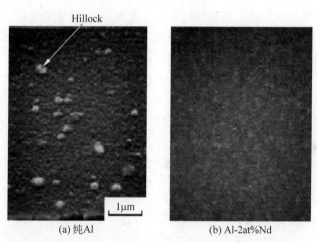

(a) 纯Al　　　　　　　　(b) Al-2at%Nd

图 3.35　纯 Al 和 Al-2at％Nd 合金退火后的表面形貌图

3.4.3　ITO

ITO 是最常见的透明导电薄膜,在 TFT 中用作像素电极材料。ITO 为 In_2O_3/SnO_2 混合物,其中 SnO_2 的含量一般为 5％～15％之重量百分比,而以 10％含量所沉积的 ITO 薄膜阻值最低,故 ITO 靶材的 SnO_2 含量以 10％重量百分比为主流。

In_2O_3 的禁带较宽,约为 3.75eV。通过理论计算可知,在用波长大于 330nm 的可见光照射 ITO 表面时,由于光子的能量不足以使 In 的 4d10 价带电子跃迁到导带,故 ITO 表面为透明状态。事实上,ITO 薄膜在 400～800nm 的可见光范围内是高度透明的。这一点恰好满足了平板显示对 TFT 像素电极透明性的要求。

ITO 良好的导电特性是通过在 In_2O_3 中掺入高价 Sn^{4+} 得以实现的,Sn^{4+} 与 In^{3+} 的半径相近,Sn^{4+} 可置换部分 In^{3+},易变价的 Sn^{4+} 可俘获一个电子而变成 Sn^{3+},而该被俘获的电子是被弱束缚的,成为载流子的主要来源之一。

ITO 薄膜材料具有复杂的立方铁锰矿结构。其晶体结构根据不同的制备方法可能呈非晶体或多晶体。ITO 的制备方法很多,但实际生产中一般都采用磁控溅射的方法。ITO 的溅射成膜中通常会通入一定流量的氧气以提高膜质,因此实际上是一种反应溅射的过程。

3.5　平板显示用玻璃基板简介

在实际生产中,TFT 一般都制备在玻璃基板上。虽然近年来有采用塑料等柔性基板的技术趋势,但玻璃仍然是当前平板显示用基板的首选。从原理上讲,玻璃是一种在凝固时基本不结晶的无机熔融物,最常见的是硅酸盐玻璃。从结构上讲,玻璃一般由玻璃形成体、玻璃中间体和玻璃调整体构成。平板显示用玻璃的最大特点是无碱,因为钠和钾等碱离子可扩散进入 TFT 中而对其特性产生致命的破坏作用。此外,平板显示用玻璃基板一般都较薄,厚度小于 0.5mm。在平板显示中因不同的用途对玻璃基板的要求也有所区别。以 TFT-LCD 为例,TFT 阵列基板与 CF 基板所用的玻璃一般都会采用同一厂家同一批次的产品,这是为了确保两者电学和光学特性相匹配的缘故。对于 TFT 阵列基板而言,除前面提到的无碱要求外,一般还要求其热膨胀特性与非晶硅比较类似,以及在曝光工艺中使用的紫外线可以有效地穿透玻璃基板等;此外,因为 TFT 制备中会经历很多的加热过程,所以要求 TFT 阵列基板的热稳定性必须符合生产的实际要求。对于 CF 基板而言,首先,必须要求其光学透过率较高;其次,因为彩膜的主要功能是实现 AMLCD 的彩色化,所以 CF 玻璃基板本身的色彩特性不能对这一功能的实现产生干扰作用;最后,因为 CF 的制备同样需要经历一些加热或化学处理过程,所以一般要求 CF 玻璃基板的热稳定性和化学稳定性能够满足实际生产的要求。

玻璃的制备方法较多,平板显示用玻璃基板一般采用溢流融流法制备,如图 3.36 所示。高温加热而熔融的玻璃液体经过模具后迅速冷却而凝固成玻璃基板。

宽度可变

图 3.36　溢流融流法制备玻璃示意图

3.6 柔性基板简介

要想实现 TFT 背板乃至整个显示面板的"柔性化",必须选择可以柔性变形的基板材料。通常柔性基板需要具备较好的机械强度、耐热性、耐化学性、水氧阻隔性和尺寸稳定性等。可以用来选择的柔性基板包括金属箔片、超薄玻璃和塑料基板等。

在柔性显示研发的早期阶段,人们尝试在以不锈钢为代表的金属箔片上制备 a-Si TFT 器件和阵列。事实上,选择金属箔片作为柔性基板具有非常显著的优势,包括可承受非常高的工艺温度(>1000℃)、水氧阻隔性极好、耐化学腐蚀和稳定性较好等。此外,在金属箔片上加工制作 TFT 器件也具有非常不利的影响因素,其中最突出的一点是金属箔片的表面粗糙度较大(>0.5μm),因此必须首先对其进行表面抛光处理,如机械抛光和电化学抛光等。为了绝缘金属箔片,在其上须事先沉积一层较厚的氧化硅(约 5μm)。上述工艺操作都比较显著地提高了制造工艺成本。从实际应用的角度来看,金属箔片柔性基板具有较大的限制,无法满足动态弯曲、卷曲的功能需求。

如果将玻璃基板减薄到 0.1mm 以下,便能表现出良好的柔性特征。采用超薄玻璃作为柔性基板的优势是不言而喻的,一方面,传统刚性基板相关的技术积累能够得到很好的继承和发展;另一方面,玻璃基板所固有的光透过率高、温度稳定性好、耐化学腐蚀和水氧阻隔性好等优点仍能得到保持。然而,超薄玻璃的工艺局限性也非常大,主要表现在对微裂纹非常敏感,制造和应用过程中比较容易破碎。另外,超薄玻璃柔性基板的应用范围比较狭窄,无法实现折叠和卷曲,一般仅适合弯曲(尤其是固定弯曲)的应用场合。

塑料基板是当前柔性显示实际生产中采用的主流材料,尽管其在耐热性和致密性等特性指标上仍有待继续改善,但绝佳的柔韧性和耐冲击性使其成为柔性基板的最佳选择。大量的塑料材料被尝试作为柔性基板使用,包括 PET、PC、PEN、COP 和 PI 等;其中 PI(聚酰亚胺)是应用最多的柔性基板材料。PI 的分子结构具有两个重要特点:①聚合物骨架具有较强的刚性和有序性;②骨架中具有较大的聚酰亚胺环密度。上述特点决定了 PI 具有较好柔韧性的同时可能实现较强的耐高温特性。经过持续不断的研究和开发,当前作为基板材料的棕色 PI 的玻璃化温度已经超过 400℃,热膨胀系数降低到 $28\times10^{-6}/℃$,基本满足了柔性 TFT 背板制造工艺的要求。接下来针对实际生产中采用的 PI 基板相关工艺方法加以简单介绍。

柔性 TFT 背板的制造一般也从玻璃基板开始,比较常见的做法是将 PI 液涂布在玻璃基板上,经过高温固化后形成平整的 PI 基板,然后在这样的基板(玻璃+PI)上完成 TFT 背板乃至显示面板的制作,最后采用激光剥离(Laser Lift-Off,LLO)技术将 PI 基板与玻璃基板分离。LLO 技术的原理与 5.2.1 节介绍的 ELA 技术比较类似,也是利用激光高能量密度和高穿透率的特点对玻璃和 PI 之间的结合处进行加热,破坏两者的结合力,从而使它们分离。

3.7 本章小结

薄膜晶体管可以看作多层半导体薄膜、绝缘层薄膜和导电电极薄膜按照一定规律堆积在基板上而成的电子器件,因此 TFT 器件的电学特性与这些薄膜材料的特性密不可分。

本章主要讲解了在 TFT 中最常见的半导体材料、绝缘层材料、电极材料及基板等相关的基本原理和实际应用情况。作为 TFT 有源层的半导体材料(包括非晶硅和多晶硅)的晶体结构、能带结构和电学特性等是本章的重点内容。通过学习读者应掌握非晶硅和多晶硅禁带中缺陷态产生的机理及定量描述方法等。此外,对于 TFT 中经常采用的绝缘层材料(包括氮化硅和氧化硅等)和电极材料(包括铝合金和 ITO 等)相关的机理和实际材料特性也应该具有基本的理解和掌握。这些内容都是后续学习薄膜晶体管器件物理的重要理论基础。关于玻璃基板的内容读者作一般了解即可。

习题

1. 从晶体结构的角度划分固体一般可分为哪几类? 各有何特点?

2. 如何才能形成非晶体?

3. 非晶体中的电子为何会被局域化?

4. 下图是单晶硅的晶体结构示意图。已知硅原子直径 $d = 0.235\text{nm}$,请计算其晶格常数 a 的大小。假设硅原子形状为圆球且在最近距离处恰好接触。

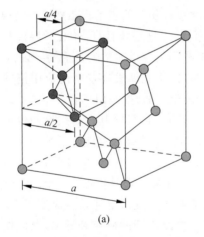
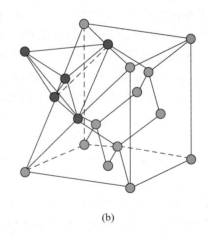

(a)　　　　　　　　　(b)

5. P 型单晶硅的电阻率是 $0.5\Omega \cdot \text{cm}$,请计算其空穴和电子浓度。假设 $\mu_n = 1450\text{cm}^2/(\text{V} \cdot \text{s})$, $\mu_p = 500\text{cm}^2/(\text{V} \cdot \text{s})$。

6. 请计算单晶硅光照的极限波长。已知 $h = 6.63 \times 10^{-34}\text{ J} \cdot \text{s}$, $c = 3 \times 10^{10}\text{ cm/s}$。

7. 请定性画出非晶硅材料的态密度(density of states)与能量 E 之间的关系曲线,并在图中标出各部分曲线的含义。

8. 请定性画出非晶硅中电子(含自由电子和被俘获电子)与费米势 ϕ 之间的关系曲线。

9. 非晶硅为何必须掺氢? 对掺氢的含量有何要求?

10. 非晶硅掺杂的物理机制是什么?

11. 请定性描述非晶硅在不同温度范围内导电的物理机制。

12. 非晶硅的稳定特性如何? 为什么?

13. 针对晶界的早期物理模型有哪些?

14. 晶界有哪些物理和化学性质?

15. 如何理解晶界能和晶粒尺寸这两个物理概念?

16. 多晶硅的能带结构与非晶硅有何异同？

17. 请定性解释为何多晶硅材料的自由载流子浓度远低于其掺杂浓度。

18. 请定性解释图 3.22 中所示的多晶硅载流子迁移率与掺杂浓度之间的关系。

19. 请画出 J. Y. Sato 物理模型中电场强度和电势能的分布示意图。

20. 多晶硅薄膜在较强电场的作用下会发生什么物理现象？

21. 绝缘材料的漏电物理机制包括哪些？

22. TFT 对其绝缘材料的特性作何要求？

23. 作为 TFT 绝缘层的氮化硅和氧化硅各有何优劣之处？

24. TFT 对其电极材料的特性作何要求？

25. 为何当前应用最广泛的 TFT 金属电极是铝薄膜？

26. 何为小丘现象？如何有效防止？

27. ITO 是一种既透明又导电的材料，试阐述其相关机理。

28. 请以 TFT-LCD 为例说明平板显示用玻璃基板的特性要求。

29. 为何实际生产中多采用塑料作为柔性基板？

参考文献

[1] Kuo Y. Thin film transistors：Materials and processes[M]. Kluwer Academic Publishers，2004.

[2] Kagan C R，Andry P. Thin-film transistors[M]. Boca Raton：CRC Press，2003.

[3] 谷至华. 薄膜晶体管(TFT)阵列制造技术[M]. 上海：复旦大学出版社，2007.

[4] 申智源. TFT-LCD 技术：结构，原理及制造技术[M]. 北京：电子工业出版社，2012.

[5] Brodsky M H. Amorphous semiconductors[M]. Berlin：Springer-Verlag，1985.

[6] Overhof H，Thomas P. Electronic transport in hydrogenated amorphous semiconductors[M]. Berlin：Springer-Verlag，2006.

[7] 罗晋生，戎霭伦. 非晶半导体[M]. 西安：西安交通大学出版社，1986.

[8] 王阳元，卡明斯，赵宝瑛. 多晶硅薄膜及其在集成电路中的应用[M]. 北京：科学出版社，1988.

[9] Pierret R F. Semiconductor fundamentals[M]. Reading：Addison-Wesley Publishing Company，1996.

[10] Sze S M，Li Y，Ng K K. Physics of semiconductor devices[M]. New York：John Wiley & Sons，2021.

[11] Anderson B L，Anderson R L. 半导体器件基础[M]. 北京：清华大学出版社，2008.

[12] 刘树林，张华曹，柴常春. 半导体器件物理[M]. 北京：电子工业出版社，2005.

[13] 曹培栋，亢宝位. 微电子技术基础[M]. 北京：电子工业出版社，2001.

[14] 钱佑华，徐至中. 半导体物理[M]. 北京：高等教育出版社，1999.

[15] 孟庆巨，刘海波. 半导体器件物理[M]. 北京：科学出版社，2005.

[16] 刘永，张福海. 晶体管原理[M]. 北京：国防工业出版社，2002.

[17] 刘恩科，朱秉升，罗晋生. 半导体物理学[M]. 北京：国防工业出版社，1994.

[18] 李言荣，恽正中. 电子材料导论[M]. 北京：清华大学出版社，2001.

[19] 胡赓祥，钱苗根. 金属学[M]. 上海：上海科学技术出版社，1980.

[20] 余宗森，田中卓. 金属物理[M]. 北京：冶金工业出版社，1982.

[21] Seto J Y. The electrical properties of polycryslline silicon films[J]. Journal of Applied Physics，1975，46：5247-5259.

[22] 闫晓林，马群刚，彭俊彪. 柔性显示技术[M]. 北京：电子工业出版社，2022.

第 4 章

薄膜晶体管器件物理

　　薄膜晶体管的器件物理主要讲解 TFT 的器件结构状态(包括器件结构、材料选择和缺陷态密度分布等)与其外部电学特性(包括转移特性、输出特性、稳定特性和动态特性等)之间的关系原理。与 MOSFET 的情况不同,TFT 的器件物理知识体系并不十分成熟。相对而言,针对硅基薄膜晶体管器件物理的研究结果比较系统和完整,因此本章仅限于讲解非晶硅 TFT 和多晶硅 TFT 的器件物理相关知识。事实上,如果把第 3 章中介绍的半导体材料、绝缘层材料、电极层导电材料和玻璃基板等加以合理组合便可获得 TFT 器件,为此本章将首先介绍薄膜晶体管的器件结构,然后详细讲解薄膜晶体管的操作特性、理论模型及特性参数的提取方法,最后简单介绍薄膜晶体管的稳定特性和动态特性,包括电压偏置稳定特性、环境稳定特性、瞬态特性、频率特性和噪声等。

4.1　薄膜晶体管的器件结构

　　如图 4.1 所示,如果将半导体材料、绝缘材料、电极导电材料和玻璃基板等加以合理组合,便可获得可以正常工作的 TFT 器件。这里所说的组合方法实际上就是指 TFT 器件结构的设计。那么如何能够实现合理组合呢? 这主要根据以下两个设计准则。

　　(1) 能够获得尽可能优化的 TFT 器件的操作特性、稳定特性和动态特性。

　　(2) 尽可能简化 TFT 器件结构以便于实际生产制造。

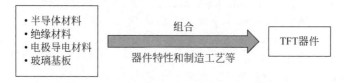

图 4.1　薄膜晶体管器件结构设计示意图

4.1.1　薄膜晶体管的器件结构分类

　　在器件结构方面,TFT 和与其近亲 MOSFET 存在较大的差别。后者从其发明至今器件结构基本没有改变,这是因为单晶硅片同时承担 MOSFET 的有源层和基板的功能,导致其器件结构无法再发生大的变化。TFT 则不一样,其采用玻璃(或塑料、不锈钢板等)作为基板,另外再采用非晶硅、多晶硅等半导体薄膜作为有源层,这导致其基本器件结构可分为四大类,如图 4.2 所示。

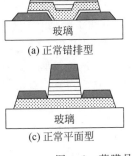

(a) 正常错排型　(b) 倒置错排型

电极
中间接触层
有源层
绝缘层

(c) 正常平面型　(d) 倒置平面型

图 4.2　薄膜晶体管的器件结构(图片摘自参考文献[1])

薄膜晶体管的基本构成部件包括电极、中间接触层、有源层和绝缘层四部分。一般而言,可以从两个角度对 TFT 的器件结构加以分类。首先可以从有源层与电极之间的位置关系加以分类;如果有源层位于栅电极和源漏电极的中间,这种 TFT 器件结构称为错排型(staggered),如图 4.2(a)和图 4.2(b)所示;如果有源层位于栅电极和源漏电极的同一侧,这种 TFT 器件结构称为平面型(coplanar),如图 4.2(c)和图 4.2(d)所示。此外,还可以从栅电极在 TFT 器件中的位置不同加以分类;如果栅电极位于 TFT 器件的最上部,这种器件结构称为正常型,如图 4.2(a)和图 4.2(c)所示;如果栅电极位于 TFT 器件的最下部,这种器件结构称为倒置型(inverted),如图 4.2(b)和图 4.2(d)所示。由此共获得如图 4.2 所示的 4 种 TFT 器件结构,具体包括:①正常错排型,如图 4.2(a)所示;②倒置错排型,如图 4.2(b)所示;③正常平面型,如图 4.2(c)所示;④倒置平面型,如图 4.2(d)所示。需要说明的是,图 4.2(c)所示的正常平面型结构与 MOSFET 的器件结构基本一致,其他三种器件结构则是 TFT 器件所特有的。

既然 TFT 器件存在 4 种不同的器件结构,我们在实际生产中将如何做出选择呢? 事实上,针对不同的 TFT 技术会做出不同的选择。接下来讲解如何选择合适的 a-Si TFT 和 p-Si TFT 的器件结构。

4.1.2　非晶硅薄膜晶体管器件结构的选择

非晶硅薄膜晶体管器件结构的选择与其制备工艺密切相关。TFT 制备的单项工艺和工艺流程将分别在第 5 章和第 6 章中讲解,但这里为了说明问题先简单给出 TFT 制备工艺的基本概念。实际上,TFT 的制备与 IC 非常类似,都是以光刻工艺为核心划分为若干工艺单元。在每个工艺单元中,一般又包含成膜、光刻胶涂覆、曝光、显影、刻蚀和光刻胶剥离等单项工艺步骤。通常每个单项工艺步骤都在一特定机台中完成。其中非晶硅和氮化硅等无机薄膜一般都采用等离子体化学气相沉积(PECVD)完成。需要强调的是,尽管从器件结构上观察可能存在两层无机薄膜上下堆积的情况,但是一般来说这两层薄膜不能在 PECVD 真空腔室中连续成膜,因为下层薄膜通常都需要进行图形化,即必须进行光刻胶涂覆、曝光、显影、刻蚀和光刻胶剥离等单项工艺步骤,所以底层薄膜沉积完成后基板必须离开 PECVD 的真空腔室以进行上述加工工艺。比较特殊的一种情况是,如果下层无机薄膜(暂时)不需要图形化,则这两层无机薄膜可以在 PECVD 真空腔室中连续成膜。

实践证明,决定非晶硅 TFT 器件特性最主要的因素是其栅绝缘层(SiN_x)与有源层(a-

Si)之间的界面特性。这一界面的缺陷态越少,非晶硅 TFT 的电学特性越好。实现最优界面特性的方法就是进行氮化硅和非晶硅这两层无机薄膜的连续成膜,即在沉积完一层薄膜后,基板不离开 PECVD 真空腔室而连续进行下一层薄膜的沉积。前面我们提到,要想实现两层无机薄膜的连续成膜,前提条件是下层薄膜(暂时)不需要图形化。通过对比图 4.2 中所示的 4 种 TFT 器件结构发现,只有倒置错排型(inverted staggered)器件结构可以实现栅绝缘层和有源层的连续成膜。因此,在当前实际生产中的非晶硅 TFT 基本都采用倒置错排型。

事实上,在实际应用中倒置错排型的非晶硅 TFT 器件又可以进一步划分为两种亚类型,如图 4.3 所示。首先需要说明的是,为了在 S/D 电极和有源层之间实现好的欧姆接触,一般在两者之间需要再增加一层重掺杂的非晶硅(n^+ a-Si),这层 n^+ a-Si 在 TFT 的背沟道(back channel)(本征非晶硅的上表面)处必须断开,否则 TFT 将处于常开(normally on)状态。实现 n^+ a-Si 的断开有两种工艺方法。第一种方法如图 4.3(a)所示,在本征 a-Si 与n^+ a-Si 之间插入一层刻蚀阻挡层(etching stopper),后续采用干法刻蚀将 n^+ a-Si 刻断。第二种方法如图 4.3(b)所示,本征非晶硅与 n^+ a-Si 连续成膜,后续采用干法刻蚀以 S/D 电极为掩蔽将 n^+ a-Si 刻断。采用第一种方法制备的 TFT 器件结构称为刻蚀阻挡型(Etching Stop,ES),采用第二种方法制备的非晶硅薄膜晶体管称为背沟道刻蚀型(Back Channel Etching,BCE)。两者加以比较,ES 结构器件的有源层可以做得较薄且器件特性较好,主要表现在 TFT 的漏电流较小;BCE 结构的本征非晶硅层需要制作的较厚,背沟道界面状态较差,但工艺相对简单,比 ES 结构器件减少了一个工艺单元(在产品设计上减少一张光刻掩膜版)。在当前 a-Si TFT 的实际生产中虽然也偶有厂家采用 ES 结构,但绝大多数的生产厂家都采用 BCE 器件结构,这主要是因为其具有更优的性价比。

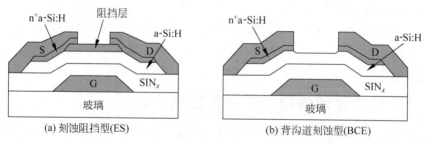

(a) 刻蚀阻挡型(ES)　　　　　　　(b) 背沟道刻蚀型(BCE)

图 4.3　倒置错排型非晶硅 TFT 的两种亚类型

4.1.3　多晶硅薄膜晶体管器件结构的选择

多晶硅薄膜晶体管的器件结构也与其制备工艺密切相关。在 p-Si TFT 的有源层制备中,通常先沉积非晶硅薄膜,再通过准分子激光退火(Excimer Laser Annealing,ELA)的方法将非晶硅转化成多晶硅薄膜。关于 ELA 的工艺原理将在第 5 章中详细介绍。在这里需要强调指出的是,激光退火的瞬态温度一般可达 1000℃以上,极有可能对下层薄膜造成较大的伤害。为此,必须将 p-Si TFT 的有源层放置在器件最底层。比较图 4.2 所示的 4 种 TFT 器件结构,只有正常平面型(coplanar)器件结构的有源层在器件的最下部,因此在实际生产中多晶硅薄膜晶体管一般都采用正常平面型结构,如图 4.4 所示。为了防止 ELA 工艺对玻璃基板造成伤害,通常在玻璃基板与有源层之间还会沉积缓冲层(buffer layer)。缓冲层一般会选择隔热效果较好的薄膜材料。此外,N 沟道薄膜晶体管(NTFT)与 P 沟道薄膜晶体管(PTFT)的结构还略有区别。因为 NTFT 的漏电流较大,一般会采用轻掺杂漏极(Lightly Doped Drain,LDD)结构以降低器件的关态漏电流,如图 4.4(a)所示。因为多晶硅中存在大量的晶界,在强电场的作用下,晶界中俘获的载流子会被释放出来而产生较大的漏电流。这种效应在 NTFT 中表现明显。因此,在 NTFT 的 S/D 重掺杂区与本征多晶硅之间插入较轻掺杂的 N-区域,可以有效地降低界面处的电场强度,进而达到降低漏电流的作用。对于 PTFT 而言,因为上述效应并不明显,所以在实际生产中一般不采用 LDD 器件结构,如图 4.4(b)所示。

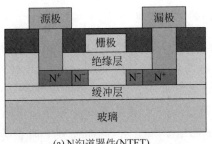

(a) N沟道器件(NTFT)

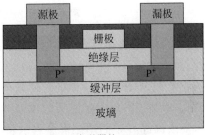

(b) P沟道器件(PTFT)

图 4.4 多晶硅 TFT 的器件结构示意图

4.2 薄膜晶体管器件的操作特性及理论模型

薄膜晶体管的操作特性(performance)是指在 TFT 的电极加载电压的同时测量其电流,由此获得的 TFT 的电流-电压之间的关系曲线(组)便是其操作特性。常见的 TFT 操作特性曲线包括两类,即转移特性曲线和输出特性曲线。对薄膜晶体管器件而言,转移特性曲线是最常测量的操作特性,即保持 V_{DS} 不变而通过电学测量获得的 I_{DS}-V_{GS} 关系曲线(组)。此外,有时也会测量 TFT 的输出特性曲线,即保持 V_{GS} 不变而通过电学测量获得的 I_{DS}-V_{DS} 关系曲线(组)。本节首先讲解 TFT 操作特性的基本特点和相关物理机制,接着介绍薄膜晶体管的理论物理模型,然后讲解 TFT 特性参数的提取方法及相关原理,最后对影响薄膜晶体管操作特性参数的内因加以分析和总结。

4.2.1 薄膜晶体管的操作特性

总体而言,薄膜晶体管的操作特性要比 MOSFET 差很多。如图 4.5(a)所示,MOSFET 的开态电流很大,关态电流很小,开关态之间的过渡区曲线非常陡。多晶硅薄膜晶体管的转移特性曲线如图 4.5(b)所示,我们注意到其开态电流比 MOSFET 小一个数量级以上,而关态电流则比 MOSFET 高两个数量级左右,开关态之间的过渡区曲线比 MOSFET 也要平缓得多。非晶硅薄膜晶体管的转移特性曲线如图 4.5(c)所示。与 p-Si TFT 相比,a-Si TFT 的开态电流更低。比较有利的是,非晶硅薄膜晶体管的关态漏电流比多晶硅 TFT 器件低一个数量级左右,但是与 MOSFET 相比较仍然高了大约一个数量级。

显然,TFT 器件的操作特性劣于 MOSFET 是非常合理的,这主要因为 TFT 有源层的

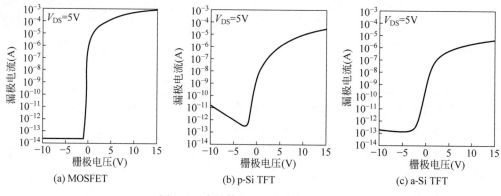

图 4.5　半导体器件的转移特性曲线

禁带中存在大量的缺陷态。此外,TFT 器件的栅绝缘层通常采用 PECVD 沉积的薄膜,其特性也远不及 MOSFET 中热氧化生成的氧化硅薄膜。多晶硅 TFT 的开态电流高于非晶硅 TFT 的主要原因在于 p-Si 中的总体缺陷态密度远低于 a-Si 且前者的载流子迁移率也远高于后者。多晶硅 TFT 具有最高的关态电流则主要在于其晶界的特殊性质,即在强电场的作用下,多晶硅晶界中的缺陷态会释放出大量的电子和空穴,从而显著增加 p-Si TFT 器件的关态漏电流。

接下来主要以非晶硅薄膜晶体管的转移特性为例,讲解 TFT 器件特性各工作区域的划分及相关机理。如图 4.6 所示,对于 a-Si TFT 而言,当在栅电极(gate)加载足够大的正电压时,一般在有源层和栅绝缘层的界面处,即前沟道(front channel)位置,会感生出高浓度电子的导电通道。如果在源极(source)接地的同时在漏极(drain)施加正电压,电子便会由源极通过导电沟道源源不断地流向漏极从而产生导电电流。如果在栅电极上施加负电压,则除了可能在前沟道形成导电通道外,还可能在背沟道(back channel),即有源层与保护层(passivation layer)的界面处感生出导电通道。载流子的类型也可能发生变化,相关情况后续会详细说明。

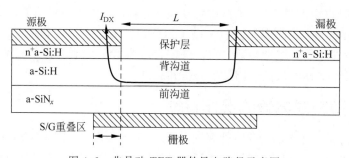

图 4.6　非晶硅 TFT 器件导电路径示意图

图 4.7 为非晶硅 TFT 转移特性曲线的工作区域划分示意图。根据 V_{GS} 电压的取值范围,可以将器件的转移特性曲线划分为三大部分,即过阈值(above threshold)区域、亚阈值(sub-threshold)区域和 poole-frenkel 发射区域。其中,亚阈值区域又可再划分为正向亚阈值(forward sub-threshold)区域和反向亚阈值(reverse sub-threshold)区域。接下来将详细分析和讲解这些工作区域的划分标准、能带结构和相关物理机制。

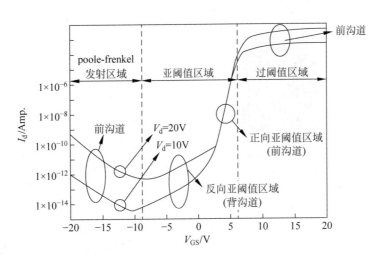

图 4.7 非晶硅 TFT 转移特性曲线工作区域划分示意图(图片摘自参考文献[1])

1) 过阈值区域

阈值电压(Threshold Voltage,V_{TH})是场效应晶体管的重要特性指标之一。对于 MOSFET 而言,阈值电压具有明确的定义,即使沟道发生强反型(strong inversion)时所对应的 V_{GS} 电压值。对于 TFT 器件而言,阈值电压的定义则相对比较困难。以非晶硅 TFT 为例,因为本征非晶硅是弱 N 型半导体,所以在没有加载栅极电压时,在器件有源层的前沟道位置已经存在较低电子浓度的导电通道。施加正的 V_{GS} 电压可以使这一导电通道的电子浓度显著增加。因此,非晶硅 TFT 并不是通过反型进行导电的,而是以电子积累(accumulation)的方式进行工作的。在这一点上 TFT 与 MOSFET 存在显著的不同,所以非晶硅 TFT 的阈值电压的定义也无法采取与 MOSFET 类似的方法。针对所有的场效应半导体器件(包括 MOSFET 和 TFT 等)而言,阈值电压的基本含义都是一致的,即能够开启器件并产生足够大的 I_{DS} 电流的 V_{GS} 电压。具体到非晶硅 TFT 器件,当 $V_{GS}=0$ 时,有源层中的费米能级一般位于深能级缺陷态中,此时绝大部分的电子都被深能级态和带尾态所俘获,自由电子数量非常少。如图 4.8 所示,随着 V_{GS} 的增大,有源层的能带向下弯曲,费米能级逐渐接近并进入带尾态中,自由电子的数目也在逐渐增加。根据经验,当费米能级进入带尾态后,前沟道的自由电子浓度值已经大到可以产生非常明显的 I_{DS} 电流,即认为 TFT 已经开启。因此,可以定义当费米能级进入带尾态瞬间所对应的 V_{GS} 大小为非晶硅薄膜晶体管的阈值电压。过阈值工作区域即指 $V_{GS} > V_{TH}$ 的情况,其能带图如图 4.8 所示。

在过阈值区域中,非晶硅中的费米能级在前沟道处非常接近 E_C,这表示在前沟道积累了高浓度的自由电子。因此过阈值工作区域的导电位置在前沟道,导电的载流子类型为电子。此外,如前所述,过阈值区域的费米能级主要位于带尾态,所以带尾缺陷态的密度和分布对这一工作区域的特性可产生决定性的影响。再则,与 MOSFET 的情况相类似,非晶硅 TFT 的过阈值区域的特性曲线还可以根据 V_{DS} 电压的不同而划分为饱和区(saturation)和线性区(linear)两个子区域,具体划分标准将在 4.2.2 节中详细介绍。

2) 亚阈值区域

所谓亚阈值区域是指 TFT 由关态变化到开态的过渡区域。非晶硅薄膜晶体管的亚阈值区域又可根据 V_{GS} 电压极性(正负)的不同而再划分为两个子区域,即正向亚阈值

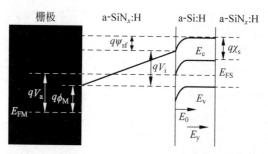

图 4.8　非晶硅 TFT 过阈值区域能带示意图(图片摘自参考文献[1])

(forward sub-threshold)区域和反向亚阈值(reverse sub-threshold)区域。

　　当 $0 < V_{GS} < V_{TH}$ 时,非晶硅 TFT 处于正向亚阈值区域,其能带结构如图 4.9 所示。在此工作区域,有源层的费米能级位于深能级缺陷态中,因此深能级缺陷态的密度和分布会对此工作区域的特性产生决定性影响。因为 V_{GS} 仍然加载正电压,所以非晶硅能带仍向下弯曲,并导致在前沟道的位置仍然存在较多的自由电子,尽管其浓度水平尚未达到通道开启的要求。因此,与前面介绍的过阈值区域相同,非晶硅的正向亚阈值区域的导电位置仍然在前沟道,载流子类型仍然是电子。

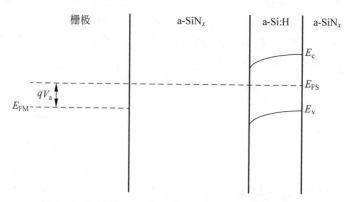

图 4.9　非晶硅 TFT 在正向亚阈值区域的能带示意图

　　当 $V_{GS} < 0$ 时,非晶硅 TFT 处于反向亚阈值区域,其能带结构如图 4.10 所示。在此工作区域,有源层的费米能级仍位于深能级缺陷态中,因此深能级缺陷态的密度和分布会对此工作区域的特性产生决定性影响。因为 V_{GS} 加载负电压,所以非晶硅能带略向上弯曲,并导致在前沟道位置处空穴的浓度可能略高于电子浓度,因为非晶硅空穴的迁移率极低,所以在前沟道无法形成有效的导电通道。另外,背沟道的位置仍然存在较多的自由电子,如图 4.10 所示。因此,与正向亚阈值区域相比,非晶硅的反向亚阈值工作区域尽管载流子类型仍然是电子,但其导电位置改为背沟道。

　　3) poole-frenkel 发射区域

　　当 $V_{GS} \ll 0$ 时,非晶硅 TFT 将处于 poole-frenkel 发射区域。此时有源层能带将显著向上弯曲,前沟道和背沟道处的自由电子均基本被耗尽,如图 4.11 所示。在 TFT 的漏极与栅极间将存在强电场,非晶硅薄膜在此强电场的作用下会产生 poole-frenkel 发射效应,即被缺陷态俘获的大量电子和空穴将被释放出来。其中电子将被漏极吸附,不会对导电产生贡

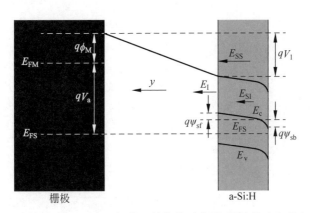

图 4.10　非晶硅 TFT 反向亚阈值区域能带示意图(图片摘自参考文献[1])

献；空穴则被吸附到前沟道位置并流向源极而产生导电电流。因此，非晶硅薄膜晶体管 poole-frenkel 发射区域的导电位置在前沟道，载流子类型为空穴。需要说明的是，因为 poole-frenkel 发射区域的载流子产生机理与栅漏电极间电场强度的大小密切相关，所以凡是能够改变此电场强度大小的因素，如负载电压的大小、栅绝缘层的材料和厚度、有源层的厚度和栅漏电极重叠面积等均可能会影响到相关漏电流的大小。此外，有源层(a-Si)中缺陷态的密度和分布当然也会对 poole-frenkel 效应产生影响并进而影响到在此工作区域的 I_{DS} 电流的大小。

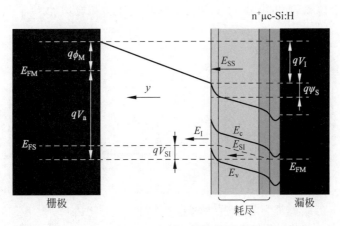

图 4.11　非晶硅 TFT 的 poole-frenkel 发射区域能带示意图(图片摘自参考文献[1])

　　多晶硅薄膜晶体管转移特性曲线工作区域的划分与非晶硅 TFT 相比较大同小异，在此不再赘述。下面仅简单介绍多晶硅 TFT 所特有的短沟道效应(Short Channel Effect, SCE)及相关机理。

　　非晶硅 TFT 的沟道长度一般在 $4\,\mu m$ 左右，所以通常不存在所谓短沟道效应。用于有源矩阵平板显示像素开关的多晶硅 TFT 的沟道长度一般在 $2\sim3\,\mu m$，而用作周边驱动电路的 p-Si TFT 的沟道长度可能更短一些。因此，多晶硅 TFT 有时会呈现比较明显的短沟道效应，对其实际应用可能会造成较大的影响。如图 4.12 所示，随着沟道长度的减小，N 沟道多晶硅 TFT 的阈值电压明显减小，而 P 沟道多晶硅 TFT 的阈值电压显著增大，这便是短沟道效应的典型表现之一。

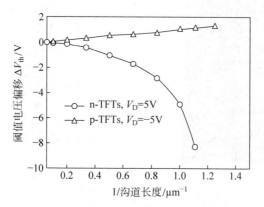

图 4.12　多晶硅 TFT 的短沟道效应

　　如何理解多晶硅 TFT 的阈值电压会随着沟道变短而发生的相应变化？图 4.13 给出了相关机理的解释。多晶硅晶粒尺寸一般在几百纳米。当 TFT 沟道长度较大时，沟道区域可能覆盖几十个多晶硅晶粒甚至更多，这时晶界所占沟道体积百分比较大，即沟道中缺陷态密度较大；当 TFT 沟道长度较小时，沟道区域可能仅覆盖数个多晶硅晶粒，这时晶界所占沟道体积百分比显著下降，即沟道中缺陷态密度明显变小。沟道缺陷态密度的降低意味着沟道中自由载流子浓度会增加，这种变化在 TFT 器件特性上必然有所反映。对于 NTFT 而言其阈值电压会降低，而对于 PTFT 而言其阈值电压会相应增加。

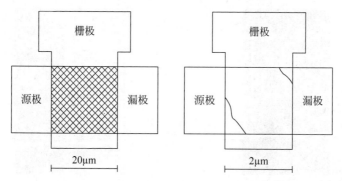

图 4.13　多晶硅短沟道效应内部机理示意图

　　多晶硅 TFT 的短沟道效应的另一重要表现是"翘曲效应(kink effect)"。如图 4.14 所示，长沟道多晶硅 TFT 的输出特性曲线在 V_{DS} 大于夹断(pinch-off)电压后会逐渐趋于饱和，但短沟道多晶硅 TFT 的漏电流则会在夹断电压后突然增大，表现为输出特性曲线在高 V_{DS} 区域突然翘起，这便是翘曲效应。在 p-Si TFT 的实际应用中，翘曲效应可能会产生非常不利的影响。以多晶硅 TFT 驱动的 AMLOLED 像素电路为例，一般我们希望驱动 TFT 工作在饱和区域且其漏极电流只与栅极电压的大小有关。如果 p-Si TFT 表现出明显的翘曲效应，则流过 OLED 的电流会在很大程度上与驱动 TFT 的 V_{DS} 相关，这对于 AMOLED 像素电路的驱动设计显然是非常不利的。

　　从原理上讲，短沟道多晶硅 TFT 的翘曲效应与以下三个物理效应密切相关。

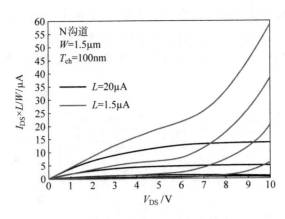

图 4.14 多晶硅 TFT 的翘曲效应

1）碰撞电离效应（impact ionization effect）

对于多晶硅 TFT 而言，当沟道较短时，其横向电场会较强，特别是当 V_{DS} 较大时会产生非常强的横向电场。在此强电场的作用下，原来被晶界中缺陷态俘获的载流子会释放出来，并在横向电场的作用下加速运动而形成额外的导电电流，如图 4.15 所示。这便是多晶硅 TFT 的碰撞电离效应，而由此效应引发的额外导电电流便会造成输出特性曲线的向上翘曲。

2）浮体效应（floating body effect）

与 MOSFET 的基底是可以导电的硅片不同，多晶硅 TFT 的基板一般采用绝缘的玻璃基板。如图 4.16 所示，N 型多晶硅 TFT 工作时一般栅电极加载正电压，这样前述因碰撞电离效应产生的电子便会被吸附在前沟道（栅绝缘层/多晶硅界面），并在横向电场的作用下定向移动而产生导电电流。而空穴的情况则有所不同。因碰撞电离效应产生的空穴会受到栅极正电压的排斥而向基板方向运动，并最终聚集在基底处并改变基底的电位，这便是多晶硅 TFT 的浮体效应。浮体效应也或多或少会影响到短沟道多晶硅 TFT 输出特性曲线的形状。

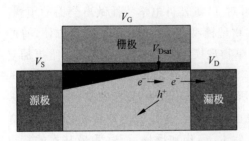

图 4.15 多晶硅 TFT 的碰撞电离效应示意图

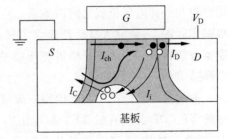

图 4.16 多晶硅 TFT 的浮体效应示意图

3）漏致晶界势垒降低效应（Drain-Induced Grain Barrier Lowering Effect，DIGBL）

众所周知，在 MOSFET 中存在一个漏致势垒降低效应（Drain-Induced Barrier Lowering Effect，DIBL），即漏电极会使器件源极处的势垒降低的物理现象。在多晶硅 TFT 中则存在一个原理上相类似但表现更显著的 DIGBL 效应。根据第 3 章的内容我们得知，在多晶硅晶界处会存在势垒，这些势垒的大小会显著影响到薄膜电流的大小。如图 4.17 所示，当在漏极端加载正电压后，N 型多晶硅的能带便会发生倾斜（沟道越短这种倾斜越严重），从而导致势垒高度有所降低。这便是多晶硅 TFT 的 DIGBL 效应。DIGBL 效应可以引起多晶硅 TFT 漏电流的增加,这种增加效果对长沟道器件并不明显,但对短沟道器件影响较大。较大的 V_{DS} 电压可能引起短沟道多晶硅 TFT 漏电流的突然增加,这便是前面提到的翘曲效应原因之一。

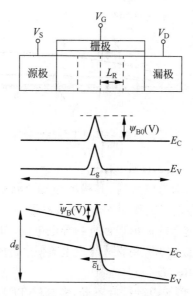

图 4.17　N 型多晶硅 TFT 的 DIGBL 效应示意图

4.2.2　薄膜晶体管的简单物理模型

薄膜晶体管的操作特性包括转移特性曲线和输出特性曲线等,一般可以通过实验测量获得。此外也可以从物理学基本原理出发,建立一些方程来描述这些电学特性,这便是理论模型的构建。通过理论模型,一方面可以深入地理解薄膜晶体管器件操作特性与其内部结构参数和外部电压负载之间的关系;另一方面也可对 TFT 器件电学特性做出全面的预测。根据实际需要,研究人员已经建立了许多 TFT 的物理模型,其中有的模型简单方便,有的模型复杂精确。本节将仔细讲解薄膜晶体管的简单物理模型,4.2.3 节将简单介绍更加复杂和精确的 TFT 物理模型。

薄膜晶体管的简单物理模型一般可以适用于所有的 TFT 器件,包括非晶硅 TFT 和多晶硅 TFT 等,甚至有机 TFT 和氧化物 TFT 一般也可适用。这是因为简单物理模型建立时,通常只抓住 TFT 器件最基本的特点进行理论假设、简化和推导,而这些最基本的特点对所有 TFT 器件一般来说都是适用的。显然,简单物理模型的主要优点在于使用起来非常简单方便,通常可以用来与实验数据相结合进行 TFT 器件特性参数的提取。简单物理模型的主要缺点是其精确度较低,只能对 TFT 器件最基本的结构参数和电学特性进行比较粗糙的模拟和计算,因此不适用于对薄膜晶体管器件特性的精确仿真和计算。

MOSFET 具有数百个理论模型,其中最简单而且应用最广泛的便是平方律模型(Square Law Model,SLM)。在 SPICE 软件中,SLM 一般作为第一级(Level 1)MOSFET模型来引用。事实上,因为 TFT 与 MOSFET 在器件电学特性及物理机理上的相似性,

SLM 也可以被直接采用来描述 TFT 的特性。SLM 的具体表达式如下：

当 $V_{GS} < V_{TH}$ 时，有

$$I_{DS} = 0 \tag{4.1}$$

当 $V_{GS} > V_{TH}$ 且 $V_{DS} < V_{GS} - V_{TH}$ 时，有

$$I_{DS} = \mu_{FE} C_i \frac{W}{L} \left[(V_{GS} - V_{TH}) V_{DS} - \frac{1}{2} V_{DS}^2 \right] \tag{4.2}$$

当 $V_{GS} > V_{TH}$ 且 $V_{DS} > V_{GS} - V_{TH}$ 时，有

$$I_{DS} = \mu_{FE} C_i \frac{W}{2L} (V_{GS} - V_{TH})^2 \tag{4.3}$$

式中，μ_{FE} 是 TFT 器件的场效应迁移率，C_i 是单位面积栅绝缘层的电容，W 是 TFT 的沟道宽度，L 是 TFT 的沟道长度，V_{TH} 是 TFT 器件的阈值电压。

根据 4.2.1 节中所描述的 TFT 器件转移特性曲线的工作区域划分，可以确定 SLM 各阶段方程与各工作区域的对应关系。以非晶硅薄膜晶体管的情况为例，式(4.1)描述的是非晶硅 TFT 的 poole-frenkel 发射区域和亚阈值区域，而式(4.2)和式(4.3)描述的是非晶硅薄膜晶体管的过阈值区域。再具体而言，式(4.2)描述的是过阈值区域中的线性区，而式(4.3)描述的是过阈值区域的饱和区。

显然，直接采用 MOSFET 的 SLM 理论模型来描述 TFT 器件的特性尽管简单方便，但模型特征与实际器件特点之间的差异会比较大。从原理上讲，尽管 TFT 与 MOSFET 同属于场效应晶体管器件，二者之间还是存在以下两点显著差异：①MOSFET 打开时沟道处于反型状态，而 TFT 的过阈值区域则大多工作在电子积累的状态；②MOSFET 的有源层禁带内基本上不存在缺陷态(或局域化态)，而 TFT 的有源层中则存在大量的由弱键、悬挂键等引起的缺陷态。如果以 MOSFET 模型为基础，充分考虑 TFT 与 MOSFET 之间的差异并对模型表达式加以修改，便可获得与 TFT 实际情况更符合的物理模型。在上述两点差异中，第②点差异很难通过简单的模型修订予以体现，而第①点则相对比较容易做到。因为本节讲解的对象是 TFT 的简单物理模型，所以我们以 MOSFET 的 SLM 理论模型为基础，加入 TFT 为积累型器件的特点描述，便可建立相对更符合 TFT 特点的器件简单物理模型。本模型最先由 Hong 等人建立，其理论推导过程主要来自参考文献[21]。

首先，根据薄膜晶体管器件最基本的结构特点可以得到以下方程：

$$q \Delta n(y) = \frac{C_G}{h} [V_{GS} - V(y)] \tag{4.4}$$

式中，y 是以源极为原点且沿着沟道方向的坐标，q 是基本电荷电量，Δn 是电子电荷浓度增加量，C_G 是单位面积的栅绝缘层电容值，h 是有源层的厚度。

其次，假设电子迁移率沿沟道方向保持不变并且沟道电流主要决定于电子漂移，则可以根据欧姆定律的微分形式得到以下方程：

$$I_D = h Z [\sigma_0 + \sigma(y)] \xi(y) \tag{4.5}$$

式中，Z 为 TFT 的沟道宽度，σ_0 为 TFT 未加载栅极电压时沟道的固有电导率，ξ 为电场强度。式(4.5)中的电导率可以表示为

$$\sigma = q \mu n \tag{4.6}$$

式中，μ 为电子迁移率，n 为电子浓度。将式(4.6)代入式(4.5)可得

$$I_D = hZq\mu \left[n_0 + \Delta n(y) \right] \xi(y) \tag{4.7}$$

式中,n_0 为 TFT 未加载栅极电压时沟道的固有电子浓度。将式(4.4)代入式(4.7)可得

$$I_D = Z\mu C_G \left[\frac{qhn_0}{C_G} + V_{GS} - V(y) \right] \frac{dV(y)}{dy} \tag{4.8}$$

将式(4.8)整理后并进行积分可得

$$I_D \int_0^L dy = Z\mu C_G \int_0^{V_{DS}} \left[\frac{qhn_0}{C_G} + V_{GS} - V(y) \right] dV(y) \tag{4.9}$$

最终可得

$$I_D = \frac{Z\mu C_G}{L} \left[(V_{GS} - V_{ON}) V_{DS} - \frac{V_{DS}^2}{2} \right] \tag{4.10}$$

式中,V_{ON} 是开启电压,可表示为

$$V_{ON} = \frac{-qhn_0}{C_G} \tag{4.11}$$

需要强调指出的是,式(4.10)成立需满足的负载条件是:$V_{GS} > V_{ON}$ 且 $V_{DS} < V_{GS} - V_{ON}$。如果 $V_{GS} < V_{ON}$,则 TFT 的电学特性满足式(4.12):

$$I_D = 0 \tag{4.12}$$

如果 $V_{GS} > V_{ON}$ 且 $V_{DS} > V_{GS} - V_{TH}$,则 TFT 的漏电流趋于饱和,可用式(4.13)表示:

$$I_{DSAT} = \frac{ZC_G\mu}{2L} (V_{GS} - V_{ON})^2 \tag{4.13}$$

至此,我们可以将改进后的平方律模型(Modified Square Law Model,MSLM)加以总结并列入表 4.1 中。

表 4.1　MSLM 参数及方程式

变 量 描 述	方　　　程	
开启电压	$V_{ON} = \dfrac{-qhn_0}{C_G}$	
夹断条件	$V_{DSAT} = V_{GS} - V_{ON}$	
截止区	$I_D = 0$	$V_{GS} < V_{ON}$
夹断前	$I_D = \dfrac{z_\mu C_G}{L} \left[(V_{GS} - V_{ON}) V_{DS} - \dfrac{V_{DS}^2}{2} \right]$	$V_{GS} \geqslant V_{ON}$ $V_{DS} \leqslant V_{DSAT}$
夹断后	$I_{DSAT} = \dfrac{z_\mu C_G}{2L} (V_{GS} - V_{ON})^2$	$V_{GS} \geqslant V_{ON}$ $V_{DS} > V_{DSAT}$
模型参数	形状相关	Z, L, H, C_G
	沟道相关	n_0, μ

根据表 4.1 我们注意到 MSLM 模型的方程式主要包括三个,分别对应截止区(cut-off)、夹断前(pre-pinch-off)和夹断后(post-pinch-off)三种状态。如果将 MSLM 模型适用于非晶硅 TFT,则截止状态对应 poole-Frenkel 发射和亚阈值工作区域,而夹断前和夹断后状态对应过阈值工作区域。需要强调的是,根据式(4.11),MSLM 模型的开启电压应为负值,即 TFT 应属于耗尽型。但在实际应用中增强型的 TFT 也很常见,这只能说明 TFT 器件的有些特征因素还没有包括在 MSLM 模型中。为了使 MSLM 模型更符合实际应用的需

要,我们在使用它时可以根据实际情况不考虑式(4.11)而假设 V_{ON} 可以为正值。

以上建立的模型并未考虑到 TFT 的 S/D 电极与有源层之间的接触电阻。尽管在实际生产中会采用一些方法降低 S/D 电极与有源层之间的接触电阻,如在 a-Si TFT 的 S/D 电极与本征非晶硅中间增加 n^+ a-Si 层等,但两者之间的接触电阻仍然不能完全忽略。将MSLM 理论模型中增加了接触电阻考量后的电路结构如图 4.18 所示,图中 R_D 和 R_S 分别表示漏极和源极与有源层的接触电阻。据此,可推导出在不同状态下 TFT 的电流-电压关系方程。当 $V_{GS} < V_{ON}$ 时,漏电流的表达式没有变化,即

$$I_D = 0 \tag{4.14}$$

当 $V_{GS} > V_{ON}$ 且 $V_{DS} < V_{GS} - V_{ON} + I_D R_D$ 时,TFT 的漏电流表达式如下:

$$I_D = \frac{ZC_G\mu}{L}\left(V'_{GS} - V_{ON} - \frac{V'_{DS}}{2}\right)V'_{DS} = \frac{ZC_G\mu}{L}\left\{V_{GS} - I_D R_S - V_{ON} - \left[\frac{V_D - I_D(R_S + R_D)}{2}\right]\right\} \times$$
$$[V_D - I_D(R_S + R_D)] \tag{4.15}$$

当 $V_{GS} > V_{ON}$ 且 $V_{DS} > V_{GS} - V_{ON} + I_D R_D$ 时,TFT 的漏电流表达式如下:

$$I_D = \frac{ZC_G\mu}{L}(V'_{GS} - V_{ON})^2 = \frac{ZC_G\mu}{2L}(V_{GS} - I_D R_S - V_{ON})^2 \tag{4.16}$$

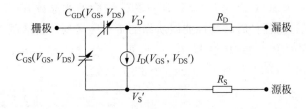

图 4.18　加入接触电阻考量的 MSLM 电路结构示意图(图片摘自参考文献[21])

根据式(4.14)~式(4.16)可以绘出不同接触电阻条件下 TFT 的转移特性曲线和输出特性曲线,如图 4.19 所示。从图 4.19 中我们观察到,随着 S/D 电极与有源层之间接触电阻的增加,TFT 的开态电流显著降低。当接触电阻大于 1 MΩ 时 TFT 基本上已经无法开启。这说明,在进行 TFT 的结构设计和工艺开发时,必须尽量降低 S/D 电极与有源层之间接触电阻的大小。相关讨论在第 5 章和第 6 章中还会有所涉及。

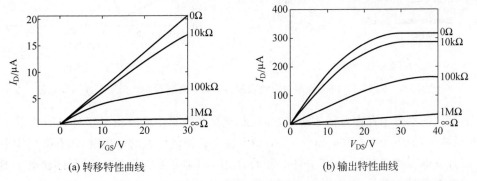

(a) 转移特性曲线　　　　　　　　　　(b) 输出特性曲线

图 4.19　不同接触电阻情况下 TFT 器件的转移特性曲线和输出特性曲线(图片摘自参考文献[21])

4.2.3 薄膜晶体管的精确物理模型

4.2.3 节介绍的 TFT 器件简单物理模型尽管具有方便实用的优点,但有时我们仍然需要精确度较高的物理模型来仿真和计算 TFT 的电学特性。要想建立精确的薄膜晶体管物理模型,必须充分考虑其有源层禁带中的缺陷态分布规律。众所周知,不同半导体有源层的缺陷态分布存在较大的区别,因此很难建立一个能够适用所有 TFT 器件的精确物理模型。通常我们会针对不同类型的 TFT 器件建立不同的物理模型。本节分别介绍非晶硅 TFT 和多晶硅 TFT 的精确物理模型。

在众多的非晶硅薄膜晶体管和多晶硅薄膜晶体管物理模型中,Shur 等人在 1997 年提出的 a-Si TFT 和 p-Si TFT 的物理模型最为常用,我们一般基于作者当时所在的大学名称将这两个物理模型命名为 RPI 模型。非晶硅 TFT 的 RPI 模型和多晶硅 TFT 的 RPI 模型都已经在产业界得到了广泛的应用,并且已经作为标准的 TFT 器件模型植入多种版本的 SPICE 程序中。下面我们分别简单介绍这两个物理模型的基本情况,详细内容可见参考文献[22]。

1. RPI a-Si TFT 物理模型

图 4.20(a)为 RPI a-Si TFT 物理模型建立时所对应的实际器件结构。我们注意到这是一种典型的倒置错排型 BCE 结构。当然,针对其他结构的非晶硅 TFT 本模型一般也是适用的。图 4.20(b)是针对器件转移特性曲线所做的工作区域划分。从图 4.20 中可以发现,划分方法与 4.2.1 节中介绍的方法基本一致,即分为过阈值(above threshold)、亚阈值(subthreshold)和漏电流(leakage current)三个工作区域。

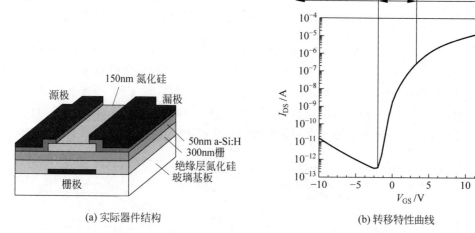

(a) 实际器件结构   (b) 转移特性曲线

图 4.20 RPI a-Si TFT 模型对应的实际器件结构和转移特性曲线工作区域划分

非晶硅的禁带中存在大量的缺陷态,从而导致在薄膜中除自由电子外还有大量的被俘获(或局域化)的电子。当在 a-Si TFT 的栅电极上施加足够大的电压时,在有源层中会感生大量的自由电子和俘获电子,其中自由电子的定向移动会形成导电电流,而俘获电子则对导电基本没有贡献。因此 TFT 的场效应迁移率可表示为

$$\mu_{\text{FE}} = \mu_{\text{n}} \left(\frac{n_{\text{free}}}{n_{\text{induced}}} \right) = \mu_0 \left(\frac{V_{\text{GS}} - V_{\text{TH}}}{V_{\text{AA}}} \right)^{\gamma} \tag{4.17}$$

式中,μ_n 是非晶硅电子迁移率,n_{free} 是感生出的自由电子浓度,$n_{induced}$ 是感生出的总的电子浓度(自由电子浓度和俘获电子浓度总和),μ_0 是场效应迁移率系数,V_{TH} 是非晶硅 TFT 的阈值电压,V_{AA} 和 γ 是与材料特性相关的物理参数。有了场效应迁移率的表达式,便可以据此推导出非晶硅 TFT 在不同工作区域的电流-电压关系方程。

根据改进的电荷控制模型(modified charge control model)可以推导出非晶硅 TFT 过阈值区域的电学关系方程如下:

$$I_a = \mu_{FE} n_{sa} \frac{W}{L} V_{dsc} = \mu_{FE} C_i \frac{W}{L} (V_{GS} - V_{TH}) V_{dse} \tag{4.18}$$

式中,C_i 是单位面积栅绝缘层的电容,W 和 L 是沟道的宽度和长度,μ_{FE} 由式(4.17)给出,V_{dsc} 可由式(4.19)表达:

$$V_{dse} = \frac{V_{DS}}{\left[1 + \left(\dfrac{V_{DS}}{V_{sate}}\right)^{m_1}\right]^{\frac{1}{m_2}}} \tag{4.19}$$

式中,$V_{sate} = \alpha_{sat}(V_{GS} - V_{TH})$、$\alpha_{sat}$、$m_1$ 和 m_2 都是与材料和器件结构相关的物理参数。

在亚阈值工作区域,非晶硅的费米能级位于深能级缺陷态中,据此可推导出亚阈值区域器件电流-电压关系方程如下:

$$I_{sub} = q\mu_n n_{sb} \frac{W}{L} V_{dse} = q\mu_n n_{s0} \left[\left(\frac{t_m}{d_i}\right)\left(\frac{V_{GS} - V_{FB}}{V_0}\right)\left(\frac{\varepsilon_i}{\varepsilon_s}\right)\right]^{\frac{2V_0}{V_e}} \frac{W}{L} V_{dse} \tag{4.20}$$

式中,n_{sb} 是亚阈值区域电子浓度,V_{dse} 由式(4.19)给出,n_{s0} 为电子浓度参数,t_m 是沟道电荷区厚度,d_i 是栅绝缘层厚度,ε_i 是栅绝缘层相对介电常数,ε_s 是非晶硅相对介电常数,V_{FB} 是平带电压,$V_0 = E_{DD}/q$,$V_e = 2v_{th}V_0(2V_0 - v_{th})$,$v_{th} = kT/q$。根据式(4.20)我们注意到,非晶硅 TFT 的漏电流在亚阈值区域随着 V_{GS} 变大呈幂函数快速增加。

此外,根据经验公式可以确定,非晶硅 TFT 在漏电流区域的电流-电压关系曲线如下:

$$I_{leak} = I_{0L}\left[\exp\left(\frac{V_{DS}}{V_{DSL}}\right) - 1\right]\exp\left(-\frac{V_{GS}}{V_{GL}}\right) + \sigma_0 V_{ds} \tag{4.21}$$

式中,I_{0L} 是最小漏电流,V_{DSL} 和 V_{GL} 分别描述 V_{DS} 和 V_{GS} 对漏电流的影响,σ_0 与设备的测试精度有关。根据式(4.21)可以得出如下结论:非晶硅 TFT 的漏电流随着负向 V_{GS} 电压绝对值的增加而增大。

表 4.2 给出了本物理模型的主要参数和典型值。在使用本模型时,需要根据具体的器件结构和工艺条件确定相关模型参数。

表 4.2　RPI a-Si TFT 物理模型主要参数和典型值

主 要 参 数	典 型 值	主 要 参 数	典 型 值
ALPHASAT	0.6	MUBAND[a]	$0.001(m^2/V/s)$
dE_{F0}^a	0.6(eV)	V0	0.12(V)
GAMMA	0.4	VAA	$7.5 \times 10^3(V)$
g_0^a	$10^{23}(m^3/eV)$	VDSL	7(V)
IOL	$3 \times 10^{-14}(A)$	VFB	$-3(V)$
LAMBDA	0.0008(1/V)	VGSL	7(V)
MSAT	2.5	VTO	1.3(V)

注:a 代表与材料相关的参数。

　　图 4.21 为普林斯顿大学实际制作的非晶硅薄膜晶体管的实测输出特性曲线和转移特性曲线与采用 RPI 理论模型计算获得的曲线进行比对的结果。研究采用的非晶硅 TFT 的沟道宽长比为：$W/L = 50\,\mu m / 7.5\,\mu m$。从图 4.21 中的比对结果我们发现，RPI a-Si TFT 模型理论计算曲线与实验数据符合较好，证明 RPI 模型可以有效地表征非晶硅 TFT 的电学特性并且计算精度能够达到电路仿真的基本要求。实际上，当前大部分的平板显示面板厂在进行非晶硅 TFT 版图设计和仿真时都采用 RPI 物理模型。

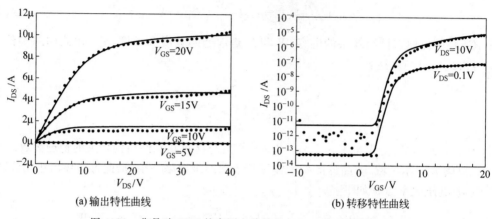

(a) 输出特性曲线　　　　　　　　　　(b) 转移特性曲线

图 4.21　非晶硅 TFT 的实测电学特性与 RPI 模型之间的比对

2. RPI p-Si TFT 物理模型

　　图 4.22(a) 为 RPI p-Si TFT 物理模型建立时所对应的实际器件结构。我们注意到这是一种典型的正常平面(coplanar)结构。当然，针对其他结构的多晶硅 TFT，本模型一般也是适用的。图 4.22(b) 是针对多晶硅薄膜晶体管器件转移特性曲线所做的工作区域划分。从图 4.22 中可以发现，划分方法与 4.2.1 节中介绍的方法基本一致，即分为过阈值(above threshold)、亚阈值(subthreshold)和漏电流(leakage current)三个工作区域。与非晶硅 TFT 的 RPI 模型相比，多晶硅 TFT 的 RPI 模型要复杂得多。在此仅简单介绍 RPI 多晶硅 TFT 物理模型对器件在不同工作区域的理论描述，详细讲解可见文献[22-23]。

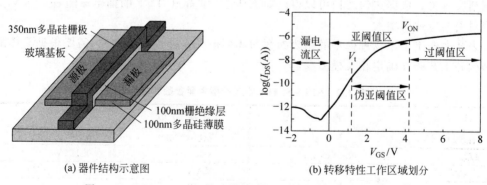

(a) 器件结构示意图　　　　　　　　　　(b) 转移特性工作区域划分

图 4.22　RPI p-Si TFT 物理模型建立时所对应的实际器件结构

　　多晶硅的晶界中包含较多的缺陷态(或局域化态)。当多晶硅 TFT 的栅极加载电压时，沟道中会感生出较多的载流子。其中一部分是自由载流子，另一部分载流子是被缺陷态俘获的。特别是当栅极电压在阈值电压附近时，被多晶硅晶界中缺陷态俘获的载流子比例

非常大。由此,我们可以建立多晶硅 TFT 的场效应迁移率表达式如下:

$$\frac{1}{\mu_{\mathrm{FE}}} = \frac{1}{\mu_1 \left| \dfrac{2V_{\mathrm{gte}}}{\eta V_{\mathrm{TH}}} \right|^{m_\mu}} + \frac{1}{\mu_0} \tag{4.22}$$

式中,m_μ、μ_0 和 μ_1 均为与迁移率相关的参数。

有了场效应迁移率的表达式,便可在此基础上推导出多晶硅薄膜晶体管在过阈值区域电流-电压的关系方程,其表达式与 MOSFET 比较类似:

$$I_{\mathrm{a}} = \mu_{\mathrm{FE}} C_{\mathrm{OX}} \frac{W}{L} \left(V_{\mathrm{gt}} - \frac{V_{\mathrm{dse}}}{2\alpha_{\mathrm{sat}}} \right) V_{\mathrm{dse}} \tag{4.23}$$

式中,C_{OX} 为单位面积栅绝缘层的电容,W 和 L 分别为多晶硅 TFT 的沟道宽度和长度,α_{sat} 是与夹断相关的参数,V_{dse} 可表达为

$$V_{\mathrm{dse}} = \frac{V_{\mathrm{DS}}}{\left[1 + \left(\dfrac{V_{\mathrm{DS}}}{V_{\mathrm{sat}}} \right)^{m_{\mathrm{ss}}} \right]^{1/m_{\mathrm{ss}}}} \tag{4.24}$$

式中,m_{ss} 为与夹断相关的参数,V_{sat} 可表达为

$$V_{\mathrm{sat}} = (2)^{1/m_{\mathrm{ss}}} \alpha_{\mathrm{sat}} V_{\mathrm{gt}} \tag{4.25}$$

多晶硅 TFT 亚阈值区域的电流-电压关系方程可表达为

$$I_{\mathrm{sub}} = \mu_{\mathrm{s}} C_{\mathrm{OX}} \frac{W}{L} (\eta v_{\mathrm{th}})^2 \exp\left(\frac{V_{\mathrm{GS}} - V_{\mathrm{TH}}}{\eta v_{\mathrm{th}}} \right) \left[1 - \exp\left(\frac{-V_{\mathrm{DS}}}{\eta v_{\mathrm{th}}} \right) \right] \tag{4.26}$$

式中,μ_{s} 是多晶硅 TFT 亚阈值区域迁移率,η 是亚阈值理想系数,$v_{\mathrm{th}} = kT/q$。

一般而言,研究工作者普遍认为多晶硅 TFT 漏电流的产生与由晶界缺陷态所决定的热场发射(Thermionic Field Emission,TFE)机制有关,据此可以推导出多晶硅薄膜晶体管的漏电流相关方程如下:

$$I_{\mathrm{leak}} = I_0 W \left[\exp\left(\frac{\pm B_{\mathrm{lk}} V_{\mathrm{DS}}}{v_{\mathrm{th}}} \right) - 1 \right] [X_{\mathrm{TFE}}(F_{\mathrm{P}}) + X_{\mathrm{TE}}] + I_{\mathrm{diode}} \tag{4.27}$$

式中,I_0 和 B_{lk} 是与漏电流相关的系数,I_{diode} 由式(4.28)决定:

$$I_{\mathrm{diode}} = I_{00} W \exp\left(\frac{-E_{\mathrm{B}}}{q v_{\mathrm{th}}} \right) \left[1 - \exp\left(\frac{-V_{\mathrm{DS}}}{v_{\mathrm{th}}} \right) \right] \tag{4.28}$$

式中,I_{00} 是与漏电流相关的系数,E_{B} 是多晶硅晶界势垒。

RPI p-Si TFT 模型对于短沟道器件又有另外一套方程加以描述。具体而言,其漏电流的表达式如下:

$$I_{\mathrm{DS}} = \frac{g_{\mathrm{ch}} V_{\mathrm{DS}} (1 + \lambda V_{\mathrm{DS}})}{\left[1 + (V_{\mathrm{DS}} g_{\mathrm{ch}} / I_{\mathrm{sate}})^{m_{\mathrm{s}}} \right]^{1/m_{\mathrm{s}}}} \tag{4.29}$$

式中,λ、I_{sate} 和 m_{s} 都是与短沟道模型相关的参数,g_{ch} 可以由式(4.30)表达:

$$g_{\mathrm{ch}} = \frac{g_{\mathrm{chi}}}{1 + g_{\mathrm{chi}} (R_{\mathrm{s}} + R_{\mathrm{d}})} \tag{4.30}$$

式中,R_{s} 和 R_{d} 分别是源极和漏极的系列电阻,变量 g_{chi} 可表示为

$$g_{\mathrm{chi}} = q W n_{\mathrm{s}} \mu_{\mathrm{eff}} / L \tag{4.31}$$

式中,μ_{eff} 是有效迁移率,变量 n_{s} 可由式(4.32)表达:

$$n_s = 2n_0 \ln \left[1 + \frac{1}{2} \exp \left(\frac{V_{gt}}{\eta v_{th}}\right)\right] \qquad (4.32)$$

式中，n_0 是与载流子浓度相关的参数。

当 $V_{DS} > V_{sat}$ 时，多晶硅 TFT 进入饱和区。其中，夹断电压 V_{sat} 的表达式如下：

$$V_{sat} = \frac{2v_s L \alpha_{sat}(V_{gte} - I_{sate}R_s)}{2v_s L + \alpha_{sat}\mu_{eff}(V_{gte} - I_{sate}R_s)} + 2I_{sate}R_s \qquad (4.33)$$

饱和区的漏极电流可表示为

$$I_{sat} = \frac{g_{chi}V_{gte}}{1 + g_{chi}R_s + \dfrac{\alpha_{sat}V_{gte}}{V_L} + \sqrt{1 + 2g_{chi}R_s + (1 + \alpha_{sat}V_{gte}/V_L)^2}} \qquad (4.34)$$

式中，V_L 是与夹断相关的参数。

RPI p-Si TFT 模型对短沟道 TFT 经常出现的翘曲效应也建立了相关描述，具体表达式如下：

$$I_{kink} = \left(\frac{L_{kink}}{L}\right)^{m_{kink}} \left(\frac{V_{DS} - V_{dse}}{V_{kink}}\right) \exp \left(\frac{-V_{kink}}{V_{DS} - V_{dse}}\right) I_{DS} \qquad (4.35)$$

式中，V_{kink}、L_{kink} 和 m_{kink} 都是与翘曲效应相关的参数。

另一个重要的短沟道效应-浮体效应也可以通过修正亚阈值区域的理想系数进行模拟，具体方程如下：

$$\eta_i = \frac{\eta_0}{1 + m_\eta \left(1 - \dfrac{1}{\eta_0}\right) / \left(1 + \dfrac{L}{WM}\right)} \qquad (4.36)$$

式中，η_0 是零负载时的亚阈值理想系数，m_η 是可调整参数，$M = I_{kink}/I_{DS}$。

多晶硅 TFT 的 DIGBL 效应在 RPI 模型中采用经验公式进行模拟，具体表现为阈值电压的改变：

$$V_{TH} = V_{T0} - \frac{A_t V_{DS}^2 + B_t}{L} \qquad (4.37)$$

式中，A_t 和 B_t 都是与 DIGBL 相关的模型参数。

图 4.23 和图 4.24 分别是 N 型长沟道和短沟道多晶硅薄膜晶体管的实验测试数据与

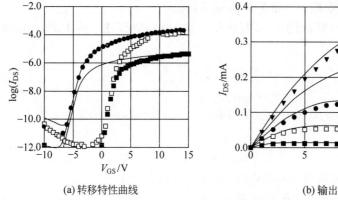
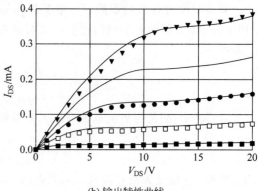

(a) 转移特性曲线   (b) 输出特性曲线

图 4.23　N 型长沟道($W/L = 50\,\mu m/50\,\mu m$)的多晶硅 TFT 的实验数据与 RPI 模型理论计算曲线之间的比对结果

RPI 模型理论计算曲线之间的比对结果。我们注意到,不管是 N 型长沟道多晶硅 TFT 还是 N 型短沟道器件的理论计算曲线与实验数据都吻合较好,特别是在 N 型短沟道器件中出现的非常严重的翘曲效应也得到了很好的再现。此外,大量的实验也证明 P 型多晶硅薄膜晶体管的电学特性也可以被 RPI p-Si TFT 物理模型很好地通过理论计算所表征。这说明 RPI p-Si TFT 物理模型可以有效地描述各种类型和各种沟道长度的实际多晶硅薄膜晶体管器件的电学操作特性。事实上,RPI 模型已经植入大多数主流的 SPICE 程序中,并且大多数 FPD 厂商在设计和仿真多晶硅 TFT 面板时都采用这一物理模型。

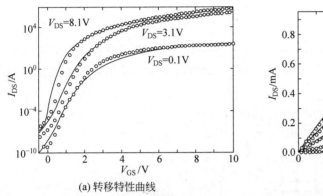 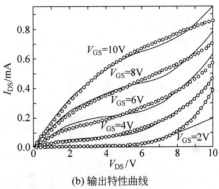

(a) 转移特性曲线　　　　　(b) 输出特性曲线

图 4.24　N 型短沟道($W/L=10\,\mu m/2\,\mu m$)的多晶硅 TFT 的实验数据与 RPI 模型理论计算曲线之间的比对结果

4.2.4　薄膜晶体管的特性参数及提取方法

薄膜晶体管操作特性的好坏当然可根据其转移特性曲线(组)和输出特性曲线(组)加以判断。如果想比较两个 TFT 器件特性的好坏,一种可行的做法是,在相同测试条件下测量这两个器件的转移特性曲线(组),然后将这两组曲线放在一起加以直接比较,便可定性地得出结论。显然,这种办法效率低且不够精确。比较行之有效的办法是定义一系列的特性参数来描述 TFT 器件的操作特性。这样,不同器件操作特性的比较便可以转化为这些特性参数之间的定量比较。在实际生产和研究工作中,经常用来描述 TFT 器件操作特性的参数主要包括以下 6 个:①开关电流比(On/Off Current Ratio,I_{on}/I_{off});②亚阈值摆幅(Subthreshold Slope,S);③阈值电压(Threshold Voltage,V_{TH});④场效应迁移率(Field Effect Mobility,μ_{FE});⑤接触电阻(Contact Resistance,R_C);⑥系列电阻的特征长度(Characteristic Length of Series Resistance,L_T)。上述特性参数有的通过 TFT 器件的电学特性曲线即可提取出来,有的则必须将 TFT 器件的物理模型和实验数据相结合才能完成参数提取。接下来我们便逐一讲解上述这些特性参数的定义和相关提取方法。

1) 开关电流比(I_{on}/I_{off})

在第 2 章中我们讲到,要想有效地实现液晶的有源矩阵驱动,作为像素开关的 TFT 器件

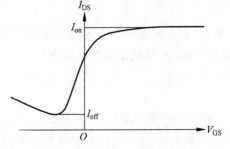

图 4.25　TFT 的开态电流和关态电流的定义

的开关电流比必须大于10^6,由此可见开关电流比的重要性。如图4.25所示,只要分别对TFT器件的开态电流(I_{on})和关态电流(I_{off})分别给出定义后,二者相比便可获得开关电流比(I_{on}/I_{off})。

实际上,不同公司对TFT的I_{on}和I_{off}有着不同的定义。比较常见的定义如下:

$$I_{on} = I_{DS} \quad (V_{GS} = 20V, V_{DS} = 5V) \tag{4.38}$$

$$I_{off} = I_{DS} \quad (V_{GS} = -5V, V_{DS} = 5V) \tag{4.39}$$

在实际参数提取时,一般根据式(4.38)和式(4.39)分别提取I_{on}和I_{off}后再将两者相除便可得到TFT的开关电流比。

2) 亚阈值摆幅(S)

亚阈值摆幅也是一个比较常用的特性指标,它表征了TFT器件由关态转换为开态的过渡区域的具体特点。如图4.26所示,TFT的亚阈值摆幅实际上描述了亚阈值区域曲线的陡峭程度,具体定义如下:

$$S = \left(\frac{d\log(I_{DS})}{dV_{GS}}\right)^{-1}\bigg|_{\text{Subthreshold Region}} \tag{4.40}$$

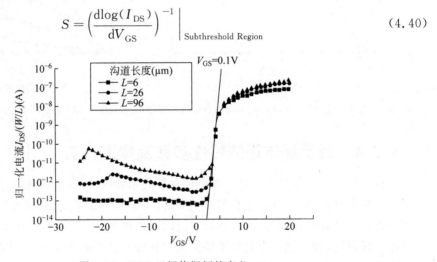

图4.26　TFT亚阈值摆幅的定义

根据式(4.40),S值越小则亚阈值区域的曲线越陡。因此,通常希望S值越小越好。需要强调的是,S值提取计算的关键是如何确定实验曲线中的亚阈值区域。为此我们定义归一化漏极电流强度(Normalized Drain Current,I_{TH})如下:

$$I_{TH} = I_{DS}/\left(\frac{W}{L}\right) \tag{4.41}$$

式中,W和L分别是TFT沟道宽度和长度。通常认为亚阈值区域是I_{TH}在$10^{-10} \sim 10^{-8}$A的范围。因此S值的定义可以简化为

$$S = \frac{V_{GS}(I_{TH} = 10^{-8}A) - V_{GS}(I_{TH} = 10^{-10}A)}{2} \tag{4.42}$$

在实际参数提取中,一般根据式(4.42)可以很方便地计算出N型TFT的亚阈值摆幅值。对于P型TFT亚阈值摆幅的计算也可以采用类似的公式进行。

3) 阈值电压(V_{TH})

阈值电压是薄膜晶体管非常重要的特性指标之一。根据前面介绍,TFT的阈值电压一

般可定义为当有源层的费米能级恰好进入带尾态时所对应的栅极电压。显然，根据这一定义很难进行 TFT 器件 V_{TH} 的提取。实际上，TFT 的阈值电压的提取有两种方法：第一种方法是将 TFT 的转移特性曲线（组）与 SLM 物理模型结合起来，以同时提取阈值电压和场效应迁移率，后续我们会介绍这一方法；第二种方法则是根据阈值电压最根本的含义：使 TFT 器件开启的 V_{GS} 电压值。可以定义当 TFT 的漏极电流达到一定数值时所对应的栅极电压值即为阈值电压。因为 TFT 的漏极电流的大小不仅与栅极电压有关，还与漏极电压、TFT 沟道宽长比等因素有关，所以这种定义方法一般来说并不是唯一的，不同公司可能采用不同的定义方法，其中比较常见的阈值电压定义方法如下：

$$V_{TH} = V_{GS}(I_{TH} = 1\text{nA}, V_{DS} = 0.1\text{V}) \tag{4.43}$$

$$V_{TH} = V_{GS}(I_{TH} = 10\text{nA}, V_{DS} = 5\text{V}) \tag{4.44}$$

$$V_{TH} = V_{GS}(I_{TH} = 100\text{nA}, V_{DS} = 10\text{V}) \tag{4.45}$$

式中，I_{TH} 的定义可见式（4.41）。

4）场效应迁移率（μ_{FE}）

薄膜晶体管的最核心部件是其半导体有源层，但载流子在 TFT 器件中的运动与其在单层半导体薄膜中运动是不同的，因为在 TFT 有源层中运动的载流子还要受到界面状态的影响。为此，用电子迁移率或空穴迁移率不足以描述载流子在 TFT 器件中的运动状态。为准确起见，一般我们会重新定义一个物理量，即场效应迁移率来描述 TFT 器件在过阈值区域的导电能力。在实际生产或科研中，TFT 场效应迁移率的提取一般必须结合实验数据和 TFT 的物理模型才能完成。具体的提取方法包括三种，即利用转移特性曲线的饱和区提取、利用转移特性曲线的线性区提取和利用输出特性曲线的线性区提取。接下来逐一介绍这三种方法。

第一种提取 TFT 场效应迁移率的方法是利用转移特性曲线的饱和区域。为此，在测试 TFT 的转移特性曲线时漏极电压应尽量大一些（例如 $V_{DS} = 10\text{V}$），以扩大其饱和区域范围，从而达到便于参数提取的目的。提取时最常采用的 TFT 物理模型是前面已经介绍的平方律模型。为方便起见，将其饱和区域的表达式重新列于此处：

$$I_{DS} = \mu_{FE} \frac{W}{2L} C_i (V_{GS} - V_{TH})^2 \tag{4.46}$$

式中，C_i 是单位面积栅绝缘层的电容，W 和 L 分别为 TFT 的沟道宽度和长度。将式（4.46）两端取平方根可得

$$\sqrt{I_{DS}} = \sqrt{\mu_{FE} \frac{W}{2L} C_i} (V_{GS} - V_{TH}) \tag{4.47}$$

根据式（4.47）作出 $I_{DS}^{1/2}$-V_{GS} 的关系曲线，如图 4.27 所示。在曲线中确定呈直线的饱和区，其与横坐标的截距便为阈值电压 V_{TH}。此外，还可从图 4.27 中读取饱和区的斜率 Slope，其表达式可根据式（4.47）确定为

$$\text{Slope} = \sqrt{\mu_{FE} \frac{W}{2L} C_i} \tag{4.48}$$

再将式（4.48）稍加变换后可得

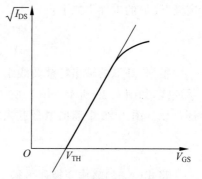

图 4.27 采用转移特性曲线对 TFT 过阈值饱和区提取阈值电压和场效应迁移率示意图

$$\mu_{\mathrm{FE}} = \frac{2L \cdot \mathrm{Slope}^2}{WC_i} \tag{4.49}$$

根据式(4.49)便可计算出场效应迁移率 μ_{FE} 值。

第二种提取 TFT 场效应迁移率的方法是利用转移特性曲线的线性区域。为此,在测试 TFT 的转移特性曲线时漏极电压应尽量小一些(如 $V_{\mathrm{DS}} = 0.1\mathrm{V}$),以扩大其线性区域范围,从而达到便于参数提取的目的。提取时采用 TFT 器件的平方律模型。为方便起见,将其线性区域的表达式重新列于此处:

$$I_{\mathrm{DS}} = \mu_{\mathrm{FE}} \frac{W}{L} C_i \left[(V_{\mathrm{GS}} - V_{\mathrm{TH}}) V_{\mathrm{DS}} - \frac{1}{2} V_{\mathrm{DS}}^2 \right] \tag{4.50}$$

考虑到 V_{DS} 非常小,式(4.50)等号右边最后一项可以忽略,即

$$I_{\mathrm{DS}} = \mu_{\mathrm{FE}} \frac{W}{L} C_i (V_{\mathrm{GS}} - V_{\mathrm{TH}}) V_{\mathrm{DS}} \tag{4.51}$$

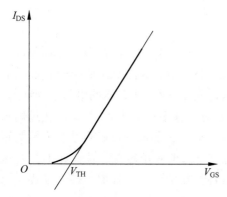

如图 4.28 所示,在实验测得的转移特性曲线中首先确定线性区,其延伸线与横坐标的截距便是阈值电压 V_{TH}。此外,在图 4.28 中还可以获得线性区的斜率值 Slope,结合式(4.51)可确定其表达式为

$$\mathrm{Slope} = \mu_{\mathrm{FE}} \frac{W}{L} C_i V_{\mathrm{DS}} \tag{4.52}$$

将式(4.52)略加变换可得

$$\mu_{\mathrm{FE}} = \frac{L \cdot \mathrm{Slope}}{WC_i V_{\mathrm{DS}}} \tag{4.53}$$

图 4.28 采用转移特性曲线对 TFT 过阈值线性区提取阈值电压和场效应迁移率示意图

根据式(4.53)便可计算出 TFT 的场效应迁移率值。需要说明的是,理论上讲只要 V_{DS} 足够小,提取出的场效应迁移率数值便与 V_{DS} 无关,但实际提取中发现,μ_{FE} 的提取值往往与 V_{DS} 的取值有一定关系。因此,采用这种转移特性曲线的线性区提取场效应迁移率时,一般应该选择固定不变的 V_{DS} 值(比较常见的数值为 0.1V)。

第三种提取 TFT 场效应迁移率的方法是利用输出特性曲线的线性区域。现根据式(4.51)定义 TFT 的电导率如下:

$$g_0 = \frac{\partial I_{\mathrm{DS}}}{\partial V_{\mathrm{DS}}} \Bigg|_{V_{\mathrm{DS}} \to 0} = \mu_{\mathrm{FE}} \frac{W}{L} C_i (V_{\mathrm{GS}} - V_{\mathrm{TH}}) \tag{4.54}$$

根据 TFT 的输出特性曲线组,线性区的斜率获得在不同 V_{GS} 下的 g_0 值并作出对应关系曲线,如图 4.29 所示。图 4.29 中拟合的直线与横坐标的截距便是阈值电压 V_{TH}。此外,还可以从图 4.29 中读出拟合直线的斜率 Slope。结合式(4.54)可得

$$\mathrm{Slope} = \mu_{\mathrm{FE}} \frac{W}{L} C_i \tag{4.55}$$

将式(4.55)略作变换便可得

$$\mu_{\mathrm{FE}} = \frac{L \cdot \mathrm{Slope}}{WC_i} \tag{4.56}$$

根据式(4.56)便可计算获得 TFT 的场效应迁移率。需要说明的是,采用输出特性曲

线的线性区提取 TFT 的场效应迁移率和阈值电压的方法与前两种方法相比,因为需要多条实验曲线且数据处理工作量也相对较大而不被经常使用,但后续将要介绍的传输线方法(Transmission Line Method,TLM)则采用与此相类似的概念和方法。

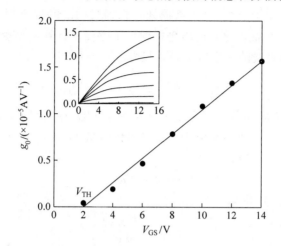

图 4.29　采用输出特性曲线组对 TFT 过阈值线性区提取阈值电压和场效应迁移率示意图

5) 接触电阻(R_C)

前面介绍的第三种提取 TFT 的场效应迁移率的方法,即采用 TFT 的输出特性曲线组对过阈值线性区曲线进行提取的方法,经过扩展后便可成为应用非常广泛的传输线方法(Transmission Line Method,TLM)。TLM 方法将 S/D 与有源层之间的接触电阻考虑在内并加以提取,是比较完整和准确的一种参数提取方法。

根据式(4.51)可以得出沟道电阻为

$$R_{ch} = \frac{L}{W\mu_{FEi}C_i(V_{GS} - V_{THi})} \tag{4.57}$$

式中,μ_{FEi} 和 V_{THi} 分别表示本征场效应迁移率和本征阈值电压,即提取时已经充分考虑了 S/D 与有源层之间接触电阻而获得的场效应迁移率和阈值电压。这里需要强调的是,前面介绍的参数提取方法实际上都忽略了接触电阻的影响,因此提取出的参数值是与接触电阻的大小密切相关的。如果 S/D 电极与有源层之间的接触电阻过大,采用前述方法提取的特性参数的实际参考价值便会存在疑问。事实上,在 TFT 的导电路径中除了沟道电阻外还存在源极和漏极系列电阻,因此总电阻可以表示为

$$R_T = 2R_{S/D} + R_{ch} = 2R_{S/D} + \frac{L}{W\mu_{FEi}C_i(V_{GS} - V_{THi})} \tag{4.58}$$

式中,$R_{S/D}$ 是源极/漏极的系列电阻(这里假设源极系列电阻与漏极系列电阻完全相同),包括薄膜电阻和接触电阻等。其中,接触电阻一般与 V_{GS} 无关,而其他电阻则与 V_{GS} 有关。因此,式(4.58)可以转化为以下经验公式:

$$R_T = R_C + \frac{L + 2 \cdot \Delta L}{W\mu_{FEi}C_i(V_{GS} - V_{THi})} \tag{4.59}$$

式中,ΔL 是沟道长度的调变值,用来模拟源/漏电极系列电阻中与 V_{GS} 相关的部分。

制备一系列不同沟道长度的 TFT 器件并测试获得输出特性曲线组。根据式(4.60)可

计算出所有曲线的总电阻:

$$R_T = \frac{\partial V_{DS}}{\partial I_{DS}}\bigg|_{V_{DS} \to 0}^{V_{GS}} \qquad (4.60)$$

如图 4.30(a)所示,作出 R_T-L 关系曲线。根据式(4.59)所有拟合的直线汇聚于一点 $(-2\Delta L, 2R_C)$,因此读出此汇聚点的纵坐标便可很方便地计算出接触电阻 R_C 的大小。同时,可以读出所有拟合直线的斜率 Slope1,根据式(4.59)可得

$$\frac{1}{\text{Slope1}} = W\mu_{FEi}C_i(V_{GS} - V_{THi}) \qquad (4.61)$$

以 1/Slope1 为纵坐标,以 V_{GS} 为横坐标将从图 4.30(a)中获得的数据作图,如图 4.30(b)所示。图中拟合的直线与横坐标的截距便是本征阈值电压 V_{THi},同时可以读取拟合直线的斜率 Slope2。根据式(4.61)可得

$$\text{Slope2} = W\mu_{FEi}C_i \qquad (4.62)$$

将式(4.62)略作变换可得

$$\mu_{FEi} = \frac{\text{Slope2}}{WC_i} \qquad (4.63)$$

根据式(4.63)便可计算本征场效应迁移率 μ_{FEi}。需要说明的是,TLM 方法尽管在样品制备和提取方法上相对比较复杂,但是因为它可以将 S/D 电极与有源层之间的接触电阻分离出来加以考虑,所以在针对 TFT 器件的科研中得到了非常广泛的应用。

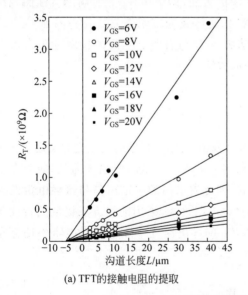

(a) TFT的接触电阻的提取

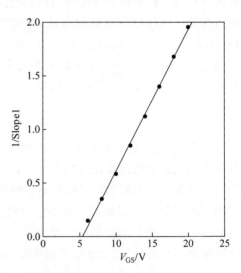

(b) TFT的本征阈值电压和本征场效应迁移率的提取

图 4.30　TLM 方法示意图

6)系列电阻的特征长度(L_T)

薄膜晶体管的栅极与源/漏电极间必然存在重叠区域,这一区域的电流分布非常复杂。如图 4.31(a)所示,因为此重叠区域既有横向电场又有纵向电场,所以来自沟道的电流进入此区域后便分为横向电流和纵向电流两部分。其中横向电流逐渐衰减直至为零。图 4.31(b)是相关区域的等效电路图及相关电学参量的定义。

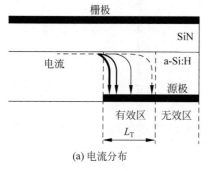

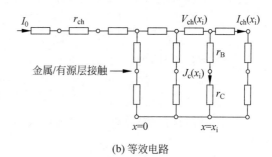

图 4.31　TFT 的栅极与源极重叠区域的电流分布示意图和等效电路示意图(图片摘自参考文献[3])

根据基尔霍夫电流守恒定律可得

$$\frac{\mathrm{d}I_{ch}(x)}{\mathrm{d}x} = -WJ_C(x) \tag{4.64}$$

式中，W 是沟道宽度，电流密度 $J_C(x)$ 可表示为

$$J_C(x) = V_{ch}(x)/r_{Ceff} \tag{4.65}$$

式中，r_{Ceff} 可由下式表达：

$$r_{Ceff} = r_B + r_C \tag{4.66}$$

此外，根据欧姆定律可得

$$\frac{dV_{ch}(x)}{\mathrm{d}x} = -I_{ch}(x)r_{ch} \tag{4.67}$$

式中，r_{ch} 是单位长度的沟道电阻，其表达式可根据式(4.57)获得如下：

$$r_{ch} = \frac{1}{W\mu_{FEi}C_i(V_{GS} - V_{THi})} \tag{4.68}$$

现将式(4.67)代入式(4.64)可得如下微分方程：

$$\frac{d^2V_{ch}(x)}{dx^2} = \frac{1}{L_T^2}V_{ch}(x) \tag{4.69}$$

式中，L_T 为系列电阻的特征长度，可表示为

$$L_T^2 = \frac{r_{Ceff}}{Wr_{ch}} \tag{4.70}$$

式(4.69)的边界条件如下：

$$\left.\frac{dV_{ch}(x)}{\mathrm{d}x}\right|_{x=0} = -I_0 r_{ch} \tag{4.71}$$

$$\left.\frac{dV_{ch}(x)}{\mathrm{d}x}\right|_{x=d} = 0 \tag{4.72}$$

式中，d 是 S/D 与栅电极的重叠尺寸，I_0 是沟道总电流强度。结合上述边界条件可求解式(4.69)的微分方程如下：

$$V_{ch}(x) = I_0 r_{ch} L_T \frac{\cosh\left(\dfrac{x-d}{L_T}\right)}{\sinh\left(\dfrac{d}{L_T}\right)} \tag{4.73}$$

由此,TFT 器件的源漏极系列电阻 $R_{S/D}$ 可表示为

$$R_{S/D} = \frac{V_{ch}(x=0)}{I_0} = r_{ch}L_T \coth\left(\frac{d}{L_T}\right) \tag{4.74}$$

式中,$R_{S/D}$ 可通过下式计算:

$$R_{S/D} = \frac{R_T - r_{ch}L}{2} \tag{4.75}$$

式中,R_T 可采用式(4.60)计算,r_{ch} 可采用式(4.68)计算。为方便起见,将式(4.74)略加变换可得

$$L_T = \frac{R_{S/D}}{r_{ch}\coth\left(\dfrac{d}{L_T}\right)} \tag{4.76}$$

式(4.76)实际上就是未知数为 L_T 的超越方程。一般来说式(4.76)没有解析解,但可以通过数值的方法求解出 L_T 值。

根据上面的理论推导,要想提取 TFT 器件的系列电阻的特征尺寸 L_T,首先必须采用 TLM 方法提取出本征场效应迁移率 μ_{FEi} 和本征阈值电压值 V_{THi},然后结合器件的结构参数并根据式(4.76)计算出 L_T 值。更重要的问题是:L_T 值到底有何物理含义呢?让我们回到式(4.69),可以注意到 L_T 实际上是表征薄膜晶体管的 S/D 电极与栅电极的重叠区域电压(或电流)衰减的一个物理量。如图 4.31 所示,在 TFT 的栅电极与源电极重叠区域的电流越远离沟道衰减得越严重。换句话说,在重叠区中的绝大部分电流都被局限在距离沟道 L_T 的范围内(此结论可参考式(4.69))。因此,L_T 实际上是在 TFT 器件结构设计时应该采用的最佳栅/源电极重叠尺寸。如果重叠尺寸小于 L_T,将会增加 S/D 系列电阻值;如果重叠尺寸大于 L_T,不但无益于继续降低 S/D 系列电阻,而且还会增加寄生电容 C_{gs} 的大小,进而引起在应用上的不利后果。

4.2.5　薄膜晶体管操作特性的影响因素分析

4.2.4 节介绍了可以定量表征 TFT 操作特性的特性指标。从器件物理的角度讲,这些特性指标一定会受到 TFT 的材料种类、界面特点、内部缺陷态分布和器件结构等这些器件内部因素的影响。那么,这些特性指标到底分别受哪种因素的影响较大呢?本节将逐一对开态电流(I_{on})、关态电流(I_{off})、场效应迁移率(μ_{EF})、亚阈值摆幅(S)和阈值电压(V_{TH})的影响因素开展分析,相关结论对 TFT 器件设计和工艺开发具有重要指导意义。

1) 开态电流(I_{on})

首先,根据 TFT 的物理模型(如 SLM 等)可知,I_{on} 电流值与 TFT 沟道的宽长比 W/L 成正比。其次,TFT 的开态电流对应其过阈值工作区域;而当 TFT 器件工作在过阈值区域时,有源层的费米能级位于带尾态中,所以带尾态的密度和分布特点将会对器件的开态电流产生重要影响。再则,当 TFT 器件工作在过阈值区域时,其导电通道位于前沟道,所以有源层/栅绝缘层界面的状态将显著影响 TFT 的 I_{on} 值大小。最后,根据 4.2.2～4.2.4 节介绍的内容可知,S/D 电极与有源层之间的接触电阻大小将极大地影响 TFT 的开态电流。一般而言,接触电阻越大,I_{on} 值越小。

2）关态电流（I_{off}）

首先，根据 TFT 的物理模型（如 RPI 模型等）可以知道，I_{off} 电流值与 TFT 沟道的宽长比 W/L 之间也有较大的关联。其次，以非晶硅 TFT 为例，关态电流值可能与反向亚阈值和 poole-frenkel 发射两个工作区域有关。当 TFT 器件工作在上述两个区域时，有源层的费米能级位于深能级态中，所以深能级态的密度和分布特点将会对器件的关态电流产生重要影响。再则，当 TFT 器件工作在反向亚阈值区域时，其导电通道位于背沟道，所以有源层/保护层界面的状态将显著影响 TFT 的 I_{off} 值大小；当 TFT 器件工作在 poole-frenkel 发射区域时，其导电通道位于前沟道，所以有源层/栅绝缘层界面的状态也将显著影响 TFT 的 I_{off} 值大小。此外，因为 poole-frenke 发射现象与 G/D 重叠区域的纵向电场的大小有着密切关系，所以任何可以影响到这一电场的因素（如有源层厚度、栅绝缘层材料种类和厚度、重叠区掺杂情况等）都可能会影响到 TFT 的关态电流的大小。最后，根据 4.2.2～4.2.4 节介绍的内容可知，S/D 电极与有源层之间的接触电阻一般对 TFT 的 I_{off} 也会产生一定影响。

3）场效应迁移率（μ_{EF}）

根据 4.2.4 节的介绍，TFT 器件的场效应迁移率实际上是从过阈值工作区域的电流-电压关系曲线提取而获得的。当 TFT 器件工作在过阈值区域时，有源层的费米能级位于带尾态中，所以带尾态的密度和分布特点将会对器件的场效应迁移率产生重要影响。再则，当 TFT 器件工作在过阈值区域时，其导电通道位于前沟道，所以有源层/栅绝缘层界面的状态将显著影响 TFT 的 μ_{EF} 值大小。TFT 的场效应迁移率与接触电阻之间的关系则跟采用的提取方法有关。采用一般方法提取的场效应迁移率值将会受到 S/D 与有源层接触电阻的影响；采用 TLM 方法提取获得的 μ_{EFi} 从理论上讲与接触电阻完全无关。

4）亚阈值摆幅（S）

亚阈值摆幅的提取主要依据 TFT 在亚阈值工作区域（包括正向亚阈值区域和反向亚阈值区域）的实验数据。当 TFT 器件工作在上述两个区域时，有源层的费米能级位于深能级态中，所以 TFT 有源层中深能级态的密度和分布特点将会对器件的亚阈值摆幅产生重要影响。再则，当 TFT 器件工作在亚阈值区域时，其导电通道位于前沟道或背沟道，所以有源层/栅绝缘层和有源层/保护层界面的状态将显著影响 TFT 的 S 值大小。

5）阈值电压（V_{TH}）

TFT 的阈值电压理论上可定义为有源层中的费米能级从深能级态进入带尾态瞬间所对应的 V_{GS} 电压大小。因此深能级态的密度及分布特点对 TFT 的阈值电压具有较显著的影响。此外，TFT 的前沟道界面（有源层/栅绝缘层）和背沟道（有源层/保护层）界面的状态也将对 V_{TH} 值产生影响。此外，分布在有源层、栅绝缘层及两者之间界面中的电荷对 TFT 的阈值电压值将产生显著影响，因为这些电荷对 V_{GS} 形成的纵向电场能产生明显的屏蔽作用。关于 S/D 与有源层之间的接触电阻对 TFT 阈值电压值的影响则和提取方法有一定关系。如果采用一般的方法进行阈值电压的提取，则获得的 V_{TH} 通常与接触电阻有关，而采用 TLM 方法提取的本征阈值电压 V_{THi} 从理论上讲则与接触电阻无关。

以上定性分析了薄膜晶体管主要特性参数的影响因素。显然，通过改变制备工艺和设计方法便可改变这些因素，进而可改变 TFT 的特性参数值。一般而言，我们认为比较理想的 TFT 器件具有如下的特点：大的 I_{on}/I_{off} 值、大的 μ_{EF} 值、小的 S 值和比较适当的 V_{TH}

值。根据上面定性分析的结果,我们便可找到如何获得理想 TFT 器件的技术方向。例如,通过采用合适的工艺技术、工艺条件和设计方法有效地降低有源层、前沟道和背沟道中的缺陷态密度,降低 G/D 重叠区域的电场大小,降低 S/D 与有源层之间的接触电阻,以及获得有源层和栅绝缘层中的适当电荷量等,最终能得到电学特性比较理想的薄膜晶体管器件。

4.3 薄膜晶体管的稳定特性

薄膜晶体管的稳定(stability)特性是指在长时间的偏置电压或外界环境条件的作用下,器件的电学特性发生的变化情况。TFT 的稳定特性与操作特性两者之间既有区别又有联系。简而言之,操作特性强调的是 TFT 器件瞬时测试的电学特性,而稳定特性强调的是 TFT 器件长期测试的电学特性变化。TFT 器件稳定特性必须借助操作特性参数(如阈值电压等)的变化加以表征。本节将简单介绍非晶硅 TFT 和多晶硅 TFT 的电压偏置稳定特性和环境稳定特性。

4.3.1 非晶硅薄膜晶体管的电压偏置稳定特性

所谓电压偏置(Bias Stress,BS)稳定特性是指将 TFT 的电极加载一定的直流或交流电压(或电流),经过一段时间后再测试其操作特性的变化情况。最常见的 BS 测试如图 4.32(a)所示,在非晶硅 TFT 的栅电极加载直流电压,然后每间隔一段时间测试其转移特性曲线的偏移情况。一般而言,薄膜晶体管器件在电压偏置测试中都会发生比较明显的转移特性曲线偏移,如图 4.32(b)所示。当然,这种曲线的偏移量越小,说明 TFT 器件的电压偏置稳定性越高。通常采用 TFT 器件的阈值电压变化 ΔV_{TH} 来表征 BS 稳定特性的大小。

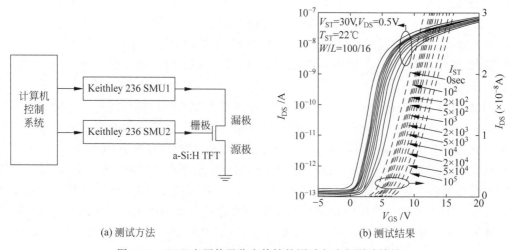

(a) 测试方法　　　　　　　　　　　　　　(b) 测试结果

图 4.32　TFT 电压偏置稳定特性的测试方法和测试结果

在第 3 章中讲到,非晶硅材料处于亚稳态,一旦外界条件发生变化,材料的状态也可能发生变化。因此,可以预见以非晶硅为有源层的 TFT 器件在热力学上也是不稳定的。非晶硅薄膜晶体管的电压偏置稳定特性测试结果有力地证明了这一点,因为 a-Si TFT 在 BS 测试中具有非常显著的转移特性偏移。那么这种电压偏置不稳定到底是什么原因引起的呢?实验测试和理论分析都证明,非晶硅 TFT 的电压偏置不稳定性存在两种物理机制,即缺陷态产生(state creation)和电荷俘获(charge trapping)。下面具体介绍这两种物理机制。

1) 缺陷态产生

一般而言,当加载在非晶硅 TFT 栅电极上的偏置电压较小时,会以缺陷态产生物理机制为主。如图 4.33 所示,在偏置电压的长时间作用下,非晶硅禁带中的缺陷态(特别是深能级缺陷态)会明显增加,从而导致自由载流子的比率下降,进而导致 TFT 器件更难开启,即阈值电压增大。在偏置电压作用下产生新的缺陷态的机理可能如下:

$$SiHHSi + Si\text{-}Si \leftrightarrow 2SiHDSi \tag{4.77}$$

式中,D 表示悬挂键。式(4.77)表示两个氢原子与同一硅原子成键的状态是不稳定的,在偏置电压的作用下可能会与周边的硅原子发生反应并产生两个悬挂键。因为深能级缺陷态决定于悬挂键的数量,所以深能级缺陷态密度将有所增加。

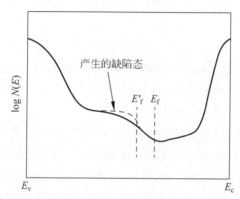

图 4.33　非晶硅 TFT 中 BS 不稳定性中的缺陷态产生物理机制示意图

科研人员建立了缺陷池模型(defect pool model)来定量描述缺陷态产生物理机制。相关方程如下:

$$\Delta V_{TH}(t) = A(V_{ST} - V_{THi})^{\alpha} t^{\beta} \tag{4.78}$$

式中,V_{ST} 是偏置电压,V_{THi} 是本征阈值电压,A、α、β 都是模型相关参数。根据式(4.78)可知,因缺陷态产生物理机制导致的阈值电压偏移量与时间成幂函数关系。此外,偏置电压值越大,相应转移特性曲线偏移越明显。

2) 电荷俘获

通常当加载在非晶硅 TFT 的栅电极上的偏置电压较大时,会有较明显的电荷俘获物理机制发生。从原理上讲,长时间加载在栅电极上的偏置电压会在非晶硅 TFT 的前沟道(非晶硅/栅绝缘层)界面产生大量的载流子,其中部分载流子会在电场的作用下进入栅绝缘层(一般为氮化硅薄膜)中,相关物理机制如图 4.34 所示。当偏置电压撤除后,这些位于栅绝缘层中的载流子并不能马上重新回到非晶硅中,因此在接下来的电学特性测试中,这些电荷便会对栅极电压起到一定屏蔽作用,即导致非晶硅 TFT 器件的阈值电压发生变化。

研究表明,非晶硅 TFT 电压偏置不稳定性中的电荷俘获物理机制可用如下方程表达:

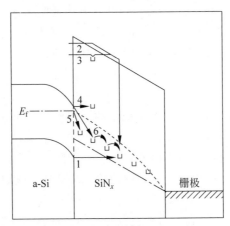

1—价带隧穿；2—Fowler-Nordheim 注入；3—缺陷辅助注入；4—导带固定能量隧穿；5—从导带至费米能级隧穿；6—费米能级上跳跃

图 4.34　非晶硅 TFT 电压偏置不稳定性中的电荷俘获内部机制(图片摘自参考文献[1])

$$\Delta V_{\mathrm{TH}}(t) = r_{\mathrm{d}} \log \left(1 + \frac{t}{t_0} \right) \tag{4.79}$$

式中，r_{d} 与 t_0 都是模型相关参数。根据式(4.79)我们注意到，非晶硅 TFT 在 BS 测试中因电荷俘获而导致的阈值电压变化值与电压偏置时间之间呈现对数函数关系，这一点与前面介绍的缺陷态产生物理机制是完全不同的。

在非晶硅 TFT 的电压偏置稳定性的测试中，虽然缺陷态产生和电荷俘获两种物理机制主要发生在不同的偏置电压范围，但通常这两种物理机制是混杂在一起发生的。那么如何区分和判断这两种物理机制呢？一般而言，有两种方法可以对缺陷态产生和电荷俘获两种物理机制加以有效区分。第一种方法是测试在不同温度下的非晶硅 TFT 电压偏置稳定性；缺陷态产生物理机制与温度密切相关，而电荷俘获物理机制则与温度基本无关；借此可以对二者加以区分和判断。另一种方法是通过改变偏置电压的极性测试非晶硅 TFT 电压偏置稳定性；缺陷态产生物理机制无论在正极性或负极性的偏置电压下都会导致非晶硅 TFT 的阈值电压增大；电荷俘获物理机制在正极性偏置电压下导致非晶硅 TFT 的阈值电压增大，而在负极性偏置电压下导致 V_{TH} 值减小；根据这一不同点也可对两种物理机制加以判断和区分。

4.3.2　多晶硅薄膜晶体管的电压偏置稳定特性

与非晶硅 TFT 相比，多晶硅薄膜晶体管的电压偏置稳定性要好得多，这主要是因为多晶硅中的缺陷态密度明显少于非晶硅的缘故。但是，电压偏置稳定性对于多晶硅 TFT 而言却具有更重要的意义。我们知道，非晶硅薄膜晶体管主要用于液晶显示的有源矩阵驱动中。根据液晶显示驱动波形的特点，作为开关的 TFT 器件的电压偏置不稳定性对像素电路的正常工作并不会产生严重影响。而多晶硅 TFT 的情况则不同。当前，多晶硅薄膜晶体管主要用于 AMOLED 的像素电路或周边驱动电路中，在工作状态下，多晶硅 TFT 可能受到非常复杂的电压偏置作用，由此导致的阈值电压偏移也可能会对相关电路的正常工作产生较严重的影响。因此，根据多晶硅 TFT 的电压偏置稳定性机理采取有效的技术手段改善其稳定特性将具有格外重要的意义。下面简单介绍多晶硅 TFT 的电压偏置不稳定性物理机制。

多晶硅薄膜晶体管在偏置电压的作用下产生转移特性曲线偏移的物理机制较多,其中最重要的是自加热(self heating)机制和热载流子(hot carrier)机制。

1) 自加热

多晶硅 TFT 一般采用正常平面型结构,有源层位于器件的最下面。多晶硅 TFT 工作时可能会长时间在有源层流经较大电流。根据焦耳定律,有源层可能会产生较多的热量。如图 4.35 所示,因为多晶硅 TFT 的有源层位于器件最下端,这些热量无法及时散发出去,便会对 TFT 器件产生一个累积加热的效果并导致器件温度上升,从而造成多晶硅 TFT 器件电学特性的退化。自加热效应与基板材料、有源层厚度和电压偏置条件等都有一定关系。

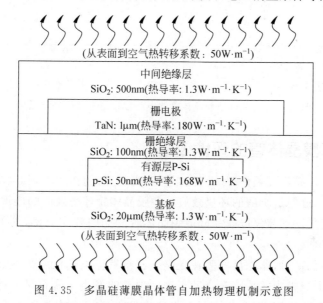

图 4.35 多晶硅薄膜晶体管自加热物理机制示意图

2) 热载流子

在多晶硅 TFT 中,有源层在长期强电场的作用下会发生热载流子效应,即晶界中的俘获态会释放出高能的电子和空穴。如图 4.36 所示,这些热载流子因为具有较大的动能,可能进入栅绝缘层(通常为氧化硅薄膜)并留在那里。在随后测试多晶硅薄膜晶体管的电学特性时,这些停留在 GI 层中的热载流子对 V_{GS} 起到一定屏蔽作用,从而造成多晶硅 TFT 器件特性的退化,即开态电流的降低。由此可见,热载流子效应一方面与多晶硅中电场的大小和分布有关,另一方面密切取决于多晶硅晶界中的缺陷态密度和分布。

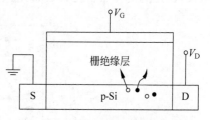

图 4.36 多晶硅薄膜晶体管的热载流子物理机制示意图

那么,如何区分多晶硅 TFT 中自加热和热载流子这两种电压偏置不稳定物理机制呢?一般来说,这两种机制起作用的电压偏置条件和不稳定性表现形式都有所不同。如图 4.37(a) 所示,自加热物理机制一般在偏置 V_{GS} 和 V_{DS} 都较大时起主导作用,稳定性测试结果表现器件的开态电流和关态电流都降低,同时阈值电压发生正向偏移。热载流子物理机制的表现则有所不同。如图 4.37(b)所示,当偏置 V_{GS} 电压较小且偏置 V_{DS} 电压较大时,热载流子物理机制起主导作用;热载流子主导的偏置电压不稳定性表现为开态电流降低,同时关态电流升高,但器件的阈值电压保持不变。

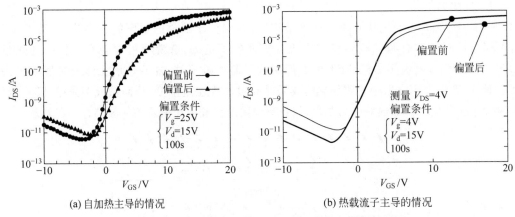

(a) 自加热主导的情况   (b) 热载流子主导的情况

图 4.37   多晶硅薄膜晶体管的电压偏置稳定特性测试结果

4.3.3 薄膜晶体管的环境效应

薄膜晶体管在外界环境条件(如温度、湿度和光照等)的作用下,其电学特性一般也会发生一定程度的变化,这便是所谓的环境效应。薄膜晶体管环境效应的机理比较复杂,有些问题至今尚不十分清楚。本节仅以非晶硅薄膜晶体管的光照效应为例,简单介绍环境效应的基本规律和相关机理。

在第 3 章中我们讲过,非晶硅薄膜在光照下容易发生电子从价带跃迁到导带的物理现象,因为在非晶硅的禁带中的缺陷态有助于这一现象的发生。这正是非晶硅薄膜晶体管器件光照效应的机理所在。如图 4.38 所示,非晶硅 TFT 在可见光的照射下,关态电流会明显增大,而且随着光照强度的增加,漏电流增大越显著。

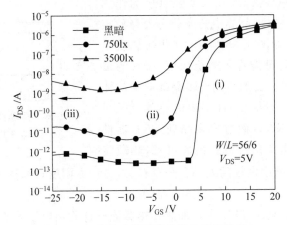

图 4.38   非晶硅薄膜晶体管的光照效应

需要强调指出的是,非晶硅薄膜晶体管的光照效应是一个动态物理过程,因此要想建立各物理量的对应关系,必须同时求解泊松方程和连续性方程。具体求解过程可参阅参考文献[24],在此不再赘述。需要说明的是,通过理论计算证明,非晶硅 TFT 的光照效应不但与光强的大小和分布有关,而且与有源层的厚度有密切关系。在实际应用中,完全避免 TFT 的光照效应是不可能的,但是可以通过有效的器件结构设计和制备工艺优化降低非晶硅薄膜晶体管的光照效应,使其负面影响控制在可接受的范围之内。对于 TFT 器件的其他环境效应,应对的思路也是类似的,我们不再一一赘述。

4.4　薄膜晶体管的动态特性

对于用作平板显示像素电路的 TFT 器件而言,前面介绍的薄膜晶体管的操作特性和稳定特性至关重要。但是如果将 TFT 用来构成 SOG 电路,则还需掌握其动态电学特性,即加载到 TFT 器件的电学驱动信号如果是不断变化的,此时器件的响应会有一些特殊表现。本节将 TFT 的动态特性划分为瞬态特性、频率特性和噪声特性进行简单介绍。

4.4.1　薄膜晶体管的瞬态特性

当在 TFT 器件的栅极上加载阶跃信号时,其漏极电流 I_D 并不会立刻响应这一变化,而是会延迟一段时间。以非晶硅 TFT 为例,除了寄生电容的影响,还有两个因素会造成上述延迟。自由电子从源极输运到漏极需要时间 t_d,通常表示为

$$t_d = \frac{0.38L^2}{\mu(V_{GS} - V_{TH})} \tag{4.80}$$

式中,L 是沟道长度,μ 是 TFT 器件的场效应迁移率。就 a-Si TFT 而言,因为其沟道长度较大(约 $4\mu m$),而场效应迁移率较小($<1cm^2/(V \cdot s)$),所以其 t_d 值会比较大,通常接近甚至超过 $1\mu s$。另一个造成动态响应延迟的因素是非晶硅中的深能级态,其俘获或释放电子都需要时间,因此会导致 a-Si TFT 对动态信号的响应延迟。此外,沟道层或前沟道界面处的深能级态也会造成另一个动态效应,即 a-Si TFT 的漏极电流会持续不断地缓慢衰减,这也是深能级态复合/释放电子滞后效应的一种外在体现。

多晶硅 TFT 的瞬态响应特性明显优于 a-Si TFT,其原因包括两方面:①多晶硅 TFT 的场效应迁移率显著高于 a-Si TFT;②多晶硅中的缺陷态密度明显低于非晶硅。

用于电路瞬态分析的 RPI 薄膜晶体管模型如图 4.39 所示,我们注意到,TFT 器件的瞬态特性主要体现在 CAPGS 和 CAPGD 两个电容上。当栅极加载阶跃信号时,因为这两个

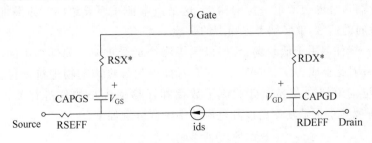

图 4.39　TFT 器件瞬态分析所用的 RPI 理论模型

电容的存在,漏极电流将不可避免地产生滞后的变化。载流子输运和缺陷态影响所造成的瞬态响应延迟也可以一定程度上以这两个电容值的变化加以表征。

4.4.2　薄膜晶体管的频率特性

如果将 TFT 器件用于模拟电路,必须充分考虑交流信号频率对其增益的影响。一般而言,随着信号频率的增加,TFT 器件增益逐渐降低。通常将器件电流增益为 1 时随对应的信号频率成为截止频率(f_T)。根据 TFT 器件的交流小信号模型(见图 4.40),可以推导出其截止频率如下:

$$f_T = \frac{g_m}{2\pi C_G} \tag{4.81}$$

式中,g_m 是 TFT 器件的跨导,C_G 是总等效栅极电容,具体表达式分别如下:

$$g_m = \frac{\partial I_D}{\partial V_{GS}} \mid V_{DS} = \mathrm{con}st \tag{4.82}$$

$$C_G = C_{GS} + C_{GD}(1 + g_m R_L) \tag{4.83}$$

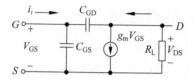

图 4.40　TFT 器件的交流小信号模型

比较复杂的是,g_m 和 C_G 都与 TFT 的工作区域有关。以饱和区为例,TFT 器件的截止频率可以表示为

$$f_T = \frac{3\mu(V_{GS} - V_{TH})}{4\pi L^2} \tag{4.84}$$

式中,μ 是 TFT 器件的场效应迁移率;L 是 TFT 器件的沟道长度。由此可见,p-Si TFT 的截止频率通常显著大于 a-Si TFT,这是因为多晶硅 TFT 的场效应迁移率较高而且一般也具有较小的沟道长度。

4.4.3　薄膜晶体管的噪声特性

在电子科学与技术领域,噪声的含义非常广泛,在这里仅限于讨论本征噪声,即电子元器件内部产生的电子信号。通常我们希望输出信号受到输入信号的唯一控制,但是所有电子元器件在无输入时也会产生一定的输出,这是由本征噪声导致的。如果将 TFT 器件用于处理非常微弱的信号,就必须考虑噪声的影响。

因为 TFT 器件多用于低频场合,所以闪烁噪声最受重视。闪烁噪声的功率密度通常与频率成反比,因此也成为 $1/f$ 噪声。TFT 器件中闪烁噪声的物理机理目前仍不十分清楚,一般认为与沟道层中及界面处载流子数量和迁移率大小的涨落有关。不失一般性,TFT 器件闪烁噪声的电流功率密度和电压功率密度分别如下:

$$S_{if}(f) = g_m^2 S_{vf}(f) \tag{4.85}$$

$$S_{vf}(f) = \frac{k}{C_{ox}^2} \frac{1}{WL} \frac{1}{f^c} \tag{4.86}$$

式中,g_m 是 TFT 器件的跨导,如式(4.82)所示;C_{ox} 是单位面积栅绝缘层电容;W 和 L 分别为 TFT 器件的沟道长度和宽度;k 和 c 均为特征参数,与 TFT 器件的材料和工艺密切相关。由以上两式可知,因为具有较大的跨导和较小的沟道尺寸,通常 p-Si TFT 的闪烁噪声明显大于 a-Si TFT。

如图 4.41 所示,为了便于相关电路的噪声分析,TFT 器件的 RPI 理论模型中引入了三个噪声电流源,分别为 imaseff、imrdeff 和 imds。其中,imaseff 和 imrdeff 分别表征源极电阻和漏极电阻对应的热噪声;imds 表征闪烁噪声,其具体表达式和数值大小可以通过调整 NLEV、AF 和 KF 三个参数值进行调整。

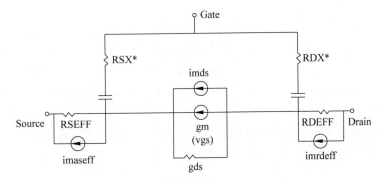

图 4.41　TFT 器件的 RPI 噪声分析模型

4.5　本章小结

本章主要讲解了薄膜晶体管的器件物理知识,即 TFT 的器件特性与其结构、材料选择和缺陷态分布等因素之间的关系。首先,详细介绍了薄膜晶体管的四种器件结构并讲解了非晶硅 TFT 和多晶硅 TFT 在实际生产中器件结构的选择及相关依据。接着介绍了薄膜晶体管器件的操作特性和理论模型,其中非晶硅 TFT 转移特性曲线工作区域的划分及相关机理、薄膜晶体管的 SLM 模型、TFT 主要特性参数的定义及提取方法和薄膜晶体管电学特性影响因素的分析等内容是本章的重点。最后,介绍了薄膜晶体管的稳定特性和动态特性;其中非晶硅薄膜晶体管的电压偏置稳定特性的机理需要读者理解和掌握;关于 TFT 器件的环境效应和动态特性则作一般理解即可。

习题

1. 薄膜晶体管器件结构设计的基本依据是什么?
2. 薄膜晶体管器件的结构分为哪几种?
3. 生产中最常使用的非晶硅 TFT 器件结构是倒置错排型,为什么?
4. 为何在非晶硅 TFT 中 BCE 结构比 ES 结构更常用?
5. 下图是非晶硅薄膜晶体管像素的平面结构图,请画出下图中 AA' 和 BB' 的断面结构。

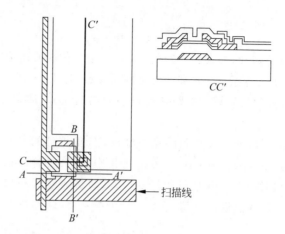

CC′

6. 多晶硅 TFT 最常用的器件结构是正常平面型,为什么?

7. N 型多晶硅薄膜晶体管为何需要采用 LDD 结构?

8. NMOS、a-Si TFT 和 p-Si TFT 三种场效应晶体管器件的电学特性有何不同?

9. 请定性画出非晶硅薄膜晶体管器件的转移特性曲线,在上面划分各工作区域并总结各工作区域的特点。

10. 你认为哪些因素可能影响非晶硅 TFT 中的 poole-frenkel 效应?

11. 请标出下图曲线中的线性区和饱和区。

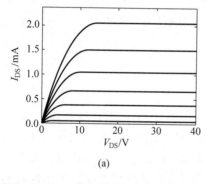

(a)

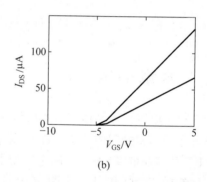

(b)

12. 请列出 SLM 模型的方程并说明如果用其描述非晶硅 TFT 的电学特性,各方程与非晶硅 TFT 哪一工作区域相对应。

13. 某实验室制造出一个非晶硅薄膜晶体管器件。已知沟道厚度/宽度是 100nm/4μm;非晶硅中初始电子密度是 10^{16} cm^{-3};器件场效应迁移率是 1cm^2/(V·s);栅绝缘层厚度和相对介电常数分别是 300nm 和 7.5。真空介电常数是 $\varepsilon_0 = 8.85 \times 10^{-14}$ F/cm;基本电荷电量是 1.6×10^{-19} C。当负载条件为 $V_{GS} = 10$V 和 $V_{DS} = 5$V 时,$I_{DS} = 5 \times 10^{-6}$ A,试计算器件的沟道宽度 Z。

14. 简述多晶硅 TFT 的短沟道效应的主要表现和相关机理。

15. 何为翘曲效应?造成多晶硅 TFT 翘曲效应的主要原因有哪些?

16. 定量描述 TFT 操作特性的主要参数有哪些?

17. 如何提取 TFT 的开态电流和关态电流?

18. 如何提取 TFT 的亚阈值摆幅?

19. 如何提取 TFT 器件的阈值电压？

20. 提取 TFT 器件场效应迁移率的方法有哪些？

21. 请简述 TLM 方法的基本原理。

22. 简述 TFT 器件的系列电阻特征长度 L_T 的物理含义。

23. 经过数据处理后的非晶硅 TFT 的转移特性曲线如下图所示。沟道长度/宽度为 $6\,\mu\mathrm{m}/6\,\mu\mathrm{m}$，栅绝缘层的相对介电常数是 7.5。如果器件的场效应迁移率是 $0.3\,\mathrm{cm^2/(V \cdot s)}$，请计算栅绝缘层厚度。已知真空介电常数是 $\varepsilon_0 = 8.85 \times 10^{-14}\,\mathrm{F/cm}$。

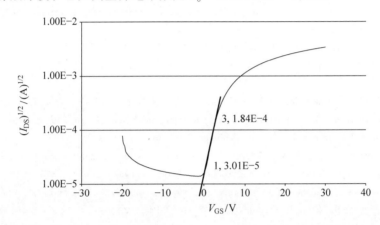

24. 如何获得比较理想的薄膜晶体管器件？

25. 非晶硅薄膜晶体管的电压偏置不稳定性有哪两种物理机制？如何进行区分和判断？

26. 如何提高非晶硅薄膜晶体管的电压偏置稳定特性？

27. 如何区分多晶硅 TFT 中的自加热和热载流子两种物理机制？

28. 试阐述提高 TFT 器件光照稳定性的具体方法。

29. 试阐述薄膜晶体管的动态特性对其实际应用的影响。

参考文献

[1] Kuo Y. Thin film transistors: materials and process, Vol. 1[M]. Amorphous Silicon Thin Film Transistors, 2004.

[2] Kuo Y. Thin film transistors: materials and process, Vol. 2[M]. Polycrystalline Silicon Thin Film Transistors, 2004.

[3] Kagan C R, Andry P. Thin-film transistors[M]. Boca Raton: CRC Press, 2003.

[4] 谷至华. 薄膜晶体管(TFT)阵列制造技术[M]. 上海: 复旦大学出版社, 2007.

[5] 申智源. TFT-LCD 技术: 结构、原理及制造技术[M]. 北京: 电子工业出版社, 2012.

[6] Pierret R F, Neudeck G W. Advanced semiconductor fundamentals[M]. New York: Addison-Wesley Publishing Company, 1996.

[7] Sze S M, Kwok K, Ng K K. Physics of semiconductor devices[M]. Hoboken: John Wiley & Sons, Inc. 2007.

[8] Anderson B L, Anderson R L. 半导体器件基础[M]. 北京: 清华大学出版社, 2006.

[9] 刘树林, 张华曹, 柴常春. 半导体器件物理[M]. 北京: 电子工业出版社, 2005.

[10] 曹培栋,亢宝位. 微电子技术基础[M]. 北京：电子工业出版社,2001.

[11] 钱佑华,徐至中. 半导体物理[M]. 北京：高等教育出版社,1999.

[12] 孟庆巨,刘海波. 半导体器件物理[M]. 北京：科学出版社,2005.

[13] 刘永,张福海. 晶体管原理[M]. 北京：国防工业出版社,2002.

[14] Tsividis Y. Operation and modeling of the MOS transistor[M]. Boston：McGraw-Hill Companies, Inc. 1999.

[15] Neamen D A. 半导体物理与器件[M]. 北京：清华大学出版社,2003.

[16] Li S S. 半导体物理电子学[M]. 北京：科学出版社,2008.

[17] Warner R M,Grung B L. An analytical model for the epitaxial bipolar transistor[J]. Solide-State Electronics,1977,20(9)：753-771.

[18] 陈志强. 低温复晶矽显示器技术[M]. 台北：全华科技图书股份有限公司,2004.

[19] 胡国仁. 多晶硅工艺技术与器件物理介绍[C]. 武汉：提升面板良率相关技术培训(LTPS专题),2015.

[20] 许宗义. LTPS工艺流程及良率相关[C]. 武汉：提升面板良率相关技术培训(LTPS专题),2015.

[21] Hong D,Yerubandi G,Chiang H Q,et al. Electrical modeling of thin-film transistors[J]. Critical Reviews in Solid State and Materials Sciences,2008,33(2)：101-132.

[22] Shur M S,Slade H C,Jacunski M D,et al. SPICE models for amorphous silicon and polysilicon thin film transistors[J]. Journal of the electrochemical society,1977,144(8)：2833-2839.

[23] Iniguez B,Picos R,Veksler D,et al. Universal compact model for long-and short-channel Thin-film transistors[J]. Solid-State Electronics,2008,52：400-405.

[24] Berkel C V,Powell M J. Photo-field effect in amorphous silicon thin-film transistors[J]. Appl. Phys. 1986,60(4)：1521-1527.

[25] 雷东. 薄膜晶体管物理、工艺与SPICE建模[M]. 北京：电子工业出版社,2016.

薄膜晶体管单项制备工艺

通过第 4 章可知,薄膜晶体管的电学特性主要取决于其器件结构、材料选择和内部缺陷态的分布。实际上,这些影响 TFT 器件电学特性的因素基本都由其制备工艺和设计方法所决定。薄膜晶体管的制备工艺与 IC 在原理上非常类似,所采用的制造设备也多有相同之处。但两者之间还是存在一些显著的不同。首先,TFT 的制造工艺步骤一般少于 IC;TFT 制备所需光刻掩膜版的数目通常小于 10,而 IC 的制造一般需要 20 张以上光刻掩膜版。其次,TFT 制备的工艺精细度要求要远低于 IC;当前 TFT 工艺的特征尺寸约为几微米,而 IC 则只有几十纳米,甚至几纳米。最后,TFT 的基板尺寸要远远大于 IC,因此 TFT 在制备工艺均一性方面的难度要远大于 IC。此外,TFT 阵列基板本身并不能构成独立的产品,它必须与后续的成盒及模组工艺相配合才能完成产品制造,所以 TFT 制备时会受到后续工艺的约束或与之密切关联。

随着平板显示技术的发展,TFT 阵列基板的尺寸越来越大,已经从 G1(300mm × 400mm)发展到 G11(2940mm×3370mm)。TFT 从其发明至今制备的基本原理却一直保持不变。简单地讲,任何薄膜晶体管阵列都是由基本工艺单元经过若干循环制备完成的。图 5.1 是薄膜晶体管阵列制备基本工艺单元的示意图,它大致包括以下工艺步骤。首先,在基板上面沉积一层薄膜(半导体或绝缘层或金属电极层等)。如果制备 p-Si TFT,还需要对沉积的非晶硅薄膜进行结晶化退火以使其转变为多晶硅。接着,在薄膜上涂覆光刻胶、曝光、显影以形成所需的光刻胶图案。以光刻胶作为掩蔽层对薄膜进行刻蚀(湿法刻蚀或干法

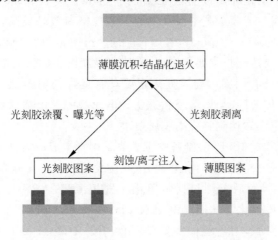

图 5.1　薄膜晶体管阵列制备基本工艺单元的示意图

刻蚀),这样没有被光刻胶掩蔽的薄膜将被刻蚀掉以形成薄膜的图案。在制备 p-Si TFT 时也可采用光刻胶进行掩蔽以对薄膜进行离子注入,以此实现薄膜局部掺杂。最后,通过光刻胶剥离工艺去除掉已经完成任务的光刻胶。

薄膜晶体管制备的基本工艺单元由许多单项工艺构成。表 5.1 列出了薄膜晶体管制备中所用到的主要单项工艺。可以将表 5.1 中所列的 10 项工艺分为 5 大类,即成膜(溅射和等离子体化学沉积)、薄膜改性(激光退火和离子注入)、光刻(光刻胶涂覆/曝光/显影和光刻胶剥离)、刻蚀(湿法刻蚀和干法刻蚀)和其他(清洗和器件退火)等。本章将逐一详细介绍上述单项工艺的基本原理,具体包括设备与工艺原理、主要工艺规格、工艺参数及工艺规格与工艺参数之间的基本对应关系等。需要说明的是,只有充分掌握 TFT 单项工艺的基本原理,才能结合厂房布局、设备资源和具体产品技术规格等进行工艺整合以完成 TFT 工艺流程的设计与实施。这部分内容将在第 6 章详细介绍。

表 5.1　TFT 制备所采用的单项工艺一览表

序号	工 艺 名 称	工 艺 目 的
1	洗净(cleaning)	清除成膜前基底上的灰尘
2	溅射(sputter)	沉积 Al、Cr 和 ITO 等金属(或金属氧化物)膜
3	等离子体增强化学气相沉积(PECVD)	沉积 a-Si、n^+ a-Si、SiN_x 和 SiO_x 等非金属膜
4	激光退火(ELA)	将 a-Si 转变为 p-Si
5	光刻胶涂覆/曝光/显影	形成与 MASK 图案一致的光刻胶图案
6	湿刻(WE)	刻蚀掉未被光刻胶掩蔽的金属(或金属氧化物)膜
7	干刻(DE)	刻蚀掉未被光刻胶掩蔽的非金属膜
8	剥离(striping)	去掉残余的光刻胶
9	离子注入(implantation)	对半导体薄膜进行 N 型或 P 型掺杂
10	器件退火(anneal)	改善 TFT 器件特性

5.1　成膜工艺

成膜工艺的基本目的是在基板上均匀地沉积一层薄膜材料。成膜之前基板上可能已经存在了其他薄膜的图案。成膜工艺中最重要的工艺规格参数是成膜速率,通常用每分钟沉积的平均薄膜厚度来表示(nm/min)。在 TFT 的生产中,一般要求薄膜沉积速率尽可能快,而且成膜的均一性要达到技术要求。此外,还要求新沉积的薄膜能够良好地附着到已有的薄膜图案上,特别是已有图案的台阶处一定要具有良好的覆盖性。在 TFT 制备中需要沉积半导体薄膜、绝缘体薄膜、金属薄膜和透明导电薄膜等。上述这些薄膜的电学特性、光学特性和机械特性等都必须达到相应的膜质要求。

与 IC 的生产制造相类似,TFT 制备中也主要采用真空成膜方法。如图 5.2 所示,真空成膜方法可以分为物理气相沉积和化学气相沉积两大类;前者又分为蒸发(evaporation)和溅射(sputter)两种方法,而后者则包括常压化学气相沉积(APCVD)、低压化学气相沉积(LPCVD)和等离子体增强化学气相沉积(PECVD)三种。在 TFT 的制备中,导电薄膜主要采用 sputter 制备,而半导体和绝缘体薄膜则采用 PECVD,因此接下来主要介绍 sputter 和 PECVD 两种工艺技术的主要原理和相关实务知识。

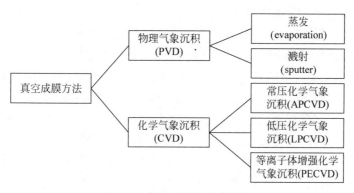

图 5.2　真空成膜方法分类图

5.1.1　磁控溅射

溅射的基本原理建立在自续放电的物理现象上。如图 5.3 所示,在直流(DC)电场的作用下,工作气体(通常是 Ar)中可能会因偶然因素产生初期电子,初期电子在两极板电场的加速下向阳极运动。在这个电子的作用下,一个气体分子被解离成一个气体离子和一个电子。初期电子和从气体分子中解离出的电子在电场的作用下继续解离出新的气体离子和电子。解离出的气体离子在电场的作用下向阴极运动,轰击阴极材料(靶材),除了打出靶材原子,同时也产生二次电子。二次电子重复前面的三个步骤,使放电能够自续进行。上述的物理过程称为自续放电。需要强调的是,自续放电过程中在真空腔室中形成的物质状态是等离子体(分子、原子、离子、活性基和电子等的混合物)。

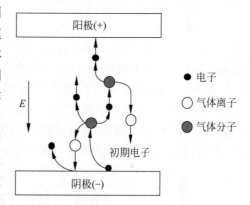

图 5.3　初始放电和自续放电示意图

根据图 5.3 所示的自续放电原理,将要沉积的材料制作成靶材并放置在阴极上,基板放置在阳极上。这样阴极靶材的原子便会不断被气体离子打击出来而沉积在阳极基板上。事实上这便是直流溅射的基本原理。一般而言,DC Sputter 只适合于导体的沉积,要想沉积绝缘体薄膜必须采用射频交流(RF)溅射。当然,RF Sputter 同样也可以沉积导体薄膜,但在沉积速率上可能略慢于 DC Sputter。在实际生产中 RF Sputter 一般采用 13.56MHz 的工作频率,同时采用面积不对称的阴极和阳极,从而在面积较小的阴极附近产生较强的电势差。氩离子在此电势差的作用下加速运动而将放置在阴极上的靶材(绝缘体、半导体和金属等)原子打击出来从而实现溅射成膜。为了增加薄膜沉积速率,一般在靶材后增加磁体以延长电子在靶材附近的停留时间,这种溅射方式通常称为磁控溅射。

磁控溅射镀膜是近十几年来发展迅速的一种薄膜沉积技术,它是利用磁场控制辉光放电产生的等离子体来轰击靶材表面的粒子,并使其沉积到基板表面的一种技术。磁控溅射具有诸多优点:①溅射出来的粒子能量较大,可高达几十电子伏特,因而薄膜与基板结合力较佳,薄膜致密性较高;②溅射沉积速率高,基板温升小(背板利用冷却水作循环);③溅射范围广,可以沉积高熔点金属、合金及化合物材料;④能够实现大面积靶材的溅射沉积,对大尺寸基板的薄膜均匀性控制好;⑤操作简单,工艺制造重复性好,工艺控制易实现自动化等。磁控溅射技术在最简单的直流二级溅射技术的基础上发展而来,通过靶材表面一正交的电磁场来达到控制和改变电子的运动方向的目的。磁场的存在,束缚并延长了电子的运动路径,同时提高了制程气体Ar的电离率并增加了制程气体与电子之间发生的有效碰撞。电子在加速的过程中,同时受到来自电场力与磁场洛仑兹力的交互作用,使得电子的运动范围束缚在靠近靶材表面的等离子体区域内,其运动轨迹类似于螺旋线式的向前运动。磁控溅射技术相比普通的直流二级溅射技术,利用磁场的洛仑兹力,使得电子在等离子体中的运动轨迹被大大延长,从而提高了电子参与原子碰撞和电离过程的概率,因而在同样的电流和气压下,磁控溅射镀膜相比直流二级溅射可以显著地提高靶材的溅射效率和薄膜的沉积速率。

下面结合图5.4所示的磁控溅射仪腔室结构示意图,详细讲解磁控溅射的物理过程。如图5.4所示,在一相对稳定高真空状态下,靶材放置在阴极,基板放置在阳极,阴阳极之间加入一个正交磁场和电场,负电压$-400V$,靶材表面的磁场大小为$250\sim350G$。通入制程气体Ar,一开始由于电场的作用,Ar被电离,形成带正电的Ar^+和电子,解离后的电子轨迹因受到磁场洛仑兹力的束缚,电子与制程气体的碰撞电离概率大大增强,在靶材表面形成高密度的等离子体,同时Ar离子受阴极上的负电位加速运动而撞击阴极上的靶材,并以很高的速度轰击靶面,将其原子溅出,使得阴阳极间产生辉光放电。正离子沿着电场线的正方向加速运动至阴极,撞击阴极上的靶材,靶上被溅射出来的原子在碰撞前后遵循着动量守恒原理,并以较高的动能脱离靶材表面原子的束缚飞向基板而沉积为薄膜。

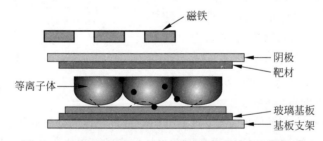

图5.4 磁控溅射仪腔室结构示意图(图片摘自文献[18])

在磁控溅射镀膜中,被电场加速的电子撞击Ar原子发生碰撞电离,产生Ar离子和二次电子,Ar离子沿着电场线的正方向与靶材表面原子发生弹性碰撞后,将其中一部分能量给了靶材原子。当该靶材原子的动能超过它与其他原子形成的势垒(对金属$5\sim10eV$)时,靶材原子就会从晶格点阵碰出,形成离位原子,它又与周围其他原子之间发生反复碰撞-联级碰撞。当原子动能超过结合能($1\sim6eV$)时,原子离开表面进入真空腔室并沉积在设置的基板上,从而形成薄膜。入射的Ar离子轰击靶材表面后,除产生一部分靶材原子外,还产生一部分电子。原子沉积在基体上形成薄膜,Ar原子被撞击后产生的二次电子用来维持辉光放电的持续。Ar^+最后撞击靶材(靶材在阴极带负电),失去能量,得到电子,还原为氩原子,所以在溅射纯金属时,氩流量确定以后,无论提高还是降低溅射功率,真空度基本不变。而在反应溅射时,若反应气体过量,提高溅射功率可以减少真空度的降低。所谓反应溅射是指在 Ar 气中添加反应性气体,通过 sputter 得到化合物薄膜的方法。

靶材原子受到气体离子的冲击后从靶材表面逸出并在靶材表面堆积成膜。这一物理过程实际上非常复杂,大体上可分为三个阶段:溅射原子的输送、表面扩散和本体扩散。图 5.5 是针对上述物理过程更详细的描述,可以将其分为 8 个物理过程,即玻璃基板原子表面扩散和迁移、原子吸附、凝结成核、核生长、成岛、岛合并与生长、缝道填补和形成连续膜层等。薄膜的结构以及薄膜的最终性能均受薄膜的生长过程影响。从靶材表面逸出的靶材原子在玻璃基板表面发生了相互碰撞,其中一部分被反射,另一部分仍停留在玻璃基板表面。停留在表面的原子和分子在自身所带的能量及玻璃基板温度产生的热能作用下,在玻璃基板上进行表面扩散、迁移以及原子吸附,再由原子之间相互碰撞结合形成原子团,当原子团达到一定大小后,才能继续稳定生长形成核岛,岛合并与生长,最后再利用缝道填补技术并最终形成连续膜层。

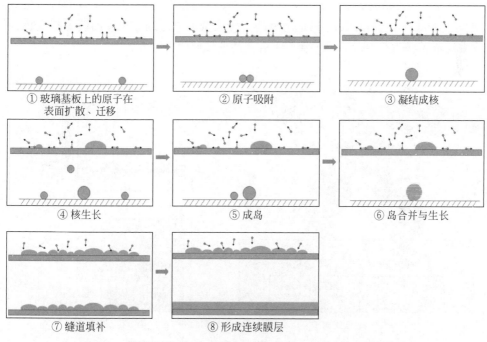

① 玻璃基板上的原子在表面扩散、迁移　　② 原子吸附　　③ 凝结成核
④ 核生长　　⑤ 成岛　　⑥ 岛合并与生长
⑦ 缝道填补　　⑧ 形成连续膜层

图 5.5　磁控溅射沉积的薄膜生长过程示意图(图片摘自文献[8])

在 TFT 制备工艺中,扫描电极、数据电极和像素电极都采用磁控溅射进行成膜。扫描电极的成膜要求包括:与基板附着良好、与 GI 无反应、电阻率低和好的刻蚀特性等;数据电极的成膜要求包括:与有源层形成好的欧姆接触和好的台阶覆盖性等;像素电极则一般要求同时具有好的光学透过率和导电特性。基于上述要求,在实际生产中扫描电极一般采用 Al/Mo 的双层薄膜结构,而数据电极则采用 Mo/Al/Mo 三层薄膜结构,像素电极则采用最常见的 ITO 薄膜。上述薄膜的基本材料特性已经在第 3 章中详细介绍过,在此不再赘述。

薄膜的具体特性除了取决于材料的种类,还与生产工艺密切相关。图 5.6(a)为在 TFT 实际生产中采用的磁控溅射设备结构示意图。这样的设备结构通常称为“多腔室式”。其中 L1 和 L2 称为加载腔室(LoadLock),主要功能是完成设备与外界的基板传送功能,所以

LoadLock 腔室不断进行大气/真空状态的变换。中间的腔室称为转换腔室（transfer chamber），主要功能是暂时存放待加工或已加工完毕的基板。转换腔室一般处于真空状态，但真空度并不太高。S3 和 S4 是工艺腔室，其中 S3 的详细结构见图 5.6(b)。顾名思义，工艺腔室的主要功能即完成薄膜的沉积，因此是整台设备最重要的部分。如图 5.6(b)所示，一般 TFT 阵列基板通过传送装置呈水平状态进入工艺腔室，在成膜前则通过机械装置使其直立起来并与靶材相对。靶材的大小一般与基板尺寸相当，在靶材的背面通常加装由永磁体构成的磁场结构。在成膜过程中这些永磁体不断震动以确保形成磁场的均匀性。工艺腔室中工作气体 Ar 的均匀分布也很重要，因此通常会设置多个进气孔以确保气体可均匀分布。在 TFT 的实际生产中，为了降低生产成本，在 G5 以下均采用 DC Sputter，因为直流磁控溅射的成膜速率较快且设备的价格也较低。随着平板显示技术的发展，基板尺寸越来越大，磁控溅射成膜的均匀性越来越难以保证。为此，在 G6 以上的 TFT 生产线倾向于采用 RF Sputter，因为射频交流磁控溅射的成膜均匀性要好于 DC Sputter，当然前者的价格也相对较高。S4 腔室的结构与 S3 相类似，只是靶材的配置数量可以达到 3 个并加装了相应机械结构以完成多层薄膜(如 Mo/Al/Mo 等)在同一腔室的连续成膜。

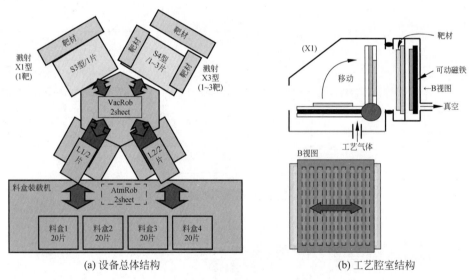

(a) 设备总体结构 　　　　(b) 工艺腔室结构

图 5.6　TFT 制造用磁控溅射设备结构示意图

　　磁控溅射的工艺规格主要包括薄膜厚度、薄膜方块电阻、膜应力、表面反射率和透射率等。其中，薄膜厚度通常采用台阶仪测量，ITO 薄膜的膜厚也可以采用光学的方法进行测量。一般而言，采用台阶仪测试薄膜的膜厚快速而方便，但是因为在测试的过程中探针与薄膜表面直接接触，因此可能会造成薄膜的损伤；采用光学的方法测量薄膜的厚度不会对薄膜造成伤害，但是它仅适用于透明薄膜的测量和表征。薄膜方块电阻一般采用四探针法进行测试。ITO 薄膜的透过率特性指标比较重要，通常采用 UV3100 等专用设备进行测量。一般而言，在实际生产中根据 TFT 原理和相关经验设定上述工艺规格指标。因为这些工艺规格都与 TFT 阵列最终的特性或生产合格率密切相关，所以必须通过调整工艺参数而最终达到其指标设定值。

　　磁控溅射的工艺参数主要包括腔室到达真空度、成膜温度、电源功率、气体压力、气体流量、磁场强度及分布和溅射距离等。一般而言,气体流量会影响到薄膜的成膜速率、膜厚均匀性、薄膜电阻率和薄膜应力等;气体压力会影响到成膜速率、膜厚均匀性、薄膜电阻率和薄膜应力等;电源功率会影响到成膜速率、膜厚均匀性、薄膜电阻率、薄膜应力和薄膜反射率等;基板温度会比较明显地影响薄膜电阻率、薄膜应力和薄膜反射率等;磁体和靶材之间的距离则会影响到膜厚均一性和靶材利用效率等。在实际生产中,腔室到达真空度、磁场强度和溅射距离等工艺参数一般一经确定后便不再轻易改变,因此经常调整的工艺参数主要包括成膜温度、电源功率、气体压力和气体流量等。其中气体流量一般指氩气的气体流量,对于 ITO 成膜而言则还包括氧气的气体流量。工艺参数与工艺规格之间的具体关系必须通过具体实验才能确定。图 5.7 是

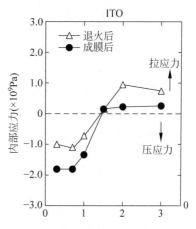

图 5.7　磁控溅射工艺调试实验结果举例(图片选自文献[3])

实际工艺调试的举例。从图 5.7 中可以看到,ITO 的膜应力与溅射气体压力间存在比较复杂的关系并且与退火条件也有一定关系。当气体压力较低时,ITO 薄膜中存在压应力并且其值随着气体压力的增加而降低;当气体压力较高时,ITO 薄膜中则变为拉应力并且其值随着气体压力的增加而升高。此外,退火处理倾向于抑制 ITO 薄膜中的压应力而提升拉应力。

5.1.2　等离子体化学气相沉积

化学气相沉积(CVD)是一个非常复杂的过程,一般以化学反应为主。具体而言,CVD 是通入气体,利用加热在反应器内发生化学反应而形成固态沉积的一种技术。简单来说,就是通入两种以上的气体,加热后发生化学反应,沉积在基板上并形成一种新的材料。CVD 成膜可以简单划分为两个过程,即气体分子输送和表面化学反应。最简单的 CVD 就是在大气环境下进行的常压化学气相沉积(APCVD),该技术以气体分子输送过程为主导。因为在大气压下气体分子输送的效率较低,所以 APCVD 的成膜速率一般不高。另一种常见的 CVD 称为低压化学气相沉积(LPCVD),即在真空环境下进行化学反应成膜。这种技术以表面化学反应为主导,成膜速率较 APCVD 有明显的提高,但是整个成膜过程需要在非常高的温度下进行(>1000℃),这显然无法在平板显示中应用。为了实现在低温条件下快速成膜,可以引入高频电场形成等离子体,以达到促进化学反应的效果,这便是在 TFT 阵列制备中常用的等离子体增强化学气相沉积(PECVD)技术。

PECVD 从原理上讲是通过高频交流电源提供高频振荡电子,增加电子和气体分子的碰撞概率,从而增大气体解离的效能,提高反应离子的浓度,提高成膜速度。换言之,PECVD 实际上是利用高频电源提供高频振荡电子,借助辉光放电,使电子与气体分子发生碰撞,电离为等离子体并发生化学反应,进而实现薄膜材料生长的一种技术。具体来讲,PECVD 技术就在电磁场的激励下,反应气体电离为等离子体;在等离子体中,电子经过加速后,其动能可达 10eV 以上,这足以将反应气体的化学键破坏掉,所以,高能的电子与反应气体发生碰撞,就会使气体分子发生电离并产生生成物。

如图 5.8 所示,PECVD 技术制备的薄膜生长一般包含以下三个过程。

（1）在等离子体中,电子与气体分子发生碰撞,使气体发生分解,形成离子与活性基团混合物。在此过程中,一方面,等离子体的发生与所加电场有关,显然电场越强越有利于等离子体的产生；另一方面,等离子体的发生与腔室内的气体压力也有密切关系,一般来说,选择适当的气体压力更有利于等离子体的发生。

（2）各活性基团的混合物向薄膜表面扩散的同时,发生各反应物之间的二级反应。这种化学反应过程非常复杂,而且一般来说反应也是可逆的,因此必须通过调整合适的工艺参数(如基板温度等)以促进化学反应的进行。

（3）经过初级反应及二级反应的生成产物被表面吸附,并发生反应,同时伴随有气体溢出。这一过程会涉及薄膜原子的扩散过程,因此受基板温度的影响较大。

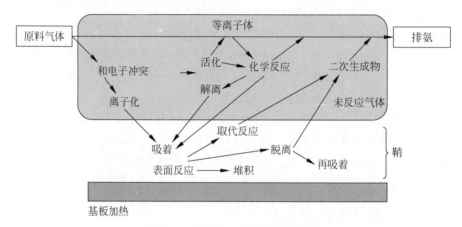

图 5.8　PECVD 成膜过程示意图

在 PECVD 成膜的过程中,薄膜的表面生长过程最为复杂。如图 5.9 所示,当化学反应形成的生成物分子(原子)到达基板表面后,先后经历成核、晶粒成长、晶粒聚焦、缝道填补、

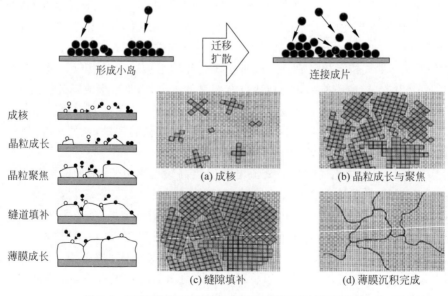

图 5.9　PECVD 成膜中基板表面的薄膜成长过程示意图

薄膜成长等过程。因为薄膜成长过程始终依赖于原子扩散,所以 PECVD 成膜温度对最终薄膜的质量具有至关重要的影响。

在 TFT 的制备中,采用 PECVD 方法制备的薄膜包括非晶硅、氮化硅和氧化硅等。其中,非晶硅(或后续以此为基础转化成的多晶硅)在 TFT 中担当有源层的功能,其特性优劣对 TFT 的器件特性具有非常重要的影响。接下来详细介绍 a-Si 的成膜基本原理。

为了提高非晶硅薄膜材料的稳定性与电学特性,需要很清楚地了解非晶硅薄膜材料的生长机理;由于非晶硅薄膜的生长是一个非常复杂的过程,经过多年的研究,非晶硅薄膜的生长机理还没有被完全弄清楚,不同研究得出的结论也不一致,因此先从已得到确认的理论开始分析。事实上,利用辉光放电来分解 SiH_4 成等离子体并沉积为 a-Si:H 薄膜的过程可以分为几步来完成。首先是一级反应,即电子与 SiH_4 分子发生非弹性碰撞使其分解或电离。其中最重要的反应是电子与 SiH_4 分子发生碰撞并电离,形成各种 $SiH_n(n=0\sim3)$ 基。其反应过程为

$$e^- + SiH_4 \rightarrow SiH_2 + H_2 + e^- \qquad 2.2eV \qquad (5.1)$$

$$e^- + SiH_4 \rightarrow SiH_3 + H + e^- \qquad 4.0eV \qquad (5.2)$$

$$e^- + SiH_4 \rightarrow Si + 2H_2 + e^- \qquad 4.2eV \qquad (5.3)$$

另外一个重要的反应是 H_2 离解,即

$$e^- + H_2 \rightarrow 2H + e^- \qquad (5.4)$$

伴随着一级反应的还有二级反应,主要是一级反应中的各种粒子发生散射与化学反应的过程。下面仅将与薄膜密切相关的 SiH_2 及高硅烷反应的过程列出:

$$SiH_2 + H_2 \rightarrow SiH_4 \qquad -2.2eV \qquad (5.5)$$

$$SiH_2 + SiH_4 \rightarrow Si_2H_6 \qquad -2.2eV \qquad (5.6)$$

$$SiH_2 + SiH_4 \rightarrow SiH_3SiH + H_2 \qquad (5.7)$$

由反应式式(5.5)~式(5.7)得到的 SiH_3SiH 插入 SiH_4 中,产生 Si_3H_8,通过一系列相似的反应,从而得到高硅烷聚合物 SiH_4H_{10}、SiH_5H_{12} 等。

根据上述反应原理,可以推测非晶硅薄膜的生长过程如图 5.10 所示。具体可划分为以下几个过程。

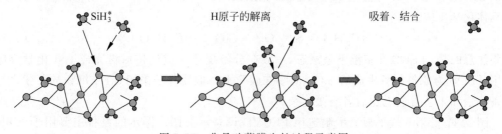

图 5.10 非晶硅薄膜生长过程示意图

(1) 电子和 SiH_4、H_2 碰撞,产生大量的 SiH_3^*、H^* 等活性基;如前所述,这一过程与外加电场强度和腔室内的气体压力关系比较密切。

(2) 活性基被吸附在基板上,或取代基板表面的 H 原子;这一过程主要取决于活性基活性的大小,因此与活性基产生时外加电场的情况关系较大。

(3) 被吸附的原子在自身动能和基板温度的作用下在基板表面迁移,选择能量最低的点稳定下来;这一过程是一个典型的物理扩散过程,显然与基板的温度具有非常密切的关系。一般而言,基板温度越高,被吸附原子在基板表面迁移越容易;此外,扩散能力与吸附原子的初始动能也有关,这方面与外加电场的状况也比较相关。

(4) 同时,基板上的原子不断脱离周围原子的束缚,进入等离子体气氛中,所以达到动态平衡。从理论上讲,非晶硅的成膜过程实际上存在一个动态平衡;一方面硅原子不断沉积在基板上,另一方面硅原子也不断脱离基板而返回腔室中。影响这一平衡的因素较多,如基板温度、腔室压力、气体流量和电场功率等。

(5) 不断补充原料气体,使原子沉积速度大于原子逃逸速度,薄膜持续生长。为了使非晶硅的成膜能够持续进行,必须不断打破平衡使化学反应向有利于成膜的方向进行。在保持其他工艺条件不变的前提下,不断地补充原料气体(SiH_4 和 H_2 等)是非常有效的办法。

在 a-Si TFT 中除了需要沉积本征非晶硅薄膜,还要制备 n^+ a-Si:H 薄膜以利于有源层与 S/D 电极形成好的欧姆接触。n^+ a-Si 的成膜机理与本征非晶硅类似,其具体反应如下:

$$SiH_4 + H_2 + PH_3 \rightarrow n^+ \text{ a-Si: H} \tag{5.8}$$

在实际生产中,n^+ a-Si 成膜中一般添加 1% 左右的 PH_3 即可。

在 TFT 制备中还会经常用到氮化硅(SiN_x)作为栅绝缘层或保护层。采用 PECVD 沉积 SiN_x 薄膜的机理与 a-Si 类似,其涉及的化学反应如下:

$$SiH_4 + NH_3 + N_2 \rightarrow SiN_x \text{: H} \tag{5.9}$$

在实际生产中,除了上述 3 种反应气体外,也可再添加 H_2 而形成 4 种反应气体体系。一般来说,采用 PECVD 沉积的氮化硅薄膜在晶体结构上呈现非晶态。

此外,在 p-Si TFT 阵列的制备中还需要采用氧化硅(SiO_x)作为栅绝缘层、缓冲层或保护层。通常在实际生产中 SiO_x 薄膜沉积可以有两种方法。第一种方法与 SiN_x 的沉积类似,采用 SiH_4 作为主要原料气体反应成膜:

$$SiH_4 + N_2O \rightarrow SiO_x + N_2 + H_2 \tag{5.10}$$

式(5.10)反应中采用的 N_2O 气体俗称"笑气",吸入能使人麻醉,是一种氧化剂。另外一种沉积 SiO_x 的 PECVD 方法是采用 TEOS(tetraethyl orthosilicate)作为制备原料。其涉及的具体化学反应如下:

$$(C_2H_5O)_4Si + O_2 \rightarrow SiO_x + 4C_2H_5O \tag{5.11}$$

需要注意的是,TEOS 在室温下呈液态,一般在分解反应生成气体后再完成上式化学反应。采用 TEOS 为原料制备生成的 SiO_x 薄膜在膜质上一般要优于采用 SiH_4 沉积的薄膜,但在设备构造和工艺方法上比后者略微复杂。

图 5.11 是第 5 代平板显示制造用 PECVD 设备示意图。图示的设备主要用于沉积非晶硅 TFT 制备所需的 a-Si,n^+ a-Si 和 SiN_x 等薄膜。从图 5.11 中可以看到,该设备属于多腔室结构,与前面介绍的磁控溅射设备结构比较类似。相对比较特殊的地方在于 PECVD 的制备温度较高,所以通常会额外配备加热腔室(heating chamber)。此外,因为 PECVD 成膜所用的 SiH_4、PH_3 和 NH_3 等都是易燃、易爆、剧毒气体,所以必须在设备上装配相应的特气监控及除害装置。

多晶硅 TFT 制备用 PECVD 设备的结构大体上与图 5.11 所示结构类似,但因为 p-Si

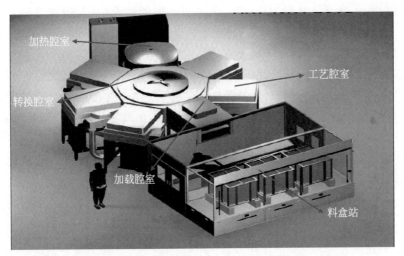

图 5.11 非晶硅 TFT 制程中所用的 PECVD 设备结构示意图(G5)

TFT 在 PECVD 成膜上有一些特殊要求,因此在设备构造的具体细节上会有所区别。首先,p-Si TFT 制备所需的非晶硅薄膜的品质要求更高,具体体现在氢含量低、膜厚均匀性好和薄膜缺陷率低等。为此,在沉积 p-Si TFT 所需 a-Si 薄膜时必须采用更高的成膜温度,一般要高于 350℃。更高温度的成膜必然对设备的搬送机构、冷却装置和检测设施等提出更高的要求。为了进一步降低非晶硅薄膜中的氢含量以防止后续激光退火时氢爆的发生,在 p-Si TFT 制备用 PECVD 设备中通常还配有成膜后的退火腔室。实际生产中成膜后退火温度接近 500℃,这对设备的构造也提出了更高的技术要求。如果采用 TEOS 制备 SiO_x 薄膜,在 PECVD 设备中也需添加对应的分解反应装置。

PECVD 成膜的主要工艺规格包括成膜速率、薄膜折射率、薄膜应力、薄膜电阻、薄膜内氢含量和薄膜刻蚀速率等。因为 PECVD 沉积的薄膜一般都是透明的,所以薄膜的厚度通常采用椭偏仪测量。需要说明的是,采用椭偏仪测量薄膜厚度的准确性与其建立的模型的有效性密切相关。薄膜内氢含量及其他价键结构可以采用傅里叶转换红外线光谱分析仪(FTIR)进行表征和测量。当然,PECVD 成膜质量(特别是有源层)合格与否最终需要测量 TFT 器件的 I-V、C-V 特性予以证明。在实际生产中一般也会根据 TFT 的器件原理及实际生产经验确定上述工艺规格指标,以确保所获得的 TFT 器件电学特性和生产合格率符合生产上的基本要求。

PECVD 成膜的主要工艺参数包括气体组成、气体流量、气体压力、电源功率和衬底温度等。一般来说,气体组成一经确定后便不会轻易改变。因此,在实际生产中比较经常调整的工艺参数包括气体流量、气体压力、电源功率和衬底温度等。为了使 PECVD 成膜的品质达到工艺规格指标的要求,必须通过实验确定 PECVD 工艺规格与工艺参数之间的对应关系,这是最终生产采用工艺参数的最重要依据。事实上,采用不同的设备和原材料都可能使工艺参数和工艺规格之间的对应关系发生一定程度的改变,所以工艺工程师必须根据所在产线的具体情况通过大量的实验予以确定。下面仅以 PECVD 工艺参数对 SiN_x 薄膜工艺规格的影响规律进行简单举例说明。

图 5.12 是在实际生产中通过实验得到的 PECVD 成膜温度对 SiN_x 薄膜工艺规格的影

响规律。从图 5.12 中可以发现,在其他工艺参数不变的情况下,沉积速率随着温度的升高会先升后降。温度上升,氮化硅薄膜的生长速率逐渐增加,但分子间的碰撞增强,沉积速率可能下降。这是因为沉积表面分子温度高,运动能力越强,高的迁移能力可以让氮化硅分子能力运动到基板的适合位置,从而使沉积速率下降。薄膜的折射率随着温度的升高呈缓慢上升的趋势,薄膜的致密度升高,材料越致密,折射率越高。这是因为沉积温度低时基板上的活性粒子具有很小的能量,形成的薄膜结构疏松,氢含量会比较多;温度上升,迁移能力增强,薄膜致密,但温度太高,氢析出严重,影响薄膜的性能。温度上升,氮化硅薄膜的密度增加,这是因为沉积表面分子温度高,运动能力越强,高的迁移能力可以让氮化硅分子能运动到基板的适合位置,从而使氮化硅薄膜的致密度上升。

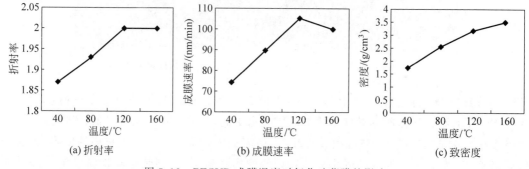

图 5.12　PECVD 成膜温度对氮化硅薄膜的影响

5.2　薄膜改性技术

本节所讲的薄膜改性技术是指利用准分子激光退火(Excimer Laser Annealing,ELA)和离子注入(ion implantation)等技术改变非晶硅(或多晶硅)薄膜结构和特性的技术。一般来说,通过 ELA 处理可以使非晶硅薄膜转化成多晶硅薄膜,采用离子注入技术则可以使本征多晶硅转变为 N 型(或 P 型)多晶硅薄膜。准分子激光退火和离子注入都是 p-Si TFT 制备中使用的工艺方法,也是决定多晶硅薄膜晶体管器件的电学特性和生产合格率的关键工艺技术。下面分别详细介绍这两种工艺技术的基本原理和相关实务知识。

5.2.1　激光结晶化退火

在多晶硅薄膜晶体管的制备中,有一道核心的单项工艺——结晶化退火(crystallization annealing),即将非晶硅薄膜通过退火转变为多晶硅薄膜。实际上,尽管也可以采取 PECVD 等方法直接沉积多晶硅薄膜,但一般获得的晶粒尺寸非常小(仅数十纳米左右),无法满足 TFT 器件有源层对多晶硅薄膜结构和特性上的要求。因此,当前生产上多晶硅薄膜的制备都采用先进行 PECVD 沉积非晶硅薄膜再通过结晶化退火的方法将其转化为多晶硅。比较常见的结晶化退火方法包括固相结晶(Solid Phase Crystallization,SPC)、金属诱导结晶(Metal Induced Crystallization,MIC)和准分子激光退火(Excimer Laser Annealing,ELA)。其中 SPC 方法就是采用退火炉加热进行结晶退火的传统方法,一般加热温度在600℃以上,退火时间也非常长,不适合在实际生产中使用。MIC 是指采用金属诱导成核的方法降低结晶温度,加工温度可低于550℃,退火时间也比SPC短得多,但存在金属污染的问题,目前还无法在大规模生产中使用。ELA是当前实际生产中采用的结晶化退火方法,具有加工温度低和时间短的技术优势,但在工艺均一性方面仍有待改善。ELA技术已经在G6及以下世代平板显示制造中得到了实际应用。

ELA能够将非晶硅薄膜转化成多晶硅薄膜的理论依据是热力学第二定律。如图5.13所示,非晶硅的吉布斯自由能要高于晶体硅,所以a-Si在热力学上有转化为p-Si的趋势。但是,非晶硅转化为多晶硅必须要越过能量势垒,即需要外界提供一定的能量才能完成转化。

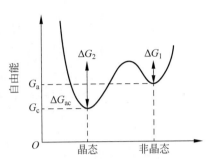

图5.13　晶体硅和非晶硅的
吉布斯自由能比较

从动力学上讲,非晶硅转化成多晶硅包括两个过程:形核和长大。能量起伏形成一些由几十或数百个原子组成的晶核,稍后其中一些晶核开始逐渐长大(另外一些晶核可能消失或被吞并),直到彼此间相碰为止。这些晶核的晶体取向是不同的,所以在彼此的边界便会形成结构复杂的过渡区,这便是晶界。因此,根据动力学原理可知,要想获得较大的多晶硅晶粒尺寸,一般要降低成核率。

采用准分子激光加热可以非常有效地给非晶硅薄膜提供能量,并使其转化为多晶硅薄膜。下面简单介绍激光的基本原理。原子由原子核与在周围绕转的电子构成,离原子越远的轨道能级越高。电子受到外来能量的激发时(如光子),从基态跳跃至较高能阶的轨道,此种状态称为受激态。电子并不能长久处于受激态,仅约百万分之一秒即回到原先之轨道,也就是回复基态,此时电子会放出原先吸收的能量,这就是自发放射。当电子正处于受激态,又有外来的光子撞击时,会诱导受激态的电子落至原先的轨道,放出与这个光子一模一样的光子(相同波长,相同方向,相位也相同),这就是受激放射(stimulated emission)。这两个相同的光子分别激发其他的受激态电子再放出光子,以此类推,继续进行连锁反应而制造出波长、相位均相同的光,这就是激光。

激光具有平行度高、单色性好、相干性好和能量密度高等特点。事实上,激光是大量光子集中在一个极小的空间范围内射出,能量密度自然极高。ELA正是利用激光的这一特点进行退火处理的。在实际生产中,通常采用Xe和HCl通过反应产生波长为308nm的准分子激光,涉及的具体反应如下:

$$Xe \rightarrow Xe^+ + e^- \tag{5.12}$$

$$HCl \rightarrow H^+ + Cl^- \tag{5.13}$$

$$Xe^+ + H^+ + Cl^- \rightarrow XeCl^* + H^+ \tag{5.14}$$

$$XeCl^* + H^+ + e^- \rightarrow Xe + HCl + h\nu \tag{5.15}$$

式(5.14)和式(5.15)中的$XeCl^*$表示活性基分子。在ELA生产中之所以选用上述波长的准分子激光,是因为它能被非晶硅薄膜高效率地吸收;该波长的准分子激光对非晶硅薄膜的吸收深度较小(~20nm),这样在退火时下面的玻璃基板不容易受到损害。

图5.14是ELA工艺实施过程的示意图。一般来说,激光束的长度约为基板长度的一半,所以往往需要两次扫描才能完成一片基板的激光退火处理。在扫描的过程中,通常激光光源固定不动,而基板以一定速率移动。扫描速率的设定至关重要,因为它与多晶硅薄膜的

均匀性密切相关。

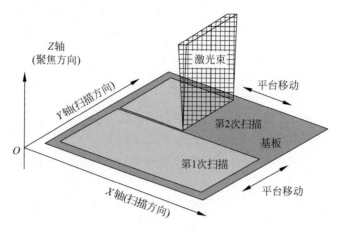

图 5.14　ELA 工艺实施过程示意图

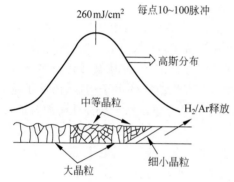

图 5.15　ELA 工艺中激光光束能量密度的
分布示意图

图 5.15 是 ELA 工艺中激光光束能量密度的分布示意图。我们注意到,激光束的能量在宽度范围内并非均匀分布的,而是符合高斯分布的规律。激光束的持续时间极短,因此激光源需要持续不断地发出激光束(shot)以完成退火处理。因为在激光退火的过程中,玻璃基板是移动的,所以如果激光束的发射频率过低或基板移动速度过快,都可能导致非晶硅薄膜受到激光照射的不均匀,进而导致 p-Si 晶粒大小的不均匀和对应 TFT 器件特性的不均匀。下面举例说明如何确定激光的发射频率和基板的移动速率。

　　假设现有 G4.5(730mm×920mm)的 ELA 机台,其激光束的尺寸为 450mm×0.35mm,如图 5.16 所示。为了确保基板受激光照射的均匀性,必须使相邻 shot 之间的重合率为 95%。由此可以计算出,在基板移动一个激光束宽度的时间内光源共发射 20shot,相邻 shot 的空间间隔为 0.0175mm。假设激光光源的发射频率为 500Hz,则可很容易计算出基板的移动速率为 0.0175mm×500Hz=8.75mm/s。由此可以估算出扫描完一片基板的时间为 200s 左右。当然,为了提高工艺均匀性,可以使基板扫描速率低于 8.75mm/s,但这样势必会降低生产效率。

　　在准分子激光退火中,激光束的能量密度将显著影响多晶硅的结晶情况。实验发现,只有采用适中的激光束能量密度才能获得最大的多晶硅晶粒。如图 5.17 所示,对于多晶硅薄膜的晶粒大小而言,只有采用最佳的 ELA 能量密度(100%)才能获得最理想的大晶粒;降低 ELA 能量密度(90%)或提高 ELA 能量密度(105%)都将显著减小多晶硅的晶粒尺寸。与之相对应,p-Si TFT 的特性也与 ELA 的能量密度密切相关。当采用最佳 ELA 能量密度(100%)时,p-Si TFT 将表现出最大场效应迁移率($204cm^2/(V \cdot s)$)和最小的 S 值(0.20V/dec)。降低 ELA 能量密度(90%)或提高 ELA 能量密度(105%)都将显著恶化 p-Si TFT 的操作特性。

　　为什么 ELA 工艺会呈现出如图 5.17 所示的规律? 事实上,这与多晶硅在不同 ELA 能

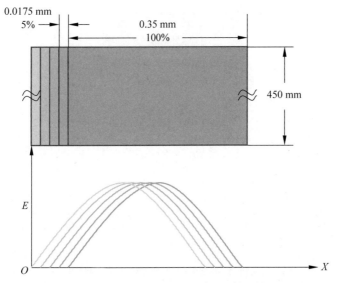

图 5.16　ELA 激光束多 shot 示意图

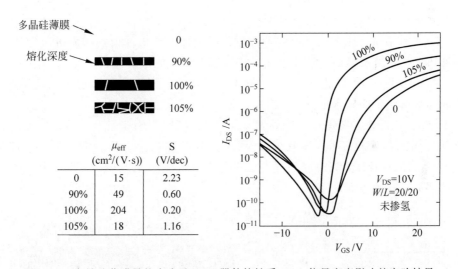

图 5.17　多晶硅薄膜晶粒大小及 TFT 器件特性受 ELA 能量密度影响的实验结果

量密度下采取的不同形核和长大物理机制有关系。硅的熔点为 1685℃，当 ELA 的能量密度较低时，只有部分 a-Si 融化。如图 5.18 所示，当 ELA 能量密度较低时，形核发生在 a-Si 和液体硅的界面处，形核率较高。随着温度进一步降低，晶核长大的过程中在横向碰到后将主要沿纵向生长，最终形成晶粒较小的柱状晶。在中等的 ELA 能量密度的情况下，如图 5.18 所示，非晶硅基本融化完毕，只残留非常少的残余恰好作为晶核，所以成核率极低。当温度进一步下降时，这些晶核将开始生长；在迅速到达薄膜顶端后，晶粒将主要沿横向生长并最终获得非常大的多晶硅晶粒。当 ELA 能量密度很高时，如图 5.18 所示，非晶硅将完全融化；因此在这种情况下会随机产生大量的晶核。当温度进一步下降时，这些晶核都开始随机生长，最后获得很小晶粒的多晶硅薄膜。

　　5.1.2 节中提到过，要想获得较好的多晶硅薄膜，首先必须获得比较理想的非晶硅薄

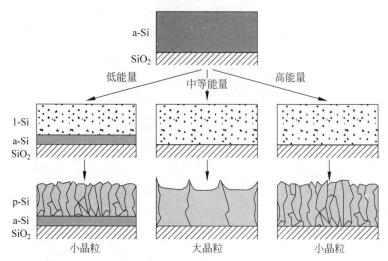

图 5.18 准分子激光退火能量密度对结晶状况的影响示意图

膜。为此,一方面需要改善 a-Si 成膜设备和工艺能力,另一方面在 ELA 工艺实施前必须对非晶硅薄膜进行预处理。这主要涉及两种处理方法。

(1) ELA 前清洗。主要为了去除非晶硅薄膜表面的有机污染物和无机灰尘,同时在薄膜表面形成氧化物薄层,以利于 ELA 工艺中薄膜对激光能量的吸收。

(2) 去氢处理。为了防止在 ELA 中发生氢爆现象,必须在 ELA 前采用高温加热的方法减少非晶硅薄膜中的氢含量。

在 ELA 完成后也需要进行一些处理。如图 5.19 所示,p-Si 晶界是晶粒相碰获得的,因为液态硅与固态硅密度不同,导致 p-Si 晶界会有凸起发生。在实际生产中,通常采用 $K_2Cr_2O_7$ 和 HF 的混合溶液对多晶硅表面进行处理以去除图 5.19 中所示的凸起,从而获得平整的多晶硅薄膜表面。

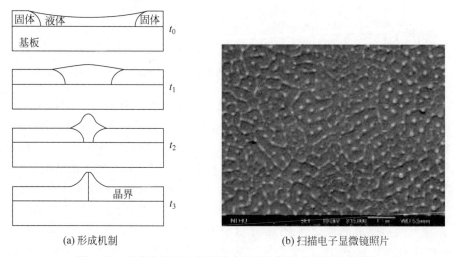

(a) 形成机制　　　　　　　　　(b) 扫描电子显微镜照片

图 5.19 多晶硅晶界凸起的形成机制和扫描电子显微镜照片

图 5.20 为实际生产中采用的 ELA 设备结构示意图。从图 5.20 中可以看到,准分子激

光退火的设备一般包括以下 4 部分。

（1）准分子激光源：使非晶硅结晶并形成多晶硅的能量来源。

（2）光学系统：通过光学元件将激光光源初始光束处理成退火所需要的线光源。

（3）退火腔室即传送系统：完成玻璃基板传送及准分子激光退火。

（4）其他：电力、冷却水及控制系统等。

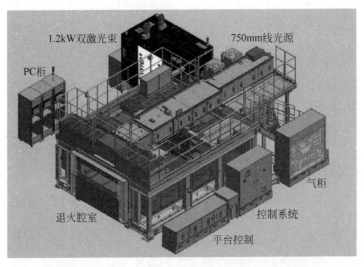

图 5.20 G5.5/6 准分子激光退火设备结构示意图

ELA 工艺规格包括晶粒大小和均一性、膜透过率和反射率、膜应力、膜电阻率及 TFT 器件特性等。其中晶粒大小主要采用扫描电子显微镜进行观察和表征。ELA 工艺形成的多晶硅薄膜作为 TFT 的有源层将显著影响器件的操作特性和稳定特性。因此，ELA 工艺是否合乎规格最终还需通过 TFT 器件的特性测量予以确定。

ELA 的工艺参数主要包括激光波长、激光束能量密度、激光束发射频率、基板温度和基板扫描速度等，其中激光束能量密度最为关键。不同机台、不同膜厚和不同设备状态都会导致最佳的能量密度（Optimized Energy Density，OED）发生变化。因此，在实际生产中必须对 OED 进行动态监控和管理，才能获得理想的 ELA 工艺结果。图 5.21 是 p-Si TFT 的阈

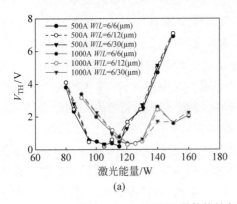

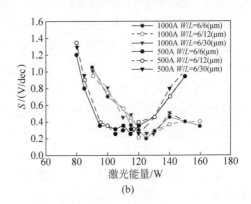

图 5.21 p-Si TFT 器件特性与 ELA 能量密度之间关系的实验结果

值电压和亚阈值摆幅与激光退火功率密度之间关系的实验结果。我们注意到,通过 V_{TH} 和 S 值确定的 OED 基本上是一致的。此外,OED 值与 TFT 的沟道宽长比基本无关,但与非晶硅薄膜的厚度密切相关。如图 5.21 所示,50nm 非晶硅薄膜的 OED 明显小于 100nm 的薄膜样品。

5.2.2 离子注入

在 p-Si TFT 的制备中需要对沟道和源/漏等处进行掺杂。常见的掺杂工艺方法包括热扩散(thermal diffusion)和离子注入两种。如图 5.22(a)所示,热扩散技术实际上是采用高温加热(>900℃)的方法将掺杂原子扩散进入拟掺杂的材料中,所以这种掺杂方法只能采用 SiO_2 等耐高温材料作为掩膜,而且它是一种典型的各向同性掺杂方式。根据上述这些特点,显然热扩散并不适合用在 p-Si TFT 的制备中。与之相反,离子注入则是一种低温的掺杂技术。如图 5.22(b)所示,离子注入可以采用光刻胶作为掩膜进行掺杂,而且它是一种典型的各向异性掺杂方式。此外,离子注入技术还可以单独控制杂质浓度和结深度,这种能力也是热扩散所不具备的。实际上,离子注入技术在 p-Si TFT 的制备中得到了广泛的应用,下面介绍离子注入工艺方法的基本原理。

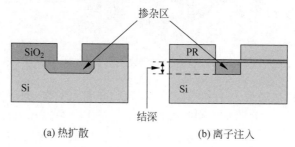

掺杂区

| SiO₂ | | PR | |
| Si | | 结深 | Si |

(a)热扩散　　　　(b)离子注入

图 5.22　热扩散和离子注入技术比较示意图

离子注入的基本原理实际上并不复杂。如图 5.23 所示,离子注入就是将拟掺杂的离子(如磷离子、硼离子等)在强电场的加速下射入没有被掩膜保护的薄膜表面,从而在薄膜内形成一定的离子浓度分布。实验证明,离子注入后杂质浓度分布最高的位置一般在薄膜表面下面一定距离的位置处,这段距离通常称为离子注入的射程,用 R_p 来表示。以射程为中心,杂质浓度会主要在一定范围内分布。通常定义射程分布 ΔR_p(杂质浓度为峰值 67% 的两点位置之间的距离)来描述这种分布。R_p 和 ΔR_p 这两个技术参数取决于杂质的种类和入射离子的能量。如图 5.24 所示,不同的杂质原子的射程和射程分布都是不同的。一般而言,离子注入的 R_p 和 ΔR_p 随着原子序数的增加而减小。换句话说,较轻的离子将会注入更深,同时分布更广。如果杂质原子的种类已经确定,离子注入的射程和射程分布则主要取决于注入离子的能量。通常随着注入离子能量的增加,离子注入的 R_p 和 ΔR_p 会相应增加,当然相应的具体对应关系必须通过实验予以确定。在实际生产中,通常会针对常见的杂质离子在不同注入能量的条件下的射程和射程分布进行实际测量,并制作出相应工作表格以备查阅。表 5.2 为单晶硅材料中离子注入能量与射程和射程分布的数据对照表。从表 5.2 中可以看出,离子注入的 R_p 和 ΔR_p 确实随着注入离子能量的增加而增加,但是并不呈现线性关系。多晶硅薄膜的基本规律与单晶硅材料应该类似,但具体数值会有所不同。

此外,不同的离子注入设备甚至同一台设备在不同的服役阶段也可能对表 5.2 中数据的具体数值产生影响。因此,工艺工程师必须随时对机台的状态进行监控并及时更新工作表格以确保精准地对多晶硅薄膜完成离子注入。此外,离子注入剂量的计算也有赖于准确的 R_P 和 ΔR_P 数据值,因此建立并及时完善表 5.2 所示的工作表格具有非常重要的意义。

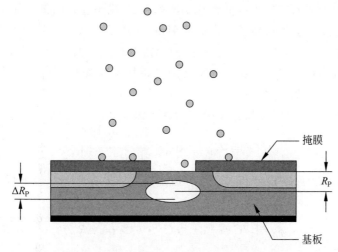

图 5.23 离子注入基本原理示意图

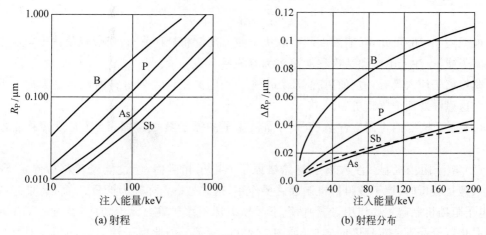

(a) 射程

(b) 射程分布

图 5.24 离子注入的射程和射程分布与离子注入能量之间的关系

表 5.2 单晶硅离子注入能量与工艺规格对照表(长度单位为埃)

离子种类	规格	离子注入能量/keV								
		20	40	60	80	100	120	140	160	180
B	R_P	714	1413	2074	2659	3275	3802	4284	4745	5177
	ΔR_P	276	443	562	653	726	713	855	910	959
P	R_P	255	488	729	976	1228	1483	1740	1996	2256
	ΔR_P	90	161	226	293	350	405	459	509	557
AS	R_P	151	263	368	471	574	677	781	855	991
	ΔR_P	34	59	81	102	122	143	161	180	198

在离子注入中,除了要通过控制注入离子的能量而获得所需的射程和射程分布,还需要严格控制注入剂量(Dose,Φ),即注入的总的离子数目。在实际生产中,注入剂量一般通过控制离子注入电流和时间来获得理想的注入剂量。考虑到在 p-Si TFT 制备中所用的离子注入设备一般采用基板移动扫描的方式进行,所以注入时间的控制往往转化为基板移动速率的设定。如果离子注入的电流和基板移动速率确定,离子注入的剂量便可确定。此外,也可以直接在离子注入设备中设定注入电流和剂量,由离子注入设备控制系统自动计算出合适的基板移动速率。当然,离子注入的剂量与电流/基板速率的对应关系必须事先通过实验测试予以确定。因为这一对应关系会因不同的设备甚至设备的不同服役期而有所变化,所以需要进行动态监控和及时修正。

从理论上讲,离子注入的杂质浓度分布与注入深度坐标 x 之间符合高斯分布,即

$$C(x) = C_{\mathrm{P}} \cdot \exp\left[\frac{-(x-R_{\mathrm{P}})^2}{2(\Delta R_{\mathrm{P}})^2}\right] \tag{5.16}$$

式中,R_{P} 为射程,ΔR_{P} 为射程分布,C_{P} 为峰值浓度。如果对式(5.16)进行积分便可获得离子注入剂量如下:

$$\phi = \int_0^\infty C(x)\,\mathrm{d}x \approx C_{\mathrm{P}} \cdot (\sqrt{2\pi} \cdot \Delta R_{\mathrm{P}}) \tag{5.17}$$

如果式(5.17)中注入剂量 Φ 是已知的,则可推导出峰值浓度 C_{P} 如下:

$$C_{\mathrm{P}} = \frac{\phi}{\sqrt{2\pi} \cdot \Delta R_{\mathrm{P}}} \approx \frac{0.4\phi}{\Delta R_{\mathrm{P}}} \tag{5.18}$$

根据式(5.18)可知,峰值浓度同时取决于注入剂量和射程分布,所以峰值浓度与离子注入时离子能量、注入电流和基板移动速率都有关系。

既然离子注入具有一定的射程,那么高速运动的离子进入到材料内部后是如何停下来的呢?这里涉及两个物理机制。

(1)原子核阻挡机制。注入离子与晶格原子的原子核相碰撞,经过能量转移后停止下来。

(2)电子阻挡机制。注入离子与晶格原子的电子相碰撞,经过能量转移后停止下来。当注入能量较低时,原子核阻挡机制起主要作用,这时晶格破坏较为严重;当注入能量较高时,电子阻挡机制起主要作用,这种情况下晶格破坏不太严重。无论如何,经过离子注入的材料晶格都会受到一定程度的破坏,如图 5.25(a)所示。因此离子注入后必须要对材料进行退火处理。如图 5.25(b)所示,经过退火后的材料晶格排列得到了很好的恢复。

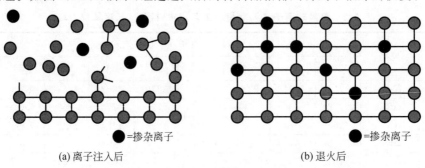

(a)离子注入后　　　　　　　　　　　　　(b)退火后

图 5.25　材料的晶格状态示意图

　　杂质原子在离子注入后的退火处理中也势必会发生扩散而重新分布。因此,离子注入工艺最终的杂质分布将同时取决于离子注入的工艺条件和后续退火的工艺条件。实验证明,退火处理后的杂质原子分布仍然符合高斯分布,但是相关参数则受到退火条件的影响,具体表达式如下:

$$C(x,t) = \frac{\phi}{\sqrt{2\pi(\Delta R_P^2 + 2Dt)}} \exp\left[\frac{-(x-R_P)^2}{2(\Delta R_P^2 + 2Dt)}\right] \quad (5.19)$$

式中,D 和 t 分别是退火扩散系数和退火时间。

　　在 p-Si TFT 制备中可能用到的离子注入工艺如表 5.3 所示。其中前三项针对 N 型 TFT 器件,最后一项针对 P 型 TFT 器件。在实际生产中,离子注入后获得的杂质浓度分布和剂量显著影响 p-Si TFT 的特性指标。以表 5.3 中的第 1 项离子注入工艺为例,p-Si 在没有掺杂时一般为弱 N 型。在制备 N 型 TFT 时通常要对沟道进行掺杂使其转变为弱 P 型。这样做一方面可以显著地减小 TFT 的漏电流,另一方面也可以由此获得理想的阈值电压值。另外,根据第 4 章所讲的内容,LDD 结构对减小 N 型 p-Si TFT 的漏电流很有帮助,因此 LDD 区域的掺杂浓度势必对这一效果产生显著的影响。

表 5.3　p-Si TFT 制备中的离子注入工艺一览表

	工　艺	注 入 离 子	剂量/(ions/cm²)
1	沟道层阈值电压控制	B	1×10^{12}
2	LDD	P	1×10^{13}
3	n⁺ S/D	P	1×10^{15}
4	p⁺ S/D	B	1×10^{15}

　　TFT 制备用的离子注入机台体积庞大而且价格昂贵,其基本原理如图 5.26 所示。PH_3、AsH_3 和 BF_3 等气体在强电磁场的作用下形成离子。这些带正电的离子被负电势电极吸附过去并经过类似回旋加速器的装置进行分析,不需要的离子被过滤掉,只有需要的离子会被选择出来并在强电场的加速后注入基板中。离子注入后因为基板带较强的正电,一般还需通过喷洒低能量电子的方式进行中和处理。为了减小设备体积并降低成本,在注入

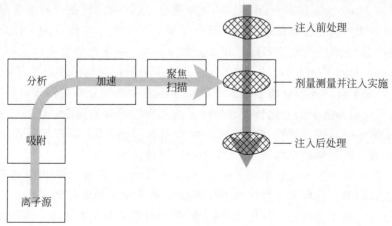

图 5.26　离子注入机台原理示意图

质量要求不高的情况下可采取离子云式注入设备,即不具备离子分析功能的离子注入机。随着基板尺寸的增加,离子注入难度越来越大,因此当前离子云式机台已越来越少被采用。

图 5.27 为 p-Si TFT 实际生产中采用的离子注入机台的结构示意图,该设备适用于 G5 平板显示用多晶硅薄膜晶体管阵列的生产制造。因为生产中会使用 PH_3、AsH_3 和 BF_3 等特殊气体,所以必须配套采用相应的监控和除害处理系统。如图 5.27 所示,基板从加载(loadlock)腔室经转换(transfer)腔室而进入工艺(process)腔室并进行离子注入加工。离子注入工艺所需的离子由离子源(ion source)经过分析磁场(analyzing magnet)后引入工艺腔室。在工艺腔室中还具有精密的机械传动装置以实现阵列基板的往复扫描。

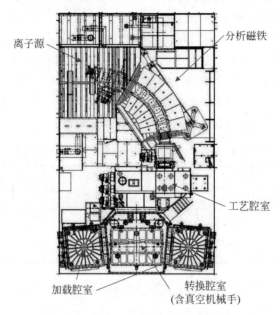

图 5.27 G5 离子注入机台结构示意图

在实际生产中,离子注入的主要工艺规格包括射程、射程分布、载流子浓度、膜应力、膜电阻和 TFT 器件特性等。离子注入后的杂质浓度分布一般采用二次离子质谱仪(Secondary Ion Mass Spectrometry,SIMS)进行测量,这种测试设备价格非常昂贵,所以一般仅在生产线启动初期会经常使用到。一旦已经建立了如表 5.2 所示的工作表格后,后续仅会定期采用 SIMS 测量来监控和修订相关参数。此外,在生产中也可以采用工艺计算机辅助模拟(Technology Computer Aided Design,TCAD)软件对离子注入的实际效果进行仿真和计算,相关结果对深入理解离子注入机理和进行实际杂质分布控制都有较大帮助。此外,掺杂后薄膜应力和电子的变化情况也是离子注入相关的重要规格,也必须根据经验设定合理的规格指标加以管控。因为离子注入的结果显著影响 TFT 器件的特性,所以离子注入工艺是否达到工艺规格最终由 p-Si TFT 的电学特性决定。

离子注入的主要工艺参数包括离子种类、离子注入功率、电流和时间、基板移动速率、退火温度和退火时间等。这些工艺参数的改变都会对离子注入的实际效果产生一定影响,具体规律必须通过实验予以确定。从原理上讲,射程和射程分布主要取决于离子注入功率,而掺杂的剂量则主要取决于注入电流、注入时间和基板移动速率。当然,退火温度和退火时间对杂质分布规律也会产生一定影响。图 5.28 为离子注入后和在 450℃ 退火后杂质原子在多晶硅中浓度分布的实验结果。我们注意到,P 原子浓度受退火的影响不大,但 H 原子的分布明显受到退火处理的影响。退火使氢原子峰值浓度显著降低且其分布规律也有所改变。当然不同的离子注入和退火工艺条件下可能获得与图 5.28 不同的实验结果,具体规律必须通过具体的实验才能最终确定。

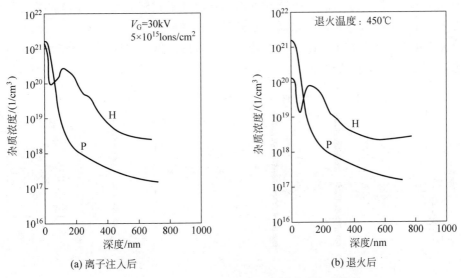

(a) 离子注入后　　　　　　　(b) 退火后

图 5.28　离子注入后和退火后的杂质分布实验结果

5.3　光刻工艺

与集成电路的情况相类似,TFT 阵列也采用光刻工艺与刻蚀工艺相搭配完成图形化。光刻工艺的基本目的是在拟图形化(或掺杂)的薄膜上形成光刻胶图案,如图 5.29 所示,后续刻蚀(或离子注入)工艺以此光刻胶图案为掩蔽进行薄膜的图形化(或掺杂)。为达到上述目的,光刻工艺需要先后进行基板清洗、光刻胶的涂覆、曝光和显影等许多工艺步骤。光刻工艺是 TFT 所有单项工艺中最烦琐的,也是最特殊的。因为光刻胶在白光下会发生特性改变,所以光刻设备通常都放在单独管理的黄光区域。下面分别介绍曝光和光刻胶涂覆/显影工艺的基本原理和相关实务。

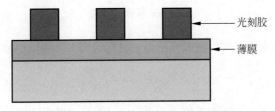

　　　　　　　　　　　　　　　　　　　　　　光刻胶

　　　　　　　　　　　　　　　　　　　　　　薄膜

图 5.29　光刻工艺的基本目标示意图

5.3.1　曝光工艺

对曝光工艺影响最大的物理现象便是光的衍射。当障碍物的尺寸与光的波长相仿时,光可以绕过障碍物传播的现象称为光的衍射。图 5.30(a)是近场衍射示意图,像平面边缘光强迅速增加,在中心区域光强发生起伏。近场衍射时光强具体的分布特点取决于以下两个因素:①障碍物尺寸与波长之间的关系;②障碍物与像平面之间的距离。如果障碍物与像平面之间的距离较大,通常会在两者之间加入透镜聚焦光束,这种衍射称为远场衍射,如图 5.30(b)所示。根据近场衍射的原理可以设计出接近式曝光系统,即掩膜版与基板之间距离为 10 μm 左右的曝光系统。接近式曝光系统的特征尺寸一般要大于 2 μm,目前在实际生产中极少采用。当前在 IC 和 TFT 制造中广泛采用的投影式曝光系统都是基于远场衍射的架构,下面详细介绍相关原理。

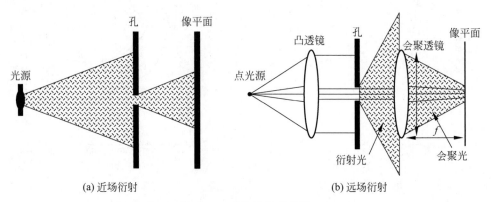

(a) 近场衍射   (b) 远场衍射

图 5.30 光的衍射示意图

远场衍射的光强分布如图 5.31 所示。图 5.31 中主峰的半径为 $0.61\lambda f/d$,其中 λ 是光的波长,f 是透镜焦距,d 是衍射孔直径。

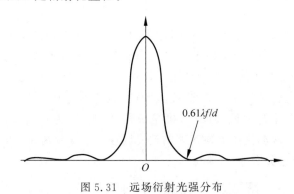

图 5.31 远场衍射光强分布

根据远场衍射的基本原理可以很容易推导出投影式曝光系统的分辨率(resolution)为

$$R = \frac{0.61\lambda}{NA} = k_1 \frac{\lambda}{NA} \tag{5.20}$$

式中,NA 为数值孔径,k_1 为分辨率相关系数。同理,也可以推导出投影式曝光系统的景深(Depth of Focus,DOF)为

$$DOF = \pm k_2 \frac{\lambda}{(NA)^2} \tag{5.21}$$

式中,k_2 为与景深相关的系数。针对曝光机系统,一般希望分辨率越小越好,而景深越大越

好。比较式(5.20)和式(5.21)可以发现,分辨率和景深两个指标是相互矛盾的,在设计曝光系统时必须做好二者间的平衡。

图 5.32 为投影式曝光系统实际光强分布示意图。图 5.32 中的掩膜版(mask)一般是在石英玻璃基板上附有铬膜图案。因为铬金属是不透光的,所以有铬膜存在的地方是完全不透光的,没有铬膜存在的地方则是 100% 透光的。掩膜版的光强分布状况在图 5.32 的左下角给出。然而,因为光的衍射现象的存在,光透过掩膜版的分布则与此会有较大不同。如图 5.32 右下角所示,光源发出的光经过掩膜版衍射再经过透镜系统汇聚后照在光刻胶上,与存在铬膜的地方相对应的光强透过率小于 100%(用 I_{MAX} 表示),而与不存在铬膜的地方相对应的光强的透过率则大于 0(用 I_{MIN} 表示)。在此,可以定义一个 MTF(Modulation Transfer Function)函数来表示这一分布特点:

$$MTF = \frac{I_{MAX} - I_{MIN}}{I_{MAX} + I_{MIN}} \tag{5.22}$$

当不存在衍射的影响时,$I_{MAX} = 1$,$I_{MIN} = 0$,所以 MTF = 1;当衍射现象极其严重时,$I_{MAX} \approx I_{MIN}$,此时 MTF = 0。一般情况下,MTF 是介于 0 和 1 之间的数值,通常希望其越大越好。需要说明的是,随着特征尺寸的减小,曝光系统的 MTF 值也相应减小。

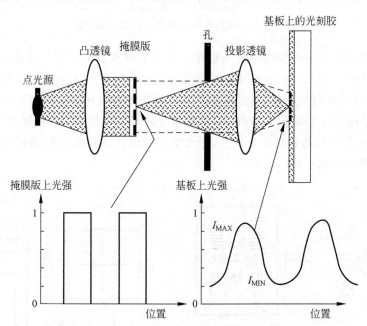

图 5.32　投影式曝光系统实际光强分布示意图(图片摘自参考文献[10])

此外,曝光工艺中的对准度也非常重要,这一点对于 TFT 阵列基板的制造尤其重要。由于 TFT 产品的生产需要使用多个掩膜版,因此对于曝光工艺来说,不仅要使每一张掩膜版的图形精确地复制在相应膜层上,而且必须根据设计要求以保证不同掩膜版在相应膜层上形成图形之间的重合精度。例如,根据 TFT 器件原理的要求,沟道处有源层中的载流子浓度必须受到栅电极电压的调控;因此,在器件结构上必须确保沟道制作在栅电极覆盖的范围内,这无疑需要光刻工艺的对准功能予以实现。此外,当基板尺寸变大后,通常需要使用同一张掩膜版进行多次扫描才能完成对一张基板的曝光(对掩膜版的一次扫描称为一个

shot),如图 5.33 所示。这时,需要对基板上不同 shot 之间的接缝精度(称为配列精度)进行管理,一般在第一个膜层曝光时实施。

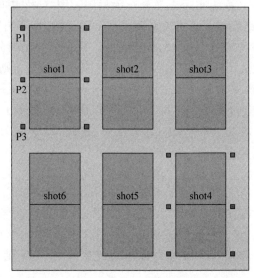

图 5.33 TFT 制备中的多 shot 曝光示意图

在 TFT 曝光工艺中涉及两个对准动作。第一个对准是掩膜版与掩膜版放置台(mask stage)之间的对准;第二个对准是基板与掩膜版之间的对准。上述两个对准又分别可再分为预对准和精确对准两个动作,所以在曝光工艺中实际上包含 4 个对准动作。为了确保这 4 个对准动作的精度,在曝光工艺中必须配有相应的对位标记(mark),如图 5.34 所示。这些 mark 会排布在阵列基板的多个位置,曝光中一般由计算机系统自动调整掩膜版或基板的位置,以实现对位效果的综合最优。

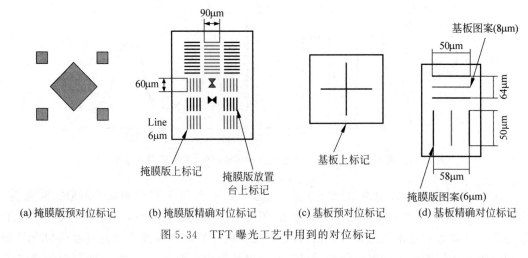

(a) 掩膜版预对位标记   (b) 掩膜版精确对位标记   (c) 基板预对位标记   (d) 基板精确对位标记

图 5.34 TFT 曝光工艺中用到的对位标记

通过这些在基板上多处分布的对位标记,一般可以实现曝光工艺的对位精度要求。在特殊情况下,还可以通过对一些与曝光相关的测试图案的量测结果对对位相关参数进行手工调整,以达到更理想的对位效果。

　　图 5.35 为第 4.5 代 TFT 制造用曝光机台的结构示意图。其中曝光用紫外光分别为 i 线、h 线、g 线，对应波长为 365nm、405nm、436nm。曝光用光由导光系统以圆弧光形式导出，导光系统中的 FlyEye 透镜保证了曝光用光光照度在圆弧状狭缝面内的均一性。光路中还有一些用于曝光时精度调整的部件，如调节横方向倍率的横倍率补正玻璃、调节圆弧光形状的弓形补正装置和用于非线性重合精度补正的非线性补正玻璃等。在实际曝光中，紫外光固定不动，基板和掩膜版进行同步扫描以完成 1shot 的曝光；接着掩膜版复位再进行下一个 shot 的曝光；依次类推并最终完成整个阵列基板的曝光。在曝光过程中的对位的完成一般均由计算机系统进行精度检测并自动进行补正处理（Auto Distortion Control，ADC）以达到对位精度的要求。

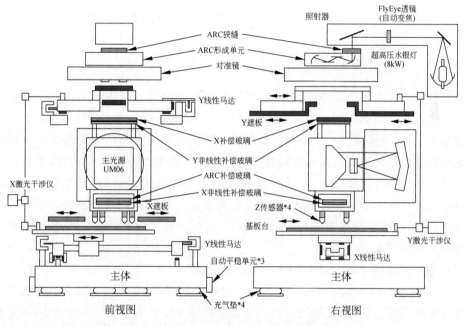

图 5.35　TFT 制造用曝光机台的结构示意图（G4.5）

　　曝光的工艺规格主要包括分辨率、位置精度和灰尘数量等。主要工艺参数则包括曝光波长、曝光扫描速度、聚焦情况和补正值等。曝光机台对灰尘的控制非常严格，特别是掩膜版绝对不能被灰尘污染。因为一旦发生因灰尘而导致的不良将影响到经过该机台的所有基板，且不良的外在表现完全相同，这种不良称为共通缺陷。曝光工艺工程师还应摸索并掌握曝光工艺参数与工艺规格之间的对应关系，以利于后续能有效地调整工艺参数而改善实际曝光效果。这一般需要大量的实验数据积累。图 5.36 为通过实验测得的 TFT 曝光工艺中基板移动速率与光刻胶显影后的线幅之间的关系。我们注意到，光刻胶的线幅与基板的扫描速度基本呈线性关系，即随着基板扫描速率的增加光刻胶的线幅相应增加。上述结果是合理的，因为随着基板扫描速率的增加，光刻胶被紫外线照射的累积时间缩短，必然导致显影后的线幅有所增加。当然，选用不同的光刻胶材料对图 5.36 所示结果会有所改变，但基本规律应该是保持不变的。

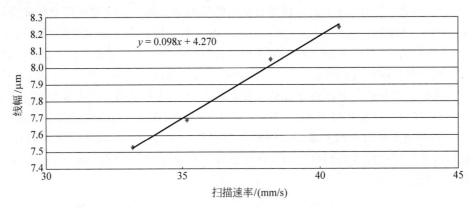

$$y = 0.098x + 4.270$$

图 5.36　TFT曝光工艺中基板扫描速率与线幅宽度之间的关系

5.3.2　光刻胶涂覆与显影工艺

　　除了5.3.1节讲到的光的衍射现象,另一个会对光刻工艺产生显著影响的因素便是光刻胶材料的性质。光刻胶材料一般由树脂、感光剂、溶剂和添加剂四种成分组成。其中树脂是惰性的聚合物(包括碳、氢、氧的有机高分子)基质,实际上它是把光刻胶中的不同材料聚在一起的黏合剂。树脂主要决定光刻胶的机械和化学性质(黏附性、柔顺性、热稳定性)等。感光剂是光刻胶内的光敏成分,对光形式的辐射能(特别是紫外区)会发生光化学反应。溶剂的主要功能是使光刻胶保持液体状态,它对光刻胶的化学性质几乎没有影响。添加剂则是专有化学品,用来控制和改变光刻胶材料的特定化学性质或光响应特性,包括控制光刻胶反射率的染色剂等。

　　如果从应用特性上划分,光刻胶可以分为正胶(positive photoresist)和负胶(negative photoresist)两种。如图5.37所示,光刻胶经过曝光处理后,有些地方因为有掩膜版的遮蔽而没有被紫外线照射到,而其他地方则直接被紫外线充分照射。后续经过显影后,有些地方的光刻胶便会被去掉,剩余部分则可保留。对于正胶而言,被紫外线照射的部分会因其化学性质发生变化而被显影液去除掉;而负胶则正好相反,被紫外线照射的部分因化学性质变化而保留下来。如图5.38所示,正胶和负胶的工作特性曲线也会有所区别。所谓光刻胶的

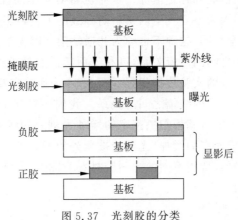

图 5.37　光刻胶的分类

工作特性曲线是指横坐标是曝光剂量,而纵坐标是光刻胶显影后残留厚度比例的实验曲线。对于正胶而言,当曝光剂量小于 Q_0 时光刻胶会 100% 残留;当曝光剂量大于 Q_f 时光刻胶则没有任何残留;当曝光剂量介于 Q_0 和 Q_f 之间时光刻胶按比例残留。对于负胶而言,当曝光剂量小于 Q_0 时光刻胶没有任何残留;当曝光剂量大于 Q_f 时光刻胶 100% 残留;当曝光剂量介于 Q_0 和 Q_f 之间时光刻胶则按比例残留。显然,不同的光刻胶材料具有不同的工作特性曲线。根据光刻胶的工作特性曲线,我们可以定义光刻胶的分辨率如下:

$$\gamma = \frac{1}{\lg \dfrac{Q_f}{Q_0}} \tag{5.23}$$

为了获得好的光刻胶形状,通常希望光刻胶的 γ 值越大越好。一般而言,正胶的分辨率会大于负胶,所以在 TFT 的实际生产中几乎都采用正胶。

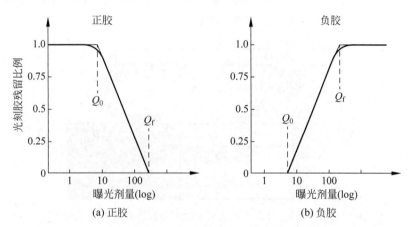

图 5.38　正胶和负胶的工作特性曲线

与描述曝光系统的 MTF 函数相类似,还可以定义描述光刻胶的 CMTF(Critical Modulation Transfer Function)函数:

$$\text{CMTF} = \frac{Q_f - Q_0}{Q_f + Q_0} \tag{5.24}$$

一般来说,在实际生产中必须保证 CMTF 函数值小于 MTF 函数值,否则无法正常完成曝光工艺。事实上,要想获得理想的光刻胶图案,必须同时考虑曝光机的光强分布和光刻胶的基本特性。光刻胶的边缘倾角对后续刻蚀工艺影响较大,一般希望其越陡越好。在实际生产中,理想倾角的获得有赖于曝光机光强分布和光刻胶材料特性的合理搭配设计。

在正确选择光刻胶材料后,还需要合适的光刻胶涂覆和显影工艺,以确保获得理想的光刻胶图案。光刻胶涂覆与显影设备是 TFT 制备中功能最复杂的一种设备,它一般由洗净、涂覆和显影三大部分构成。洗净工艺的主要目的是在光刻胶涂覆前去除基板上的有机污染和无机灰尘,以确保光刻胶与基板之间的黏合特性,并尽量减少光刻胶图/显影工艺中因灰尘而引发的制造不良。洗净设备和工艺的相关原理将在 5.5.1 节中单独详细介绍,所以在本节只讲解涂覆和显影这两部分的设备和工艺原理。

光刻胶涂覆工艺的主要目的是在带膜的基板上均匀地涂覆一层光刻胶薄膜(1～2μm

厚)以便为后续的曝光工艺做好准备。基板经过清洗并经风刀(Air Knife,A/K)干燥后,表面仍附有水分存在,为防止光刻胶涂覆前水分附着带来的不利影响(如降低光刻胶与基板的黏合特性等),先进行除水干燥处理。经过加热干燥后的基板,根据表面膜层的要求有选择地进行 HMDS 涂覆,以增加光刻胶与基板的密着性。在 TFT 的制备中,通常在进行氧化硅薄膜的图形化加工时,需要在其表面涂覆 HMDS,其他薄膜较少进行此类处理。需要说明的是,HMDS 具有一定毒性,因此通常需要在专门设备中进行涂覆操作。接着便进行光刻胶的涂覆操作,在 G4 以下时,光刻胶的涂覆可以采用与 IC 制程相类似的旋转涂覆(spin coating)的方法。但是随着玻璃基板尺寸的增大,单纯旋转涂覆方式很难在基板表层形成均一的光刻胶膜层,所以首先通过狭缝涂覆(slit coating)方式在基板表面涂覆一层光刻胶,然后再采用旋转涂覆方式对光刻胶膜厚进行调节,如图 5.39 所示。光刻胶经过狭缝预涂后,表面并不均匀而且四周还留有空白,一般还需要通过旋转进一步处理,以达到所需要求。通过调整旋转的速度与时间,可以控制光刻胶膜厚与均一性。

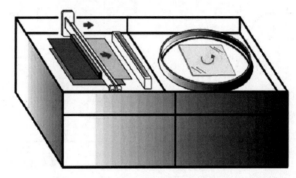

图 5.39　高世代 TFT 生产线采用的光刻胶涂覆设备概念示意图

再接下来需要进行减压干燥处理,即通过降低腔室内空气压力,使光刻胶中的溶剂挥发出来,经过此工艺步骤的处理,能够提高后续端面清洗(EBR)效果,并降低后续前烘(Soft Bake,SB)可能导致的不均现象。EBR 工艺的基本原理如图 5.40 所示。经 EBR 处理的基板不易污染机械手以及后面工序,降低了整个光刻胶涂覆和显影工序缺陷的产生概率。在实际生产中,EBR 一般采用 4 个清洗喷嘴,利用稀释(thinner)液分别对基板相应边端面、背面及表面边缘进行物理性溶解,最终以气体方式排放处理。对于干燥性较差的溶剂,辅助以氮气气流增加气化程度,提高洗净效果。此外,光刻胶由树脂、感光剂、溶剂、添加剂组成,在曝光工程前需要进行前烘挥发溶剂处理,以提高曝光后线条分辨率。前烘的主要目的是去除胶中的大部分溶剂并使胶的曝光特性固定。胶在显影剂中溶解速率将极大地依赖于前烘时间与温度。一般而言,前烘时间越短或温度越低会使胶在显影液中的溶解速率增加且感光度更高,但对比度降低。通常前烘温度约为120℃,根据具体工艺要求与光刻胶自身性质不同,其前烘温度也不尽相同。前烘一般采用专门的加热板对光刻胶进行烘烤,随着基板尺寸的增大,前烘处理时如何确保基板加热的均匀性变得越来越重要。需要着重指出的是,因为前烘对光刻分辨率的影响较大,通过实验确定适当的前烘温度和时间显得尤为重要。

曝光后的显影处理对光刻工艺的分辨率以及加工合格率都至关重要。图 5.41 是在 TFT 制程中经常使用的正胶显影原理示意图。光刻胶在曝光时被紫外线照到的部分会发生化学性质改变从而可以被显影液溶解。这样,经过显影工艺后只有在曝光时没有被紫外线照到的光刻胶才会保留下来。

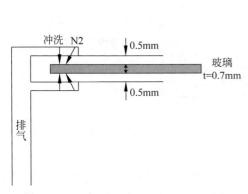

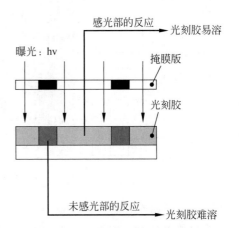

图 5.40 TFT 制备中的 EBR 工艺示意图   图 5.41 正胶显影原理示意图

曝光工艺结束后需立即进行显影处理。关于显影工艺的设计需要特别关注两点。

(1)显影液如何与光刻胶接触?我们可以将显影液同时喷淋在基板上,也可以通过扫描的方式将显影液加到基板上并使显影液较长时间停留在基板上。

(2)如何使显影停止?我们可以采用 A/K 吹掉显影液,也可以采用基板旋转或倾斜的方式去掉显影液。

图 5.42 为高世代 TFT 生产线上经常采用的显影工艺技术,采用静置的方式进行显影,通过基板倾斜的方式回收显影液。这里需要说明的是,虽然通过基板倾斜可以回收大部分的显影液,在基板表面仍然会有少许显影液残留,所以必须立即采用纯水进行清洗并用 A/K 干燥。显影工艺的最后一个步骤是对光刻胶进行后烘(Hard Bake,HB)。因为显影后的基板一般马上要面临刻蚀处理,所以必须确保在刻蚀中光刻胶与薄膜能良好结合;此外,光刻胶本身的耐刻蚀性也需要加强,否则在光刻胶下层薄膜被刻蚀的同时光刻胶本身也可能会发生显著的刻蚀损失。HB 处理正是为了达到上述目的而进行的一个工艺步骤,因此后烘是非常重要的一道工序。一般来说,后烘的温度会略高于前烘,大约在加热板上以 140℃的温度烘烤 2~3 分钟。当然,具体的工艺条件与所使用的设备和所采用的材料有很大关系,需要通过具体的实验才能予以确定。

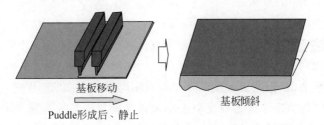

图 5.42 高世代 TFT 制备中经常采用的显影工艺

光刻胶涂覆与显影设备是 TFT 制程中体积最庞大的设备,一般与曝光机连接使用,共同放置在洁净房的黄光区域。图 5.43 是第 5 代平板显示用光刻胶涂覆与显影设备的结构示意图,总体呈 U 形,图中所示各设备模块的工艺原理在前面基本都已介绍过。

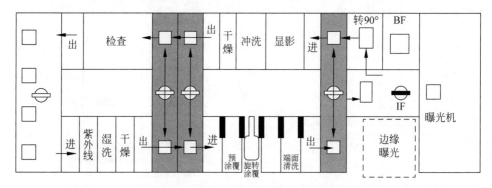

图 5.43　TFT 制程中采用的光刻胶涂覆与显影设备结构示意图(G5)

　　光刻胶涂覆与显影工艺规格包括线宽均一性、重合精度、膜厚均一性、涂覆均匀性、显影均匀性和密着性等。需要特别强调的是,光刻胶涂覆和显影是 TFT 制程中灰尘产生最严重的工艺之一,因此对灰尘进行有效管控对光刻胶涂覆与显影工艺具有突出的重要意义。

　　光刻胶涂覆与显影因其复杂的工艺步骤而导致其涉及的工艺参数非常多,主要包括:HMDS 使用量、SLIT 速度、SPIN 速度、SPIN 时间、前烘温度、前烘时间、显影时间、后烘温度、后烘时间等。这些工艺参数都会对光刻胶涂覆与显影的工艺效果产生一定影响。以显影时间为例,如图 5.44 所示,随着光刻胶显影时间的增加,光刻胶的残膜厚度将显著减小,而且两者之间基本呈线性关系。在实际生产中一般需要建立大量的类似图 5.44 所示的光刻胶涂覆/显影工艺规格与工艺参数之间的对应关系。此外,随着机台使用年限的增加这些对应关系也会发生一定变化,工艺工程师有必要进行密切监控并及时予以更新。

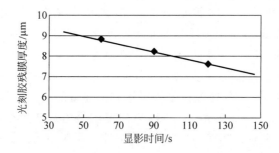

图 5.44　光刻胶显影时间与光刻胶残膜厚度之间的关系

5.4　刻蚀工艺

　　在 TFT 的制程中,要想完成薄膜的图形化,除了前面讲的光刻工艺,还需要刻蚀工艺。所谓刻蚀,就是利用化学反应或物理反应去除未被光刻胶掩蔽的薄膜。关于刻蚀工艺,有许多基本的工艺规格概念需要予以介绍。首先是刻蚀速率(Etching Rate,ER),即单位时间去除的薄膜厚度,其单位通常为 μm/min。另一个与刻蚀速率关系密切的概念是刻蚀均一性,一般定义为

$$u = \frac{r_{\max} - r_{\min}}{r_{\max} + r_{\min}} \tag{5.25}$$

式中，$r_{\max}$ 和 $r_{\min}$ 分别为整块基板范围内最大和最小的刻蚀速率。一般 u 值越小说明刻蚀的均一性越好。下面讲解刻蚀方向性的基本概念。在刻蚀工艺中，如果沿各个方向的刻蚀速率都相同，称之为各向同性刻蚀；如果只沿着膜厚方向进行刻蚀，称之为完全各向异性刻蚀；如果刻蚀效果介于两者之间，称之为各向异性刻蚀。在实际的刻蚀过程中，因为光刻胶也会有所损失，所以即使是完全各向异性的刻蚀也会或多或少存在一定侧向刻蚀（side etching）。一般而言，刻蚀对象存在平均膜厚（T_{average}），刻蚀工艺也存在平均刻蚀速率（r_{average}）。因此，平均刻蚀时间（t_{average}）可按式（5.26）计算：

$$t_{\text{average}} = \frac{T_{\text{average}}}{r_{\text{average}}} \tag{5.26}$$

因为在整个基板范围内膜厚和刻蚀速率都存在一定的差异，所以如果采用 t_{average} 作为实际刻蚀时间，势必导致有些位置的薄膜会存在残留。在刻蚀工艺中刻蚀残留是绝对不允许存在的，所以在实际的刻蚀工艺中往往在 t_{average} 的基础上再延伸一定百分比（如 10%、15% 等）的刻蚀时间，这一百分比通常称为过刻蚀（Over Etching，O.E.）。采用过刻蚀可以保证无刻蚀残留的存在，但也势必带来另一问题，即基板一些位置的拟刻蚀薄膜的下层薄膜可能会被较长时间刻蚀。假设拟刻蚀薄膜的刻蚀速率为 r_1，下层薄膜的刻蚀速率为 r_2，则可定义拟刻蚀薄膜与下层薄膜的选择比（selectivity）为

$$S = \frac{r_1}{r_2} \tag{5.27}$$

如果 S 值过小，下层薄膜可能会被严重刻蚀，从而导致 TFT 器件的特性产生改变，因此通常希望选择比越大越好。

从刻蚀的原理划分，刻蚀方法一般可分为湿法刻蚀（Wet Etching，WE）和干法刻蚀（Dry Etching，DE），下面分别介绍。

5.4.1　湿法刻蚀

湿法刻蚀是通过对象材料（在 TFT 技术中一般为金属导电膜）与刻蚀液之间的化学反应，对对象材料进行刻蚀的过程。湿法刻蚀具有刻蚀速率快、选择比高和价格便宜等优点，但同时也具有可控性差和只能各向同性刻蚀的缺点。因为湿法刻蚀是一种典型的各向同性刻蚀，在沿薄膜厚度方向刻蚀的同时存在非常严重的侧向刻蚀，所以湿法刻蚀对应的最小特征尺寸一般只有 2～3 μm 左右。此外，湿法刻蚀可控性差也会严重地影响刻蚀精度。因此，在当代 IC 的生产制造中，湿法刻蚀一般只用在非关键的刻蚀步骤。TFT 的制备一般对特征尺寸要求不高（>2 μm），所以湿法刻蚀仍然会被比较广泛地采用。

从动力学上讲，湿法刻蚀可分为药液输送、化学反应和副产物排除三个过程。因刻蚀效率的不同，湿法刻蚀又可分为两种，即高速刻蚀和低速刻蚀。如图 5.45(a) 所示，所谓高速刻蚀是指药液能够迅速地到达指定刻蚀位置，化学反应后产生的副产物也能被迅速地带走。随着刻蚀时间的推移，高速刻蚀的线宽将发生相应的变化，所以高速刻蚀是一种利于线宽控制的刻蚀方式。与高速刻蚀相对应的刻蚀方式是低速刻蚀。如图 5.45(b) 所示，所谓低速刻蚀是指药液缓慢地到达指定刻蚀位置，化学反应后产生的副产物也缓慢地被带走。随着

刻蚀时间的推移,低速刻蚀的边缘角度将发生相应的变化,所以低速刻蚀一般是一种利于边缘角度控制的刻蚀方式。

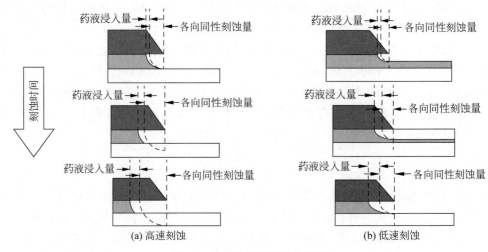

(a) 高速刻蚀　　　　　　　　　(b) 低速刻蚀

图 5.45　湿法刻蚀原理示意图

湿法刻蚀装置的基本概念如图 5.46 所示。整个刻蚀装置分为 3 个工作单元,即刻蚀槽、水洗槽和干燥槽。刻蚀槽主要对基板进行刻蚀处理;水洗槽使用纯水对基板冲洗以去除残留的刻蚀液;干燥槽则采用 A/K 对基板进行干燥处理。水洗槽和干燥槽的原理都非常简单,在此不作仔细介绍,接下来比较详细地讲解刻蚀槽的基本构造和相关原理。

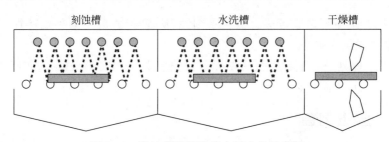

刻蚀槽　　　　　　　水洗槽　　　　　干燥槽

图 5.46　湿法刻蚀装置基本概念的示意图

湿法刻蚀装置中最核心的工作单元显然是刻蚀槽,在刻蚀槽中根据刻蚀液加载方式的不同又可以将湿法刻蚀分为三种基本模式:喷淋(spray)、静置(puddle)和浸润(dip)。图 5.47 是喷淋湿法刻蚀槽的示意图,这种刻蚀模式的药液通过喷嘴喷射到基板表面,药液和刻蚀副产物的交换非常快,是典型的高速刻蚀。实际上,通过调整喷淋压力可以改变药液的交换速率并进而改变刻蚀的效果。此外,喷淋模式还具有除气泡的功能。在刻蚀过程中往往会产生大量的气泡,喷淋工艺则可有效地去除这些气泡。图 5.48 是静置湿法刻蚀槽的示意图,药液加载到基板表面后便处于静止状态,这种模式下药液和刻蚀副产物的交换极慢,是一种典型的低速刻蚀。图 5.49 是浸润湿法刻蚀槽的示意图,刻蚀期间基板浸入药液内,这种模式下药液和刻蚀副产物的交换较慢,也是一种低速刻蚀。相比较而言,虽然同为低速刻蚀,但浸润湿刻模式的药液交换速度还是要略高于静置湿刻模式。另外需要着重指出的是,静置湿刻模式和浸润湿刻模式都不具备除气泡的功能。

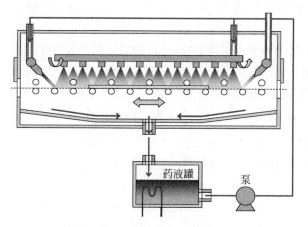

图 5.47 喷淋湿法刻蚀槽示意图

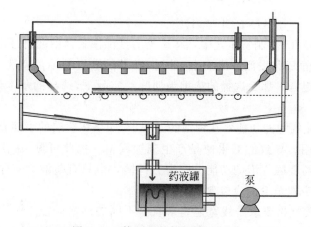

图 5.48 静置湿法刻蚀槽示意图

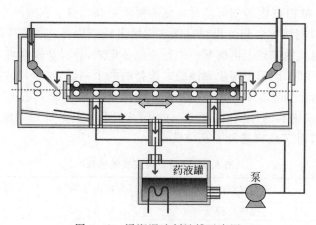

图 5.49 浸润湿法刻蚀槽示意图

在 TFT 阵列的制备中,金属电极(AlNd,MoNb 等)和像素电极(ITO)在通常情况下采用湿法刻蚀。

实际生产中,金属电极通常会采用 H_3PO_4 和 HNO_3 混合溶液进行刻蚀,涉及的化学反应为

$$Mo + 2HNO_3 \rightarrow MoO_3 + H_2O + 2NO_2 \uparrow \tag{5.28}$$

$$MoO_3 + H_2O \rightarrow H_2MoO_4 \tag{5.29}$$

$$12H_2MoO_4 + H_3PO_4 \rightarrow H_3[P(Mo_3O_{10})_4] + 12H_2O \tag{5.30}$$

$$2Al + 2H_3PO_4 \rightarrow 2Al^{3+} + 2PO_4^{3-} + 3H_2 \uparrow \tag{5.31}$$

像素电极则可以采用王水,即盐酸和硝酸的混合溶液进行刻蚀。涉及的具体化学反应如下:

$$In_2O_3 + 6HCl \rightarrow 2In^{3+} \ 6Cl^- + 3H_2O \tag{5.32}$$

$$SnO_2 + 4HCl \rightarrow Sn^{4+} + 4Cl^- + 2H_2O \tag{5.33}$$

$$HNO_3 \leftrightharpoons H^+ + NO^{3-} \tag{5.34}$$

$$H^+ + Cl^- \leftrightharpoons HCl \tag{5.35}$$

下面讨论如何在 TFT 制备工艺中选择适当的刻蚀模式。前面讲过,湿法刻蚀包括 3 种基本模式,即喷淋、静置和浸润。事实上,针对 TFT 的电极刻蚀可以选择其中的任何一种模式或多种模式的组合。那么选择的依据为何呢?实际上,选择的基本依据就是要回答以下两个问题。

(1) 是否需要除气泡的功能? 在刻蚀的过程中,如果在膜层的表面有气泡,气泡便会对刻蚀产生掩蔽的作用。导致的后果便是产生刻蚀残留。由此可见,在 TFT 的任何一道湿法刻蚀工艺步骤都需要除气泡的功能。因为三种模式中只有喷淋具有除气泡的功能,所以任何一道湿法刻蚀步骤至少都应包含喷淋刻蚀模式。

(2) 刻蚀的主要规格要求是线宽还是形状? 不同的湿法刻蚀工艺步骤的侧重点不同。例如,对于底栅结构的 TFT 而言,栅电极位于整个器件的最下面,因此必须具有较缓的刻蚀角度($\sim 60°$),否则上面薄膜层层覆盖下来,容易引起不好的台阶覆盖状态,从而导致工艺不良。而 S/D 电极和 ITO 电极则可能对线宽的要求更高一些。在实际生产中,如果只对刻蚀线宽的要求较高,则该湿法刻蚀步骤只需选用喷淋模式即可;如果对刻蚀的形状要求较高,则必须在喷淋模式的基础上再搭配一种低速刻蚀模式,静置和浸润均可选择。

表 5.4 是 a-Si TFT 制程中湿法刻蚀模式选择的两个例证,这里以两条生产线(W 线和 X 线)为例加以说明。如表 5.4 所示,W 线和 X 线三道湿法刻蚀工艺步骤在刻蚀模式的选择上都完全遵循前面讲到的原则,两者唯一的不同在于栅电极低速刻蚀模式的选择上,W 线选择了静置模式,而 X 线则选择了浸润模式。

表 5.4 湿法刻蚀模式的选择

生产线	栅电极湿法刻蚀	S/D 电极湿法刻蚀	像素电极湿法刻蚀
W 线	喷淋+静置	喷淋	喷淋
X 线	喷淋+浸润	喷淋	喷淋

图 5.50 是在 TFT 阵列实际生产中采用的湿法刻蚀设备的结构示意图。从图 5.50 中可以看到,设备呈 U 形结构,包括刻蚀槽、冲洗槽和干燥槽三部分。基板的流转按照图 5.50

中箭头所示的方向进行。设备一般具有对药液进行加热和自动更换的功能。槽内气压控制较为重要,各刻蚀槽气压相等,且保持为负压(低于大气压),以防止刻蚀液液雾进入洁净房。冲洗槽的气压比刻蚀槽还要低一些,而干燥槽的气压则略高于大气压。铝刻蚀设备中装有紫外发射装置,其作用是分解有机物,提高浸润性,有利于栅电极刻蚀形状的控制。

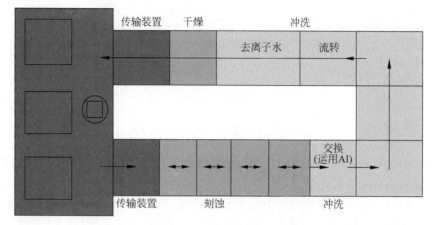

图 5.50　TFT 制程中采用的湿法刻蚀设备结构示意图

　　湿法刻蚀的主要工艺规格包括刻蚀速率、刻蚀均一性、选择比、刻蚀形状和侧刻量等。工艺参数则主要包括:药液温度、药液喷淋压力、药液浓度控制与药液寿命、O. E. 时间、药液入口淋浴流量、药液液切 A/K 流量、水洗喷淋压力、水洗入口淋浴流量和干燥 A/K 流量等。上述工艺参数都会对工艺规格产生一定影响,必须通过实验一一确定它们之间的相互对应关系。在此仅举一简单例子。图 5.51 为某条 G5 TFT-LCD 生产线获得的铬金属湿法刻蚀速率与喷淋压力之间关系的实验结果。我们注意到,随着喷淋压力的增加,刻蚀速率相应增加,但是二者之间并不呈线性对应关系。

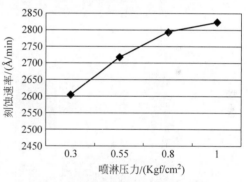

图 5.51　湿法刻蚀中刻蚀速率与喷淋压力之间关系的实验结果

5.4.2　干法刻蚀

　　在 TFT 的制备中,有些刻蚀工艺步骤对刻蚀的各向异性或刻蚀的可控性要求较高,湿法刻蚀因为自身的劣势而无法达到要求,在这种情况下必须选择干法刻蚀。所谓干法刻蚀是指反应气体在高频电场作用下发生等离子体放电,等离子体与基板发生作用而将没有被光刻胶掩蔽的薄膜刻蚀掉的一种工艺方法。图 5.52 为在干法刻蚀中等离子体放电的示意图。众所周知,等离子体包含原子、离子、电子和活性基(radical)等多种物质成分。其中活性基是处于高能状态的气体原子,化学性质非常活泼。而离子因为带正电在电场作用下而具有较大的动能。事实上,在干法刻蚀的等离子放电过程中,活性基大多聚集在接地一侧,而离子则大多聚集在 RF 电源一侧,如图 5.52 所示。

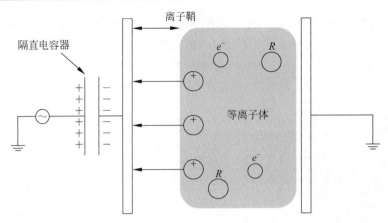

图 5.52   干法刻蚀中等离子体放电示意图

活性基的化学特性非常活泼,因此当活性基在刻蚀中起主要作用时,干法刻蚀以化学反应为主,由此带来的刻蚀效果便是各向同性刻蚀,如图 5.53(a)所示。与此相反,因为离子具有较强的动能,所以当离子在刻蚀中起主要作用时,干法刻蚀以物理反应为主,由此带来的刻蚀效果是各向异性刻蚀,如图 5.53(b)所示。

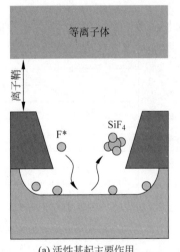
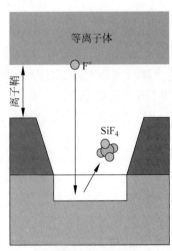

(a) 活性基起主要作用   (b) 离子起主要作用

图 5.53   活性基和离子分别起主要作用时干法刻蚀效果的示意图

根据上述原理可以衍生出三种干法刻蚀模式,即等离子体刻蚀(Plasma Etching,PE)、反应离子刻蚀(Reactive Ion Etching,RIE)和耦合等离子体刻蚀(Inductive Couple Plasma,ICP)。PE 模式干法刻蚀的原理如图 5.54 所示,在基板一侧接地,因此导致基板附近具有大量活性基而产生各向同性刻蚀;RIE 模式干法刻蚀的原理如图 5.55 所示,RF 电源接在基板一侧,因此导致基板附近具有大量的离子而产生各向异性刻蚀;ICP 模式干法刻蚀的原理如图 5.56 所示,主 RF 电源接在上电极,而偏置 RF 电源接在基板一侧,这样导致因两个 RF 电源功率的不同在基板附近产生不同数量的活性基和离子,即在 ICP 模式下可以实现各向同性到各向异性的转换。此外,ICP 模式的上电极基板具有复杂的电场线圈设计,因此放电时会产生高密度的等离子体,从而显著提高刻蚀速率。一般来说,ICP 模式的刻蚀速率要远远高于 PE 模式和 RIE 模式。ICP 模式因为具有两套 RF 电源和复杂的上电极线圈结构,所以工艺调试的复杂程度要远远高于 PE 和 RIE 模式。当然,ICP 模式机台的价格也比 PE 和 RIE 模式机台高很多。三种干法刻蚀模式的比较见表 5.5。

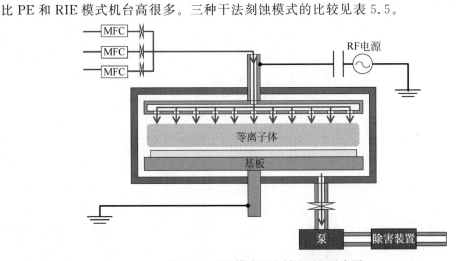

图 5.54　PE 模式干法刻蚀原理示意图

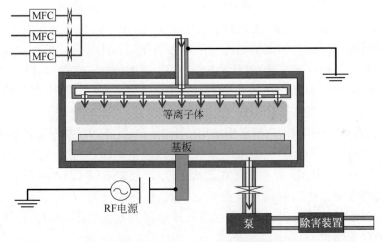

图 5.55　RIE 模式干法刻蚀原理示意图

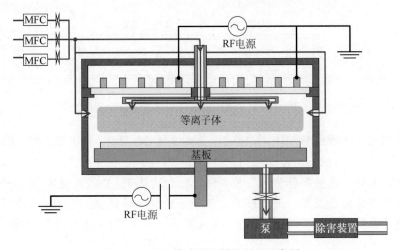

图 5.56　ICP 模式干法刻蚀原理示意图

表 5.5　干法刻蚀模式的比较

项　　目	PE	RIE	ICP
方向性	各向同性	各向异性	可控制
刻蚀形状控制	困难	容易	容易
等离子密度/cm^{-3}	$10^6 \sim 10^8$	$10^6 \sim 10^8$	$10^{10} \sim 10^{12}$
刻蚀速率	小～中	中	大
plasma damage	小	大	可控制大/小
压力范围/Pa	$10 \sim 10^2$	$10^{-1} \sim 1$	$10^{-1} \sim 10^2$
设备价格	低廉	低廉	昂贵

　　至此可以对干法刻蚀的特点加以简单总结。与湿法刻蚀只能进行各向同性刻蚀不同，干法刻蚀可以实现刻蚀方向性的控制。此外，干法刻蚀的可控性也远远好于湿法刻蚀。基于上述技术优势，在 TFT 制程中的半导体层和绝缘层(含栅绝缘层和保护层等)的刻蚀一般都采用干法刻蚀。在 p-Si TFT 的制程中，有些电极刻蚀的精度要求较高(如栅电极和S/D 电极等)，因此也会采用干法刻蚀。在 TFT 的刻蚀步骤中一般都对刻蚀的各向异性要求较高，所以通常不会选择 PE 模式。当刻蚀的薄膜较厚时(如接触孔刻蚀等)会考虑采用ICP 模式，其他情况下一般都采用 RIE 模式。至于刻蚀气体的选择，一般对于非晶硅会采用 SF_6、HCl 和 He 的混合气体，对于氮化硅则采用 SF_6 和 He 的混合气体。其中 SF_6 是主要的刻蚀反应气体，He 则起到调整刻蚀气体压力的作用；HCl 气体的作用比较值得注意，它的主要功能是为了提高非晶硅/氮化硅的选择比。一般来说，多晶硅 TFT 的特征尺寸较非晶硅 TFT 为小，而且前者的接触孔刻蚀厚度要远大于后者。因此，多晶硅 TFT 在干法刻蚀工艺能力的要求上要高于非晶硅 TFT。

　　图 5.57 为在 G5 TFT-LCD 制程中使用的干法刻蚀设备的结构示意图。其中加载腔室(L/L)的主要功能是将基板送入/送出设备，因此该腔室不断进行大气/真空的转换。转换腔室(T/C)是中间转换腔室，处于较低真空状态，与工艺腔室(P/C)腔室形成正压以防止工艺腔室中的毒气泄漏。P/C 腔室是最重要的腔室，真空度较高，在该腔室内完成刻蚀处理并将副产物通过泵系统抽走。因为在干法刻蚀中会用到剧毒气体(如 HCl、Cl_2 等)，因此必须配有相应的除害装置。

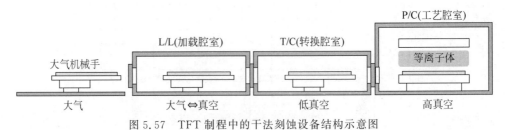

图 5.57　TFT 制程中的干法刻蚀设备结构示意图

　　干法刻蚀的工艺规格与湿法刻蚀类似，主要包括刻蚀速率、刻蚀均一性、选择比、刻蚀形状、侧刻量等。干法刻蚀的工艺参数则主要包括电源功率、气体种类、气体压力、气体流量、放电时间等。上述工艺参数都会对工艺规格产生一定影响，必须通过实验一一确定它们之间的对应关系。在此也仅举一简单例子。在非晶硅薄膜晶体管的接触孔刻蚀时，因为刻蚀对象包含栅绝缘层和保护层两层(厚度约为 450nm)，所以为了提高生产效率，该工艺步骤倾向于采用 ICP 模式的干法刻蚀。因为 ICP 模式包括两个 RF 电源,即主电源(source)和偏置电源(bias),所以调制这两个电源的功率比例不仅会影响到刻蚀方向性,也会影响到刻蚀速率和刻蚀均一性。如图 5.58 所示,当主电源功率固定在 14 000W 下改变偏置电源功率时,刻蚀速率随着偏置电源功率的增加而增加;但是刻蚀均一性随着偏置电源功率的增加有变差的趋势。此外,上述变化趋势还与气体压力有关。当气体压力为 10Pa 时上述变化趋势比较明显,但是当气体压力增加到 12Pa 时,上述变化趋势虽然存在但变得不太明显。

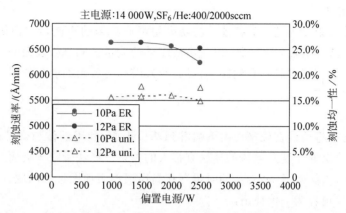

图 5.58　接触孔刻蚀中偏置电源功率与刻蚀速率和刻蚀均一性的关系

5.5　其他工艺

如表 5.1 所示,在 TFT 制程中除了前面几节介绍的成膜、薄膜改性、光刻和刻蚀工艺外,还包括洗净、光刻胶剥离和器件退火等其他制备工艺。虽然这几种工艺从原理上讲相对比较简单,相关设备的投资也比较低,但它们仍然能够显著影响 TFT 制备的器件电学特性甚至合格率。下面对上述三种工艺一一加以介绍。

5.5.1　洗净

TFT 制程与 IC 制程一样都会受灰尘(或污染)的严重影响。为了防止灰尘的不利影响,TFT 的制备必须在洁净房中进行,所有进入洁净房的人员都必须穿防尘服并戴口罩和手套。即使这样仍然无法完全满足洁净上的要求,为此还必须对产品(TFT 基板)直接进行清洗。需要通过洗净去除的污染物包含两大类:有机污染和无机灰尘等。在 TFT 的实际生产中必须采取多种清洗方法,包括超强紫外线清洗、刷洗、超声波清洗、高压喷淋、二流体和碱清洗等。以下逐一加以讲解。

1) 超强紫外线清洗

超强紫外线清洗主要为了去除有机污染物以达到基板密着力和浸润性的提升。这种洗净方法涉及的化学反应如下:

$$O_2 \xrightarrow{172nm} O^* \tag{5.36}$$

$$O_2 \xrightarrow{172nm} O_3 \xrightarrow{172nm} O_2 + O^* \tag{5.37}$$

式中,O^* 为氧活性基。超强紫外线照射氧气后会产生大量的氧活性基,这些氧活性基能够与有机污染物发生化学反应从而达到去除的目的。

2) 刷洗

刷洗的原理很简单,即利用刷子(一般为圆盘式和滚筒式)在基板表面的转动来去除灰尘和有机膜。一般刷洗会与药液和纯水喷淋配合使用,考虑到刷毛对某些精细图形的影响,多会采取刷毛不直接接触产品,而是利用刷毛带动基板表面的液体冲击基板达到去除灰尘的目的。

3) 超声波清洗

超声波清洗是指使用超声波换能器将功率超声波频源的声能转化为机械振动,并通过清洗槽壁向槽中清洗液辐射超声波,以超声波震动的能量去除基板表面的微粒。一般而言,超声波作用包括超声波本身具有的能量作用,空穴破坏时放出的能量作用,以及超声波对媒液的搅拌流动作用等。

4) 高压喷淋

高压喷淋是指将药液在较高压力下喷淋到基板表面,利用液体与微粒间的剪应力将微粒清除,故与边界层的厚度及流体的速度有很大的关系。此法受限于表面边界层的影响,对于较小微粒而言,去除效率并不高,同时也存在高压损伤表面图形的问题。高压喷淋一般采用一种药液,所以也称为一流体清洗。

5) 二流体清洗

二流体清洗是一种比较高效的洗净方法。如图 5.59 所示,二流体是利用压缩空气高速流动的原理,使液体微粒化的一种高压喷淋方式。与高压喷淋的一流体喷嘴比较,二流体具有微粒化性能优越($10\sim50\,\mu m$)、流量调整范围大和异物通过粒径大等特征。相比较而言,尽管二流体清洗的成本相对较高,但其清洗能力要好于一流体清洗方式。此外,与刷洗、超声波清洗和高压喷淋等清洗方式相比,二流体清洗去除的灰尘尺寸范围较大,对于中小尺寸的微粒都有较强的去除效果。

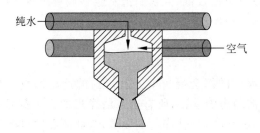

纯水　　　　　　　　　　　　　空气

图 5.59　二流体清洗原理示意图

6) 碱清洗

碱清洗即利用碱性溶液和玻璃基板的化学反应,对基板产生软化作用来去除基板表面的微小划痕,同时也作为紫外线对有机物去除的一个补充。

上面介绍的不同洗净方法各有自身特点,表 5.6 将这些方法加以比较。我们注意到,在湿洗的方法中,刷洗适合于去除大粒径的灰尘,超声波适合去除小粒径的灰尘,高压喷淋适合去除中等粒径的灰尘,而二流体可以去除中小粒径的灰尘。在 TFT 基板的实际生产中,我们需要对所有粒径的灰尘进行去除,这就需要将几种清洗方法搭配起来才能完成这一目标。不同生产线会根据自身特点采取不同的清洗方法的设计。

表 5.6　不同洗净方法比较

洗净方法	特征	除去灰尘尺寸		
		$10\mu m$	$5\mu m$	$1\mu m$
超强紫外线	干洗,采用波长 172nm 的 Xe 紫外线			
刷洗	存在对基板产生伤害的可能	←→		
超声波	频率 1~1.5MHz			←→
高压喷淋	存在对基板产生伤害的可能		←→	
二流体	成本较高		←→	

　　洗净的主要工艺规格包括颗粒去除率、基板浸润性和风刀干燥能力等。洗净的主要工艺参数包括基板传递速度、刷子压入量、药液温度、二流体干燥空气压力、纯水压力和上下风刀的压力等。上述工艺参数都会对洗净效果产生一定影响。要想达到洗净规格的要求,必须通过实验建立洗净工艺参数与洗净规格之间的一一对应关系,这是生产线启动时必须完成的任务。后续生产线稳定后仍需对洗净设备的状态进行严密的监控,以满足 TFT 制程的实际需求。

5.5.2　光刻胶剥离

　　在 TFT 制程中,经过光刻和刻蚀工艺后薄膜的图案已经形成,至此光刻胶的任务已经完成因而需要被剥离掉。在 TFT 的实际生产中都采用专门的剥离液去除光刻胶。虽然针对不同的光刻胶材料会采用专门的剥离液,但所有剥离液的基本成分都是类似的。剥离液一般包括 DMSO(Dimethylsulfoxide)和 MEA(Monoethanolamine)两种成分。其中 DMSO的作用是使光刻胶膨胀,而 MEA 的主要作用是浸入光刻胶与薄膜之间而使二者分离。图 5.60 形象地描述了光刻胶剥离的物理过程。首先光刻胶在 DSMO 的作用下开始膨胀,从而导致在光刻胶图案的边缘产生一些翘起;剥离液沿着这些翘起浸入光刻胶与薄膜的表面,在 MEA 的作用下这些翘起越来越严重,最终导致光刻胶完全脱离膜面并完全溶解在剥离液中。

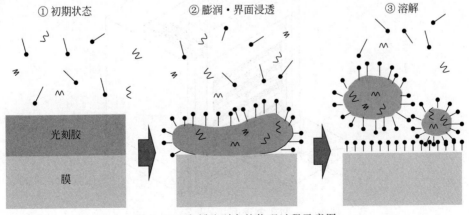

图 5.60　光刻胶剥离的物理过程示意图

在 TFT 制程中使用的光刻胶剥离设备的结构如图 5.61 所示。一般而言,光刻胶剥离设备包括剥离槽、水洗槽和干燥槽三部分。如果在 TFT 制程中选用铝作为金属电极,通常需要在光刻胶剥离设备中添加异丙醇(IPA)槽。因为剥离液中的 MEA 会对金属铝产生很强的腐蚀作用,如果光刻胶剥离完毕后有 MEA 残留便会对铝电极造成危害。为了确保不出现 MEA 残留,如图 5.61 所示,通常在剥离槽和水洗槽之间增设一个 IPA 槽,即先用 IPA 置换 MEA 再通过水洗以达到彻底去除 MEA 的目的。

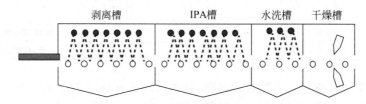

图 5.61　TFT 制程中光刻胶剥离设备结构示意图

光刻胶剥离工艺规格包括剥离性(无剥离残留)、剥离液置换性(无铝腐蚀)和干燥性(无干燥不均)等。为了满足上述工艺规格,必须摸索并确定合适的工艺参数。这些参数主要包括入口淋浴流量、喷淋压力、药液温度、搬送速度、A/K 压力等。光刻胶剥离工艺相对比较简单,但仍需要在工艺启动时通过实验确定上述工艺规格和工艺参数之间的一一对应关系。生产稳定后也需密切监控设备的状态以防止相关问题的发生。

5.5.3　器件退火

TFT 制程的最后一道工艺步骤是退火,即通过热的作用使薄膜材料从亚稳态进入稳定态,进而达到降低膜内应力、提高金属膜导电能力和优化晶体管特性的目的。实际生产中将 40 片基板一起放到图 5.62 所示的退火炉中加热 1 小时左右。加热温度一般在 300℃左右,退火的氛围通常是大气环境。

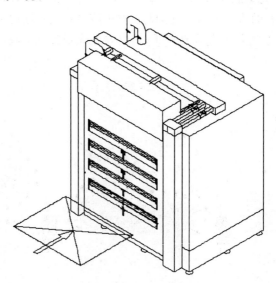

图 5.62　TFT 制程中退火设备结构示意图

退火工艺的工艺规格包括膜应力、膜电阻率、TFT 迁移率等。退火工艺的工艺参数包括退火温度、退火时间和退火气氛等。退火设备和工艺看似简单,但因为它是 TFT 制程的最后一道工艺步骤,对 TFT 的特性起到"一锤定音"的作用,所以必须对这道工艺引起足够的重视。事实上,虽然退火工艺涉及的许多机理我们仍不是很清楚,但退火工艺确实不但对 TFT 中各层薄膜的特性产生影响,而且对膜层之间的界面状态也会产生明显的改变。因此,退火工艺不仅对 TFT 的操作特性产生影响,对 TFT 的稳定特性也会有显著的影响。如图 5.63 所示,随着退火温度的增加,非晶硅 TFT 的电压偏置稳定特性得到明显的改善,这可能是有源层/栅绝缘层之间界面的缺陷态在高温下降低所致。

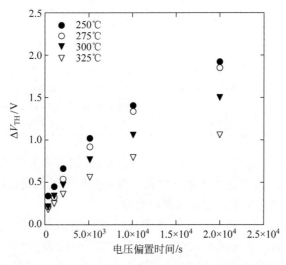

图 5.63 非晶硅 TFT 在不同退火温度下的稳定特性

5.6 工艺检查

在 TFT 阵列制备的过程中,必须及时地对各单项工艺、工艺单元和工艺流程的实施效果进行检查,以利于及时发现制造不良并进行修补。关于 TFT 阵列检查和修补的设计方法将在 6.5 节中介绍,本节只介绍工艺检查设备的主要工作原理和使用方法。在 TFT 阵列中常用的技术检查如表 5.7 所示。

表 5.7 常用的 TFT 技术检查

大 项 名 称	功 能 描 述	检查技术名称	功能描述及适用工程
工艺单元内检查	单项工艺完成后进行的检查项目	灰尘检查	灰尘数量及分布的检查;全工程
		宏微观检查	宏观 mura、微观 TEG 测量等;全工程
		自动线幅测定	TFT 阵列关键平面尺寸的测定;曝光与刻蚀工程
		段差测定	薄膜台阶测量;刻蚀工程
		ellipsonetry	透光薄膜厚度测量;成膜工程
		光刻胶厚度测量	光刻胶涂敷后厚度测量;曝光工程
		sheet 抵抗测量	金属膜导电特性测量;成膜工程
		FT-IR	非金属膜成分测量;成膜工程
		反射率透射率测量	反射率透射率测量

大项名称	功能描述	检查技术名称	功能描述及适用工程
阵列检查	阵列工艺阶段或整体完成后进行的检查项目	断/短路检查	断线和短路测量
		自动光学检查	断线、短路、点缺陷的测量
		阵列测试	断线、短路、点缺陷的测量
		TEG 测试	TFT 特性、金属膜导电特性测量与监控
不良修补	不良发生后的修补	laser repair	短路、电缺陷修补
		laser CVD	短路、短路、点缺陷修补
其他	生产线启动、新产品投入、不良解析时需要进行的测量项目	光学显微镜	表面观察
		AFM	表面观察
		FIB	断面切割与观察
		SEM	断面观察
		接触角测量	洗净效果确认
		膜应力测量	金属膜和非金属膜内应力测量
		manual prober	TFT 特性、金属膜导电特性、接触电阻测量
		手动玻璃切割	将大板玻璃切割成便于测量的大块样品

如表 5.7 所示,TFT 制造工艺中进行的主要检查大致可分为以下几大类。

(1) 工艺单元内检查,即在工艺单元内比较重要的单项工艺完成后进行的检查,包括灰尘检查、宏微观检查、自动线幅测定和段差检查等。

(2) 阵列检查,即阵列工艺单元或整体完成后进行的检查项目,包括断/短路(O/S)检查、自动光学检查(AOI)、阵列测试(array test)和 TEG 测试等。

(3) 不良修补,即在检查设备(如 O/S 等)发现不良后进行的修补,包括激光修补和激光 CVD 等。

(4) 其他,即在生产线启动、新产品投入和不良解析时需要进行的测量项目,包括光学显微镜、扫描电子显微(SEM)、原子力显微镜和接触角测量等。

限于篇幅,本节只简单介绍第(2)大类工艺检查设备的原理和使用方法。

5.6.1 自动光学检查

AOI 是在 TFT 阵列检查中应用最广泛的设备之一,它可以检查出不良缺陷,也可以对灰尘进行检查。因为 AOI 采用光学的办法对 TFT 阵列进行检测,所以具有无损和快速的特点。事实上,除了可以用在 TFT 阵列检查,AOI 还可以更广泛地应用在任何与成膜相关的工程领域,例如彩膜、触摸屏等技术领域。

AOI 能够检出缺陷的基本原理是重复模式比较法。AOI 设备首先对阵列基板进行全范围扫描,将所有像素的图像都存入计算机系统。然后依次对相邻的像素进行图形比较以确定是否存在缺陷。如图 5.64 所示,像素 A 与像素 B 比较后没有差异,像素 B 与像素 C 比较后存在差异,像素 C 与像素 D 比较也存在差异,而像素 D 与像素 E 比较不存在差异。由此可以很容易判断出像素 C 存在缺陷。缺陷主要是根据设定的敏感度参数进行判定,敏感度参数主要由设定的阈值 A 和阈值 B 组成。因为深颜色部分灰度变化小,而浅颜色部分灰度变化大,所以通过灰度比较,只能检测出颜色较浅部分的缺陷,而通过设定两个阈值可以解决这个问题。

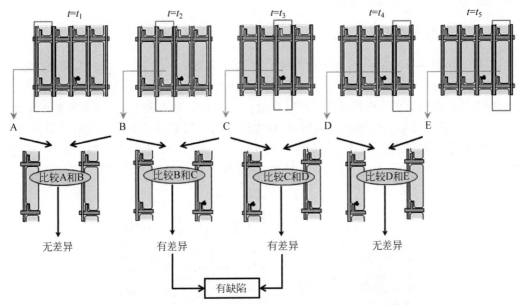

图 5.64 AOI 缺陷检查原理示意图(图片摘自参考文献[2])

5.6.2 断/短路检查

5.6.1 节介绍的 AOI 设备尽管功能强大,但其对 5 μm 以下的缺陷基本无法有效检出,因此必须通过其他的测试方法予以补充,例如本节将要介绍的 O/S 检查等。在 TFT 的制程中,断/短路检查一般只应用在制作电极图案的工艺单元中,例如 M1 和 M2 工艺单元等。

从原理上讲,O/S 检查设备是通过测定配线间阻抗(或电压、电流等)来判断配线是否存在断路或短路的。信号发射端和接收端与基板的距离为 150 μm±30 μm,两端均与电极线形成电容。信号发射端施加交流电压,通过基板的信号线传送到接收端。接收端有两个检测器,分别检查断路和短路缺陷。实际工作时,如果发射端在第 n 条线上,那么检查断路的接收端也在第 n 条线上,而检查短路的接收端在第 $n+1$ 条线上。由于接收端接收的电信号非常弱,所以需要通过放大器对信号进行放大和过滤处理,并将交流信号转换为直流信号。如果在检查短路的接收端上检测到一个较高波峰的曲线,那么在对应波峰出现的位置存在短路;如果在检查断路的接收端上检测到一个较大波谷的曲线,那么在对应波谷出现的位置存在断路。图 5.65 是信号线发生断路时的接收端电压波形图。

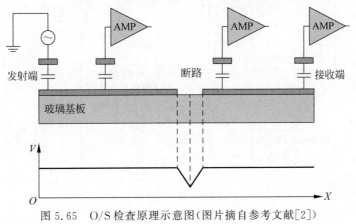

图 5.65 O/S 检查原理示意图(图片摘自参考文献[2])

5.6.3 阵列测试

在 TFT 阵列制备完成后,必须对所有像素的 TFT 进行检查以及时发现缺陷并进行修复,这种检查采用的设备称为阵列测试仪。阵列测试仪进行缺陷检查的基本原理如图 5.66 所示,即在 TFT 阵列的扫描端子和数据端子同时施加一定的电压波形,这样在 ITO 像素电极处也会产生一定的信号波形。根据物理学原理,在电场作用下的 ITO 电极会发射出二次电子信号。阵列测试仪的探头会通过逐一扫描的方式获得所有像素 ITO 电极发出的二次电子信息。如果二次电子信号的波形发生异常,一般就可以判定该像素的 TFT 器件可能存在缺陷。

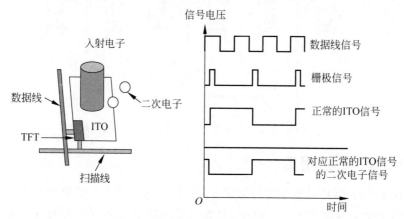

图 5.66 阵列测试仪的检测原理示意图(图片摘自参考文献[2])

5.6.4 TEG 测试

5.6.3 节介绍的阵列测试仪只能测出 TFT 是否存在缺陷,至于 TFT 的电学特性是否符合要求则只能依靠 TEG 测试仪。TEG 测试一般是在阵列测试完成后进行。当生产线工艺稳定后一般只进行抽检即可。如图 5.67 所示,TEG 测试仪一般包含 I-V 测试(4156C)和 C-V 测试(4284)功能。通过转换矩阵(E5250)可以实现对阵列基板上的所有 TEG 自动定位和测量。一般来说,计算机系统会对测试结果进行自动参数提取,如果超出规格范围便会自动报警以提醒工程师采取相应措施。

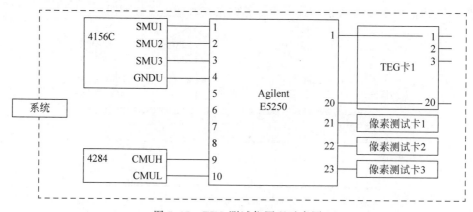

图 5.67 TEG 测试仪原理示意图

5.7　本章小结

薄膜晶体管的电学特性在很大程度上取决于其制备工艺。本章主要介绍了在 TFT 制程中用到的单项制备工艺,包括成膜、薄膜改性、光刻、刻蚀和其他工艺等。首先,详细讲解了磁控溅射和等离子体化学气相沉积这两种成膜工艺的主要原理和相关实务知识,这部分内容是本章的重点之一。接着,仔细介绍了在多晶硅 TFT 制程中用到的两项薄膜改性工艺——准分子激光退火和离子注入。这两项工艺步骤决定了多晶硅薄膜的基本结构和电学特性,因此是多晶硅 TFT 制程中的核心工艺。关于 TFT 器件图形化相关的单项工艺,重点介绍了光刻(含曝光、光刻胶涂覆与显影等)和刻蚀(含湿法刻蚀和干法刻蚀)工艺的基本原理和实际应用情况,这部分内容也需要读者重点理解和掌握。最后,简单介绍了清洗、光刻胶剥离和器件退火等其他工艺以及 TFT 阵列检查技术的基本情况,读者对此只需基本了解即可。本章介绍的 TFT 制备单项工艺是下一章内容的基础。

习题

1. TFT 阵列工艺的基本目标是什么?
2. TFT 阵列工艺与 IC 工艺相比较有何异同点?
3. 什么是经济切割?
4. 热蒸发工艺为何不适合在 TFT 制程中使用?
5. 溅射工艺中为何选择氩气作为工作气体?
6. 溅射靶材背后设置的磁铁的作用是什么?
7. 磁控溅射的台阶覆盖性较好,为什么?
8. TFT 的电极一般由磁控溅射沉积,你认为应该选用 DC 溅射还是 RF 溅射? 为什么?
9. 你认为在磁控溅射的工艺参数中哪些参数相对比较重要?
10. 为何 APCVD 和 LPCVD 无法在 TFT 制程中使用?
11. PECVD 的工艺参数中你认为哪些相对比较重要?
12. 到目前为止 SPC 和 MIC 都没有在实际生产中得到应用,你认为主要原因在哪里?
13. 为何 ELA 工艺中的激光波长通常会选用 308nm?
14. 请定性描述激光退火中能量密度与晶粒大小的关系并解释其原因。
15. 激光退火工艺对非晶硅薄膜提出哪些要求? 为什么?
16. 在激光退火中你认为哪些工艺参数相对比较重要?
17. 在激光退火中如何确定基板的扫描速率?
18. 为何热扩散不适合用于 p-Si TFT 的掺杂工艺?
19. 离子注入的射程和射程分布取决于何种因素?
20. 离子注入的剂量取决于何种因素?
21. 为何离子注入后要进行退火处理?
22. 在离子注入工艺中你认为哪些工艺参数相对比较重要?

23. 在 TFT 制程中为何不选用接触式和接近式曝光模式?

24. 请证明在光刻工艺中光刻胶的 CMTF 必须小于曝光系统的 MTF。

25. 光刻胶涂覆与显影设备的工艺参数很多,你认为哪些会相对比较重要?

26. 在 TFT 曝光工艺中"对准"的含义都有哪些? 在实际生产中如何确保对准?

27. 何为曝光工艺中的共通缺陷?

28. 为何在刻蚀工艺中需要采用 O.E.?

29. 刻蚀工艺中选择比的含义是什么?

30. 湿法刻蚀中高速刻蚀和低速刻蚀的物理含义和实际效果有何不同?

31. 在 TFT 制程中如何进行湿法刻蚀模式的选择?

32. 湿法刻蚀的工艺参数中你认为哪些参数相对比较重要?

33. 干法刻蚀为何可实现刻蚀方向性可控?

34. 在 TFT 制程中如何进行干法刻蚀模式的选择?

35. 你认为干法刻蚀的哪些工艺参数相对比较重要?

36. AOI 测试的基本原理是什么?

37. O/S 检测时如何发现短路和断路?

38. 请简单说明阵列测试仪的基本测试原理。

39. TEG 测试仪的基本功能是什么?

40. 在 TFT 阵列制备完成后如何快速而准确地判断 TFT 阵列是否符合平板显示有源驱动的要求?

参考文献

[1] 谷至华. 薄膜晶体管(TFT)阵列制造技术[M]. 上海: 复旦大学出版社, 2007.

[2] 申智源. TFT-LCD 技术: 结构、原理及制造技术[M]. 北京: 电子工业出版社, 2012.

[3] 李兴. 超大规模集成电路技术基础[M]. 北京: 电子工业出版社, 1999.

[4] 吴自勤, 王兵. 薄膜生长[M]. 北京: 科学出版社, 2001.

[5] Quirk M, Serda J. 半导体制造技术[M]. 北京: 电子工业出版社, 2008.

[6] Campbell S A. 微电子制造科学原理与工程技术[M]. 北京: 电子工业出版社, 2003.

[7] Plummer J D, Deal M D, Griffin P B. 硅超大规模集成电路工艺技术: 理论、实践与模型[M]. 北京: 电子工业出版社, 2003.

[8] 吴娟. 磁控溅射腔室残余气体影响的研究[D]. 上海交通大学, 2015.

[9] 杨武保. 磁控溅射镀膜技术最新进展及发展趋势[J]. 石油机械, 2005, 29(6): 29.

[10] 余东海, 王成勇. 磁控溅射镀膜技术的发展[J]. 真空, 2009, 34(3): 3.

[11] 吴笛. 物理气相沉积技术的研究进展与应用[J]. 机械工程与自动化, 2011, 19(4): 214-216.

[12] 田民波. 薄膜技术与薄膜材料[M]. 北京: 清华大学出版社, 2011.

[13] 吴海波. 非晶硅薄膜晶体管 PECVD 成膜工艺的优化研究[D]. 上海交通大学, 2015.

[14] 谢振宇, 龙春平, 邓朝勇, 等. 非晶硅 TFT 栅界面层氮化硅薄膜性能的研究[J]. 真空科学与技术学报, 2007, 27(4): 341-344.

[15] 袁剑峰, 杨柏梁, 朱永福. 高性能 a-Si: H TFT 开关器件的研制[J]. 液晶与显示, 1999, 14(3): 181-185.

[16] 胡国仁. 多晶硅工艺技术与器件物理介绍[C]. 武汉: 提升面板良率相关技术培训(LTPS 专题), 2015.

第6章

CHAPTER 6

薄膜晶体管阵列

制备工艺整合

第 5 章中提到薄膜晶体管阵列制备的工艺流程由若干工艺单元构成,而每个工艺单元又由许多单项工艺构成。因此,所谓工艺整合就是合理地将单项工艺组合构成工艺单元,再将工艺单元合理组合成 TFT 阵列制备的工艺流程。既然如此,如何才能确保工艺整合的合理性呢? 图 6.1 给出了 TFT 阵列工艺设计和整合时需要考虑的主要因素。在工艺整合时需要考虑拟生产的 TFT 器件结构与特性之间的关系原理,这样结合产品的规格要求便可以确定器件膜层的材料种类和厚度及器件的基本结构等。器件结构确定后便需考虑采用何种单项工艺来制备,这通常会受到工厂已有设备条件的限制。即便如此,一般对单项工艺仍然可能有多种选择,这需要考虑单项工艺的原理及特点予以确定。在所采用的单项工艺基本确定后便需将这些单项工艺加以合理组合。例如,在有些情况下将单项工艺 A 放在单

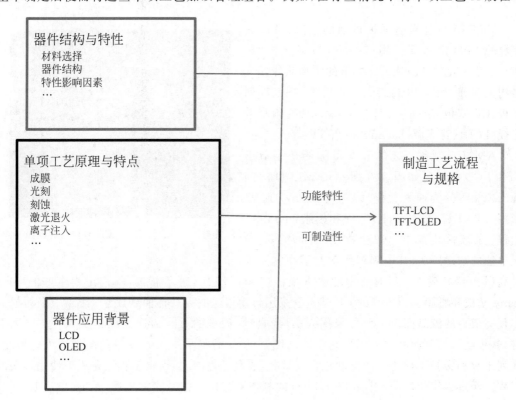

图 6.1　TFT 阵列工艺设计和整合时需要考虑的主要因素

项工艺 B 之前或之后均可,但器件特性和生产效率可能会有所不同;这种情况下便需要综合考虑器件的功能特性和可制造性予以确定。再举一个例子,如果单项工艺 C 在单项工艺 D 后执行,中间间隔时间(tact time)越短越好,否则可能会产生较多的制造不良;在这种情况下需要综合考虑产能和合格率之间的矛盾,确定一个合理的 tact time。此外,TFT 阵列的制造中必须随时对单项工艺的实施状况进行监控以便于及时进行修补或废弃,因此如何在 TFT 阵列的制造流程中设计合理的测试步骤也是工艺整合的重要任务之一。在平板显示中 TFT 阵列的主要作用是驱动液晶显示或有机发光二极管显示,所以在 TFT 阵列工艺设计和整合时也必须充分考虑到后续成盒、模组等工艺的影响和要求。事实上,在 TFT-LCD 或 AMOLED 的生产中,有些与 TFT 阵列工艺相关的问题就是后续成盒或模组工艺实施时发现并反馈回来的,因此在 TFT 阵列工艺整合时都必须对此有对应措施。

绪论中提到本书的重点是讲解与 a-Si TFT 和 p-Si TFT 相关的器件、工艺和应用原理。当前,a-Si TFT 主要应用在液晶显示的有源阵列驱动中,而 p-Si TFT 则主要应用在 AMOLED 中。为了更清楚地阐明薄膜晶体管阵列工艺整合的基本原理,在讲解 a-Si TFT 的工艺流程前先简单介绍 AMLCD 的完整制备工艺,在讲解 p-Si TFT 的工艺流程前先简要介绍 AMOLED 的完整制备工艺。在本章的最后会简单介绍薄膜晶体管阵列制备中用到的主要测试设备和基本方法以及柔性 TFT 背板的制备工艺。

6.1 AMLCD 制备工艺概述

TFT-LCD 是当前平板显示的主流,目前大多数的 FPD 产品都采用 TFT-LCD 显示模组。图 6.2 是 7 英寸 TFT-LCD 模组的实物照片。从结构上划分,TFT-LCD 模组可以分为 TFT 阵列基板、CF 基板、液晶层、偏光片、驱动 IC、印制电路板(PCB)、背光源(backlight)和外框等。

AMLCD 制备工艺的基本目的便是制造出 TFT-LCD 模组。如图 6.3 所示,AMLCD 的制备工艺流程分为四大工程,即阵列(array)工程、彩膜(CF)工程、成盒(cell)工程和模组(module)工程。在实际生产中一般会按照这四大工程设立单独的洁净厂房,其中阵列厂房对洁净度要求

图 6.2 7 英寸 TFT-LCD 模组的实物照片

最高(100 级),模组厂房对洁净度要求最低(10000 级)。通常而言,阵列工程生产的 TFT array 基板和彩膜工程生产的 CF 基板会采用自动搬送的方式传递到成盒工程厂房;而成盒工程完成后的液晶面板一般可采用人工(或自动)搬送的方式传递到模组工程。从原则上讲,基板在未切割前必须采用自动搬送,切割成小片后则采用人工或自动搬送均可。因此,阵列工程和彩膜工程的生产自动化程度最高,成盒工程次之,模组工程则是人力使用最多的工程。经过多年的发展,当前 TFT-LCD 的制备工艺技术已经非常成熟,不同 TFT-LCD 生产制造厂商均采用非常类似的工艺技术。下面对上述四大工程所涉及的技术一一加以简要介绍。

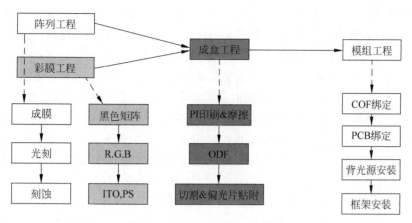

图 6.3 AMLCD 制备工艺流程

6.1.1 阵列工程

TFT-LCD 阵列工程的主要功能是生产制造 TFT 阵列基板。目前大多数的阵列工程都采用非晶硅薄膜晶体管技术。具体而言,a-Si TFT 的器件结构通常采用倒置错排型(inverted staggered)的背沟道刻蚀(BCE)结构,制程一般采用 5Mask 工艺技术。为了降低生产成本,有些厂家也会采用 4Mask 工艺技术。当然,TFT 阵列制造掩膜版的数目与液晶显示模式也有一定关系。例如,采用边缘场转换(fringe field switch)模式,即通过 TFT 基板上的顶层条状像素电极和底层面状共电极之间产生的边缘电场,使电极之间及电极正上方的液晶分子都能在平行于玻璃基板的平面上发生转动,一般要比常见的 TN 模式在阵列工程多采用一张掩膜版。

关于阵列工程的详细讲解将在 6.2 节中进行。本节主要讨论阵列工程与其他工程之间的关系。首先,阵列工程是 AMLCD 制造中投资最大的工程,它使用的磁控溅射、PECVD、曝光机和干法刻蚀等设备都具有非常昂贵的价格。其次,阵列工程是制备精细度最高的工程(最小特征尺寸~4μm),对厂房洁净度等环境的要求也最严格。最后,阵列工程是 AMLCD 制程中最先展开的工程,因此会对后续的成盒、模组等工程负有一定的服务功能。例如,成盒工程中的 PI 印刷、切割和偏光片贴附等工艺步骤及模组工程中的 IC 绑定和 PCB 绑定等工艺步骤都需要在玻璃基板上有相应的对位(或测量)标记,这些标记与机台上的对位标记一起确保加工时对位的精确度;一般来说,这些标记都是在阵列工程的栅电极制作时一并做出。在阵列工程中的制造不良基本上会在阵列工程结束前被检测出并进行及时处理,但仍有少数的不良品会流到成盒和模组工程,在后续的屏检和模组检查时被发现,这些阵列工程发生的不良可能在后续工程中得到修补,在特殊的情况下也可能返回阵列工程进行再加工。

6.1.2 彩膜工程

因为液晶本身是不发光的,所以 TFT-LCD 配有可以发出白光的背光源。白光通过液晶盒并被调制后再经过彩膜(CF)便可形成彩色的图案。因此,TFT-LCD 的色彩特性主要取决于背光源和彩膜的光学特性。为了形成彩色显示,AMLCD 的像素实际上被划分为 3

个子像素,分别对应 R、G 和 B。一方面,在 TFT 阵列基板要将像素划分为 3 个子像素并根据需要在 3 个子像素上加载不同的驱动电压;另一方面,在 CF 基板上也要划分成 3 个子像素并分别沉积 R、G、B 3 种色阻。TFT 阵列基板和 CF 基板上的子像素必须一一对应,这需要后面成盒工艺精度予以保证。一般来说,TFT-LCD 的上下基板对位精度是 4 μm 左右,因此在设计 CF 的平面结构时必须充分考虑到这一点,否则可能发生像素边缘漏光的不良。图 6.4 为 CF 基板的结构示意图,我们注意到,在 R、G、B 色阻之间是防止漏光的黑色矩阵(Black Matrix,BM),而在色阻上面是一整块 ITO 电极(共通电极)。黑色矩阵的设计必须确保在对位工艺精度的前提下色阻的透过率始终受到 TFT 阵列基板上对应子像素电极的完全控制。随着 TFT-LCD 面板尺寸的增加,盒厚均一性越来越难以保证。传统上都是通过在阵列基板和 CF 基板间散布间隙子(spacer)来保证盒厚,但是这种方法有时会因 spacer 的集聚而引起盒厚不均。为此,当前针对大尺寸 TFT-LCD 面板倾向于采用光间隙子(Photo Spacer,PS)技术来解决上述问题。所谓 PS 技术即在 CF 的 BM 上制作出与盒厚尺寸匹配的 PS 图案(图 6.4 中未画出),这些 PS 的另一端通常坐落在阵列基板的扫描电极上。因为 PS 是均匀分布的,所以 TFT-LCD 面板的盒厚均匀性得到了保证。

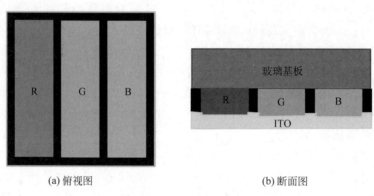

(a) 俯视图　　　　　　　　　　　　(b) 断面图

图 6.4　CF 基板的结构示意图

彩膜工程的制备原理与 TFT 阵列基板相类似,也是由若干单项工艺组成工艺单元,再由若干工艺单元构成制备工艺流程。彩膜工程在工艺技术上较阵列工程要容易一些,这主要体现在以下几方面:①彩膜中的 BM、R、G 和 B 等色阻具有类似光刻胶的性质,因此对它们直接进行曝光和显影便可完成图形化;②共电极 ITO 一般不需要图形化;③CF 工程的最小特征尺寸(>10 μm)要远大于 TFT 阵列工程(≤4 μm)。

在实际生产中,彩膜工程一般可划分为以下几个工艺单元:①BM,即形成黑色矩阵图案,具体包括 BM 的涂覆、曝光和显影等;②R,即形成红色色阻图案,具体包括 R 的涂覆、曝光和显影等;③G,即形成绿色色阻图案,具体包括 G 的涂覆、曝光和显影等;④B,即形成蓝色色阻图案,具体包括 B 的涂覆、曝光和显影等;⑤ITO,即共电极薄膜的沉积。如果采用 PS 技术,可以在 ITO 电极沉积前或沉积后做出 PS 的图案。PS 一般也是具有光刻胶性质的材料,因此对其直接进行曝光和显影便可完成图形化。

6.1.3　成盒工程

当 TFT 阵列基板和 CF 基板制备完毕并输送到成盒工厂后,便可以开始实施成盒工程了。如图 6.5 所示,在成盒工程中首先分别对 TFT 阵列基板和 CF 基板进行加工处理(在上面形成取向膜、框胶(seal)、spacer 和液晶等),然后将两块基板组立在一起并切割成屏,最后在屏上贴附偏光片后再经屏检即完成成盒工程。

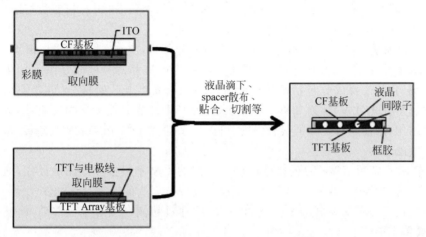

图 6.5　TFT-LCD 的成盒工程示意图

成盒工程中采取的单项工艺因世代和液晶模式的不同而有所区别。在此仅以高世代(G5 以上)生产线中 TN 模式液晶成盒工程中采用的单项工艺为例加以简单介绍。

(1) 取向膜(PI)印刷与摩擦。这项工艺需要同时在 TFT 阵列基板和 CF 基板上实施。首先在基板上面采用滚轮印刷 PI 膜。因为 PI 膜有一定的图案,所以印刷时会辅以模板。配向膜印刷之后进行加热预干燥,配向膜溶液中溶剂成分部分挥发,随后基板在加热炉中被加热到更高温度,使溶剂全部挥发,并且配向材发生脱水反应而固化(一般情况下),这一过程称为配向膜烧成。最后便对 PI 膜进行摩擦取向,此时须特别注意两块基板的摩擦方向以确保上下基板间液晶取向角度差。摩擦完毕后须对基板进行彻底地清洗。

(2) 框胶涂覆。这项工艺可以在 TFT 阵列基板上实施,也可以在 CF 基板上进行。在此我们假设在 TFT 阵列基板上进行框胶涂覆。因为液晶在室温下一般呈液态,具有一定流动性,因此必须在屏的四周涂覆框胶将其封住。此外,seal 中还设有 space 以配合屏中的spacer 共同确保液晶盒的盒厚。框胶涂覆设备可以根据程序的设定自动完成框胶图案的涂覆。

(3) 银胶涂覆。在 TFT 阵列基板的配线上涂布 Ag 胶,使 TFT 阵列基板与 CF 基板导通。银胶涂覆的设备原理与框胶涂覆相类似。

(4) 液晶滴下。为了达到满足要求的均一盒厚值,在 TFT 阵列基板上需高精度地滴下必要量的液晶。显然,液晶滴下必须在屏外围框胶范围内进行。液晶屏的厚度主要是由滴下的液晶量来控制的。因此,要达到要求的盒厚值,就要严格地控制液晶滴下量的精度。

(5) spacer 散布。如果不采用上一节提到的 PS 技术,为了确保液晶盒盒厚必须进行spacer 散布。该项工艺一般在 CF 基板上进行。在实际生产中,spacer 散布采用的是干式喷淋方式,这种方式最大的特点就是不需要任何溶剂,而是让 spacer 经反复摩擦后带同种性质的静电并相排斥,从而分散开。这样能减少 spacer 凝集的发生。所以在工程的管理中对静电的管控是很重要的。经摩擦带电分散后的 spacer 再由高压的干燥氮气均匀地喷洒在整个 CF 基板上。最后为避免 spacer 的位置受滴下的液晶流动的影响,通过加热将已散布的 spacer 固着在 CF 基板上。

(6) 真空贴合。在 CF 基板已经进行了 spacer 散布,TFT 阵列基板已完成了框胶和银胶涂覆以及液晶滴下后,先将 CF 基板送入真空贴合装置,用静电吸着的方式将 CF 基板吸在上定磐,接着用下定磐吸着 TFT 基板,之后先进行粗对位,再进行精对位,抽真空后利用大气加压进行贴合,大气开放之后制品进入下一流程。

(7) 框胶硬化。通过 UV、加热对框胶进行充分硬化,使真空贴合后的 CF 及 TFT 阵列基板在 seal 的作用下,无偏移地接着,形成盒厚稳定的液晶屏。框胶是由多种化学物质组成的黏接剂,它的主要成分包括基体树脂、Oligomer、光重合开始材、光重合停止材和硬化剂等。通过紫外光(UV)照射和热风炉加热,促使其内部成分发生化学反应,形成稳定的三次元架桥结构,因而具有足够的接着强度,可以用来黏合 TFT 阵列和 CF 基板,从而形成盒厚稳定的液晶盒。

(8) 切断。切断工程的目的是将已经贴合好的大型基板按照产品的尺寸,通过上下切断方式切割为单个屏。基板的切断原理是通过高浸透刀头的切割,使玻璃产生垂直裂缝,这种裂缝可以进行到玻璃厚度的 80%~90%,最后通过切割台吸着基板移动,使基板完全断裂,分离成单个屏。

(9) 磨边。在液晶显示器的制造过程中,为了防止在玻璃基板上的晶体管被静电击穿,通常将每个晶体管上的栅极和漏极用静电保护回路连接起来,起到保护的作用。在成盒后工程中的个片切断工程中,大屏被切割成客户需要尺寸的小屏后需进行磨边处理,磨去静电防止保护回路使液晶显示器能正常显示。另外磨边的作用还可以处理玻璃因切断后产生的裂口和裂缝,使玻璃基板不会因以上的原因产生破损。

(10) 偏光片贴附。从料盒取出屏,经过清扫滚轮,进行图像定位,然后与偏光板供给部出来的偏光板进行贴合,贴合完毕后,将屏反转,进行另一面贴附。偏光片贴附工艺中需要注意的是确保上下偏振片偏振化方向的角度差。

成盒工程结束前一般还需进行屏检,即点灯检查。如果发现不良需及时进行修补或废弃;如果检查无误,屏将发往模组工程。

6.1.4 模组工程

模组工程是 TFT-LCD 制程的最后一道工程,如图 6.6 所示,它的主要功能是将驱动 IC 和印刷电路板连接至液晶面板的端子部,再将背光源及控制电路板组装后即可形成 TFT-LCD 模组,之后再经过点亮和时效测试即完成模组工程。模组工程采用的工艺技术也因产品的不同而有所区别,在此仅以当前常见的模组工程单项工艺为例加以简单介绍。

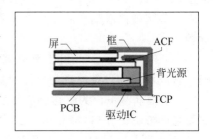

图 6.6 TFT-LCD 模组工程示意图

(1) IC 绑定。本工艺的主要功能是将 IC 连接到液晶面板的端子部。这里通常会用到一种各向异性导电膜(Anisotropic Conductive Film,ACF)的材料。ACF 受压后只沿着垂直于薄膜表面的

方向导电。首先将 ACF 加热压接到屏端子处,之后再将 IC 压接到 ACF 上,从而完成了 IC 的绑定。

（2）FPC（Flexible Printed Circuit）绑定。因为控制电路板后续必须进行弯折,所以在 PCB 和屏之间只能由 FPC 连接。首先,将 ACF 加热压接至屏端子处,然后再将 FPC 压接到 ACF 上,这样便完成了 FPC 的绑定。

（3）PCB 绑定。本工艺的主要功能是将 PCB 板连接到 FPC 上。首先将 ACF 压接到 FPC 上,再将 PCB 压接到 ACF 上,从而完成 PCB 与 FPC 的连接。

（4）树脂涂覆。在 IC 与面板的缝隙处涂覆树脂,可以起到保护线路并防止背光源漏光的作用。

（5）模块组装。模块组装是将带有信号处理基板和接续基板的面板和背光源,屏蔽板及其他部件组装在一起的操作。

（6）高温老化。高温老化的目的是找出初期不良,避免不良品流出到顾客手中。通常将 TFT-LCD 模组放到高温（高湿）的老化炉中并点亮观察其工作状态,如此持续一段时间后如无异常发生便完成了高温老化测试。

（7）回路调整。主要调整合适的共电压（V_{com}）以改善显示模组的闪烁特性。

模组工程结束前需要进行一系列检查,称为模组检。检查的内容包括显示检查、电气特性检查、光学特性检查和外观检查等。如果发现不良品将进行相应的修理或废弃;如果没有问题则可以进行包装出货。

6.2　非晶硅薄膜晶体管阵列基板制备工艺流程

6.1 节简单介绍了 AMLCD 的制备工艺流程,其中非晶硅 TFT 阵列的制备工艺整合是本节将要仔细讲解的内容。图 6.7 中的结构示意图画出了非晶硅薄膜晶体管阵列基板的主要结构。其中最主体的部分当然是几百万至数千万的非晶硅薄膜晶体管构成的阵列。我们注意到这些薄膜晶体管都通过扫描电极和数据电极连接在一起。通常在扫描电极的一端会存在扫描端子,扫描驱动 IC 会在后续的模组工程中被绑定在这些扫描端子上。因此,扫描信号都会通过这些扫描端子输入液晶面板。同理,在数据电极的一端通常都存在数据端子,数据驱动 IC 会在后续的模组工程中被绑定在这些数据端子上。因此,数据信号都会通过这些数据端子输入液晶面板。实际的阵列基板的结构比图 6.7 中的示意图要复杂得多,它至少还应该包括以下结构。

（1）静电防护电路。为了防止 TFT 阵列基板发生静电击穿,一般在 TFT 阵列与端子间设有静电防护电路。这些电路通常由数个 TFT 器件构成。此外,在 TFT 阵列工程中,所有的端子都短接在一起以防止静电击穿,后续成盒工程中会通过磨边工艺将这些短接线路去除。

（2）工艺用标记。在 TFT 阵列工程、成盒工程和模组工程中对位或量测用的 mark 都会被制作在 TFT 阵列基板上。

（3）测量单元（Test Group Element,TEG）。在 AMLCD 的制程中会预先设计很多的 TEG 以随时监控各单项工艺、工艺单元和工艺流程的加工效果。例如,针对磁控溅射沉积的金属薄膜的方块电阻需要进行及时测量和监控;针对 PECVD 沉积的 SiN_x 的介电常数也需要及时进行测量和监控;针对光刻工艺的线幅也需要进行及时测量和监控;针对刻蚀工艺的侧刻量也同样需要及时测量和监控等。

当然,最终完成的 TFT 器件的电学特性更需要及时测量和监控。上述这些测试和监控功能都需要通过对分布在 TFT 阵列基板上的 TEG 的测量和表征来完成。需要特别强调指出的是,TFT 阵列基板上的所有结构,包括 TFT 阵列、端子、保护电路、工艺 mark 和 TEG 等都是在 a-Si TFT 的工艺流程(如 5MASK 工艺、4MASK 工艺等)中同时制造完成。为简单起见,后续在讲解制造工艺流程时一般以 TFT 器件为例进行介绍,但实际上端子、保护电路、工艺 mark 和 TEG 等也都同时会被制造出来。

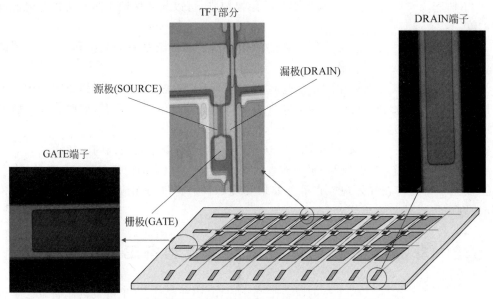

图 6.7　非晶硅薄膜晶体管阵列基板示意图和实际光学照片

图 6.7 中也给出了 TFT 器件及端子的光学显微镜照片,同时在上面标出了主要电极的名称和位置。事实上,单纯依靠平面图是无法确定器件的真实结构的,必须将平面图与断面图相结合才能对器件的结构实现完整的描述。非晶硅薄膜晶体管器件的断面扫描电子显微镜(SEM)照片如图 6.8(a)所示,我们注意到,TFT 器件看起来非常"扁平",实际上这与其名称(薄膜晶体管)是相符合的。为了讲解的方便,我们在画 TFT 的断面结构示意图时通常会夸大其垂直于平面方向的尺寸,如图 6.8(b)所示。在图 6.8(b)中也标出了 a-Si TFT 各主要部件的名称或相应材料名称。关于如何选择非晶硅薄膜晶体管各膜层材料已经在第 3 章详细介绍过,在此不再赘述。

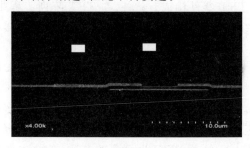

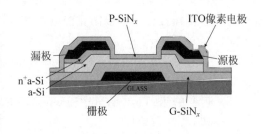

(a) a-Si TFT断面扫描电子显微镜照片　　　　　　　(b) a-Si TFT器件断面示意图

图 6.8　a-Si TFT 断面扫描电子显微镜照片和 a-Si TFT 器件断面示意图

　　到此为止,我们已经明确了非晶硅 TFT 阵列工艺的基本目标,即制造图 6.7 所示的阵列基板(其中最重要的 TFT 器件的断面结构如图 6.8 所示)。事实上,要实现上述目标有多种工艺流程可供选择,这些工艺流程或多或少存在着一定区别。在实际生产中最常采用的是 5MASK 和 4MASK 工艺流程,下面逐一加以详细介绍。

6.2.1　5MASK a-Si TFT 工艺流程

　　所谓 5MASK 工艺是指以光刻工艺为中心,将 a-Si TFT 阵列的制备工艺流程划分为 5 个工艺单元,它是当前实际生产中最广泛采用的工艺流程。采用 5MASK 工艺流程能够制造出标准的能用来驱动 TN 型液晶显示的 Inverted Staggered/BCE 非晶硅薄膜晶体管阵列基板。具体而言,5MASK 工艺流程的工艺单元包括:①Metal 1(M1):制备栅电极和共电极;②Island(IS):制备栅绝缘层及非晶硅岛;③Metal 2(M2):制备 M2 电极;④Passivation(PA):制备保护层;⑤Pixel(PI):制备 ITO 像素电极。接下来我们逐一详细讲解这些工艺单元的制备过程和相关要点。

1. M1 工艺单元

　　本工艺单元的主要功能是制备栅电极图案。如果 AMLCD 采用 C_S on Common 的架构,共电极的图案也在本工艺单元中一并制造出来。当前实际生产中栅电极一般选用铝电极,为了防止 HillLock 的发生而采用 AlNd/MoNb 结构,相关机理在第 3 章中已经详细介绍过,在此不再赘述。薄膜沉积的设备一般选用磁控溅射,在低世代(≤G5)通常会因成本问题而选用直流溅射,在高世代则为了提高成膜均一性而倾向于选择交流溅射。为了提高效率,AlNd 和 MoNb 合金在同一工艺腔室连续成膜,栅电极成膜用磁控溅射腔室内通常装有 AlNd 和 MoNb 两块合金靶材。在实际生产中,AlNd 膜厚(~270nm)要远大于 MoNb(~30nm)。栅电极成膜后需对其电阻率作严密的监控,一般在本工艺单元完成后会采用四探针法对 TEG 进行在线测量。此外,因为栅极薄膜位于 TFT 阵列的最下层,所以必须确保 AlNd 薄膜与玻璃基板具有良好的结合性。本工艺单元采用的光刻工艺没有特殊之处,光刻胶的厚度通常采用 1.8μm 左右。需要说明的是,TFT 阵列后续工艺单元以及成盒、模组工程所需的工艺 mark、TEG 等都在本工艺单元做出。因此,在本工艺单元所用的光刻掩膜版中都必须预先设计好这些图案。为了节省成本,本工艺单元的刻蚀采用湿法刻蚀。因为栅电极对刻蚀精度和可控性要求不高,湿法刻蚀完全能够满足要求。需要着重指出的是,因为在倒置错排结构中,栅电极位于器件的最下面,后续会有多层薄膜逐一覆盖在栅电极上,所以栅电极图案边缘角度的控制非常重要。如果电极边缘过于陡峭,覆盖在上面的薄膜可能会发生断裂的现象。因此,栅电极图案的边缘角度一般需控制在 60°左右。鉴于栅电极的刻蚀需要线宽和角度控制并重,一般会将高速湿法刻蚀模式(如喷淋模式等)和低速湿法刻蚀模式(如静置和浸润等)结合起来。

　　下面详细介绍 M1 工艺单元的制造过程。首先需要对基板进行洗净。因为这是 TFT 阵列玻璃基板采购后的第一次清洗,所以称为"投入洗净"。一般而言,投入洗净的工艺难度要比后续成膜前洗净大得多,因为刚投入生产的玻璃基板的表面会附着有大量的有机污染、灰尘甚至划痕等。所以投入洗净的工艺环节设置较多,包括 UV 清洗、刷洗、超声波清洗、二流体清洗和碱清洗等。为此,洗净工程师必须调整好洗净机台的工艺参数,以达到栅电极成膜对玻璃基板清洁度的要求。接着便采用磁控溅射设备沉积 AlNd/MoNb 薄膜。一般而言,距离玻璃基板边缘 1mm 以上的区域都是成膜有效区,即在此区域范围的成膜均一性和膜质都必须符合工艺规格上的要求。除了针对薄膜电学特性和机械特性的要求,一般会要求成膜速率均一性优于 10%。经过对沉积的栅电极薄膜清洗后便可在上面均匀地涂覆 1.8μm 厚的光刻胶并进行曝光,如图 6.9 所示。需要说明的是,因为这是 TFT 阵列基板上的第一次图形化,所以并没有阵列基板与光刻掩膜版之间的对位操作。当然,光刻掩膜版与 mask stage 之间仍然需要精确地对位。如图 6.9 所示,经过曝光后光刻胶便分为了两个区域,即受紫外线照射的区域和未被紫外线照射的区域。因为在 a-Si TFT 的制程中通常采用正胶,所以经过显影后未被紫外线照到的光刻胶将被保留下来,如图 6.10 所示。之后以保留的光刻胶图案作为掩蔽进行湿法刻蚀,获得了与光刻胶图案基本相同的栅电极薄膜图案(如图 6.11 所示)。因为栅电极边缘图案的角度非常重要,必须选择合适的刻蚀液并采用适当的刻蚀工艺参数以确保得到理想的刻蚀角度。此外,刻蚀液的选择也需要注意确保不能使玻璃基板受到腐蚀。因为本工艺单元的湿刻包括喷淋和浸润(或静置)两种刻蚀模式,所以相关工艺参数调整和优化的难度相对较大。刻蚀完成后把光刻胶剥离即完成 M1 工艺单元,图 6.12 给出了 M1 工艺单元完成时 TFT 器件的断面和平面结构示意图。为简单起见,图 6.9～图 6.12 中并未画出可能存在的共电极图案。

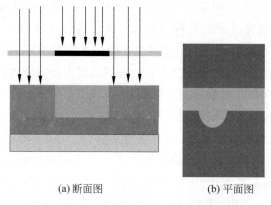

(a)断面图   (b) 平面图

图 6.9　M1 工艺单元曝光工艺步骤示意图

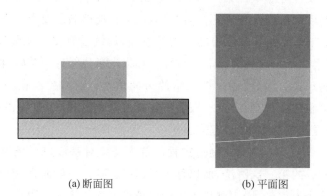

(a)断面图   (b) 平面图

图 6.10　M1 工艺单元显影后 TFT 器件结构示意图

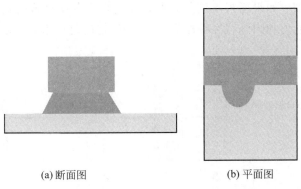

(a)断面图　　　　　　　　　　(b)平面图

图 6.11　M1 工艺单元刻蚀后 TFT 器件结构示意图

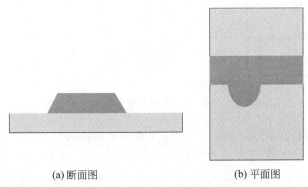

(a)断面图　　　　　　　　　　(b)平面图

图 6.12　M1 工艺单元光刻胶剥离后 TFT 器件结构示意图

　　在 M1 工艺单元实施过程中,除了前面提到的栅电极电阻率、厚度和边缘角度等需要进行严格管控外,还有一些关键的平面尺寸必须引起足够的重视。如图 6.13 所示,在 M1 工艺单元中有三个关键平面尺寸需要进行严格管控。首先,栅电极的宽度(G1)与其电阻值密切相关,进而决定了栅电极的 RC 延迟特性,因此必须严格控制 G1 尺寸的精度。一方面,G1 尺寸线幅必须准确控制,否则扫描线的 RC 延迟特性可能会与设计目标存在差异,这主要需要通过精确控制光刻工艺和刻蚀工艺的精度予以实现;另一方面,G1 尺寸的均一性也非常重要,即在 TFT-LCD 面板不同位置的 G1 尺寸值不应存在显著的差异,否则可能会引起显示不均,这需要通过管控成膜、光刻和刻蚀均一性予以实现。其次,遮光线宽度(G2,G3)也需严格控制。像素电极边缘附近的电场较难控制,会导致相应区域的液晶分子的取向混乱而使液晶盒漏光;为此,像素电源边缘必须被遮住。当然,可以利用 CF 上的 BM 进行遮挡,但这样会显著降低面板开口率,因为上下基板的对位精度不高(~4μm)。如果采用图 6.13 所示的遮光层,可以获得比 BM 遮蔽更大的面板开口率,这是因为遮光层与像素电极层之间的对位精度非常高(<1μm)的缘故。因此,G2 和 G3 尺寸的精度和对位非常重要,必须在争取尽可能大的开口率的情况下确保像素电极边缘被严密遮蔽,这需要结合版图设计和工艺能力管控才能最终达到目的。此外,在采用 C_S on Common 架构时,共电极宽度也非常重要(图 6.13 中未画出),该尺寸与存储电容的大小和开口率都密切相关,必须进行严格的管控。根据第 2 章讲解的内容,存储电容的大小与 AMLCD 的充放电能力和闪烁特性都存在密切的关系,因此必须确保制造出的存储电容值完全符合设计值。此外,存储电容

的均一性也非常重要;如果面板不同位置的存储电容值存在显著的差异,会导致不同位置处的像素的充放电能力和闪烁特性存在明显的差异,这就是严重的显示不均。

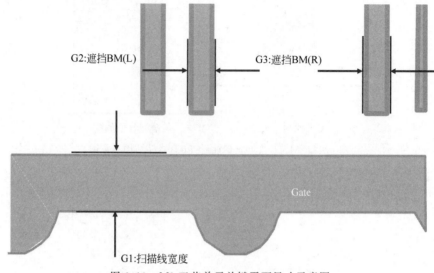

图 6.13　M1 工艺单元关键平面尺寸示意图

图 6.14 是 M1 工艺单元结束时 TFT 阵列整体平面结构示意图。我们注意到,除了前面已着重介绍过的 TFT 阵列区域的扫描电极图案外,扫描端子、共电极、共电极端子和遮光线等也一并制作完毕。当然,图 6.14 中没有画出的后续工艺所需的工艺 mark、TEG 及静电保护电路等图案也同样已经制备完毕。需要强调指出的是,因为当前 AMLCD 普遍采用 COG(Chip on Glass)技术,所以扫描端子的图案实际上比图示的要复杂得多。图 6.14 实际上给出的是 C_S on Common 架构的 TFT 阵列基板的阶段结构示意图,因此在 TFT 阵列区域存在与扫描线相平行的共电极。需要说明的是,后续这些共电极都会在端子处连接成一体并最终与 CF 上的共电极也连接起来。

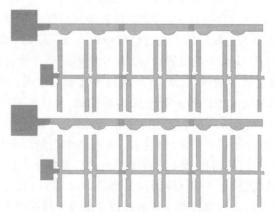

图 6.14　M1 工艺单元结束时 TFT 阵列整体平面结构示意图

2. IS 工艺单元

本工艺单元的主要功能是形成栅绝缘层和非晶硅(含 a-Si 和 n^+ a-Si)岛。栅绝缘层选择 SiN$_x$,这主要因为氮化硅薄膜能够与非晶硅形成非常良好的界面特性,即 SiN$_x$/a-Si 界面的缺陷态相对较少。当然,SiN$_x$ 的相对介电常数(~7.5)较高也是作为 TFT 栅绝缘层材料的优势之一。本征非晶硅作为 TFT 的有源层,其特性的好坏直接影响到 TFT 器件及相关电路的功能。为了降低非晶硅中的深能级缺陷态(deep states),通常在本征非晶硅成膜时要掺入适当含量的氢原子以减少悬挂键的密度。因为 a-Si 薄膜膜质的重要性(作为 TFT 的有源层),在实际生产中必须针对非晶硅薄膜中氢含量和缺陷态密度等进行严密的监控,以便及时调整工艺参数而确保薄膜品质符合工艺规格要求。此外,本征非晶硅与一般的金属电极很难形成好的欧姆接触,为此在本征非晶硅和 S/D 电极间会添加一层 n$^+$ a-Si 而确保在有源层和 S/D 电极间形成好的欧姆接触;具体情况在第 4 章中已经详细介绍过,在此不再赘述。至于成膜方式,SiN$_x$、a-Si 和 n$^+$ a-Si 均采用 PECVD 方法沉积。因此,本工艺单元中三层薄膜(SiN$_x$、a-Si 和 n$^+$ a-Si)可以在 PECVD 腔室中连续成膜,这样能够获得非常好的前沟道界面(有源层/栅绝缘层界面)特性,这也正是 inverted staggered 器件结构的优势所在(详见第 4 章相关内容)。本工艺单元的光刻工艺没有特殊之处,在曝光时阵列基板和光刻掩膜版的对位采用基板上的 M1 Mark 与光刻掩膜版上的 Island Mark 相对位。本工艺单元的图形化精度和可控性要求较高,因此在刻蚀工艺的选择上都采用干法刻蚀。因为本工艺单元的刻蚀对象薄膜较薄(<100nm),所以不需要选用 ICP 模式,一般选用 RIE 干法刻蚀模式的机台即可满足刻蚀速率的要求。

下面详细介绍本工艺单元的各工艺步骤。首先进行成膜前洗净。然后在 PECVD 机台中沉积一层氮化硅薄膜(厚度约为 GI 层的一半),如图 6.15 所示。接着再清洗基板并进行三层膜(SiN$_x$/a-Si/n$^+$ a-Si)沉积,如图 6.16 所示。三层膜中的 SiN$_x$ 薄膜的厚度也约为 GI 层厚度的一半。之所以将 GI 层分两次成膜,主要是为了防止出现贯穿 GI 层的灰尘和异物。另外,前后沉积的 GI 层膜质可以不同,这样也可以提高生产效率(前面沉积的 SiN$_x$ 薄膜的膜质要求不高,因此可以采用快速成膜)。本征非晶硅薄膜的厚度为 70nm 左右,n$^+$ a-Si 的薄膜厚度为 30nm 左右。紧接着便可进行非晶硅岛的图形化,包括光刻、刻蚀和光刻胶剥离等单项工艺步骤。这里值得一提的是,针对非晶硅的刻蚀一般采用 RIE 模式的干法刻蚀,必须采用合适的工艺参数以确保 a-Si/SiN$_x$ 的选择比大于 10。否则 GI 层被刻蚀过多可能导致存储电容的大小发生较大变化,进而影响到像素的充放电功能。图形化完毕后的 TFT 器件结构如图 6.17 所示。我们注意到,非晶硅岛完全坐落在扫描电极的范围内,这种

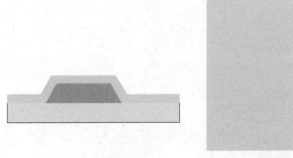

(a) 断面示意图 (b) 平面示意图

图 6.15 IS 工艺单元的 GI 第一次成膜

架构称为 Island-In,主要好处是背光源发出的光不会直接照射到有源层。在第 3 章曾经介绍过非晶硅对光是非常敏感的,所以采用 Island-In 架构有利于降低 a-Si TFT 光照不稳定性。另一个需要强调的问题是非晶硅岛的边缘角度。因为后续 S/D 电极薄膜要跨越非晶硅岛的边缘台阶,所以这个角度不能太陡峭。这需要调整和优化干法刻蚀的工艺条件予以保证。

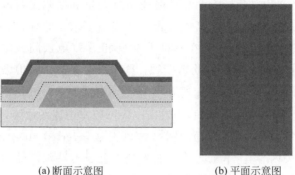

(a)断面示意图   (b) 平面示意图

图 6.16　IS 工艺单元的三层膜连续成膜

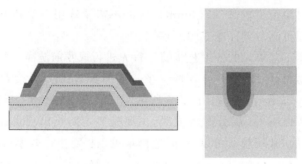

(a)断面示意图   (b) 平面示意图

图 6.17　IS 工艺单元的岛刻蚀后的 TFT 器件

在本工艺单元中,最需要关注的是有源层的成膜质量和非晶硅岛的边缘角度,而需要管控的平面尺寸并不多。如图 6.18 所示,非晶硅岛的宽度是唯一需要关注的平面尺寸。这一尺寸会与后续的 S/D 电极的交叠状况有关。此外,必须确保非晶硅岛的大小不致超出扫描

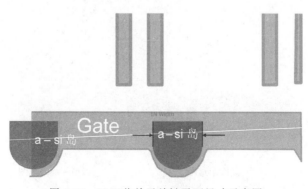

图 6.18　IS 工艺单元关键平面尺寸示意图

电极的范围,否则 a-Si TFT 的光照不稳定性将变得非常严重。图 6.19 是本工艺单元完成后 a-Si TFT 阵列基板整体布局示意图。我们注意到,本工艺单元的图案仅限于 TFT 阵列区域,并不涉及端子区域。当然在静电防护电路、工艺 mark 和 TEG 等区域仍然会有非晶硅图案的存在。为简单起见,图 6.19 中并未画出。

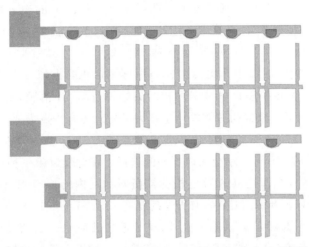

图 6.19 IS 工艺单元完成后 TFT 阵列基板整体布局示意图

3. M2 工艺单元

本工艺单元的主要功能是制备 S/D 数据电极并形成导电沟道。数据电极一般采用 MoNb/AlNd/MoNb 多层薄膜。如前所述,之所以采用这种三明治结构的 S/D 电极结构是为了防止 HillLock 的发生。S/D 电极的总厚度大约为 300nm。薄膜沉积的设备一般选用磁控溅射,在低世代(≤G5)通常会因成本问题而选用直流溅射,在高世代则为了提高成膜均一性而倾向于选择交流溅射。为了提高效率,AlNd 和 MoNb 合金在同一工艺腔室内连续成膜,数据电极成膜用磁控溅射腔室中通常装有 AlNd 和 MoNb 两块合金靶材。数据电极成膜后需对其电阻率作严密的监控,一般在 S/D 图形化完成后采用四探针法对 TEG 进行在线测量。S/D 电极的光刻工艺并无特别之处,曝光对位时采用基板上 M1 Mark 与光刻掩膜版上的 M3 Mark 进行对位。刻蚀方法的选择方面则因为数据电极对图形化精度和可控性要求不高而采用湿法刻蚀。数据电极一般只对其线宽要求较高,所以通常选用喷淋这种高速湿法刻蚀模式即可。数据电极图形化完成后在沟道区域的 n^+ a-Si 仍然完整存在。为了能形成真正的导电沟道,必须以 S/D 电极为掩蔽对有源层进行刻蚀。基本目标是将背沟道的 n^+ a-Si 完全去除,同时还要保留适当厚度的本征非晶硅层,我们将此称之为"沟道刻蚀"。显然沟道刻蚀是一种"半刻蚀",对刻蚀的可控性要求极高,所以只能选择干法刻蚀。沟道刻蚀的刻蚀深度(沟道挖掘量)较小(~50nm),因此一般在实际生产中采用 RIE 模式的机台即可。

下面详细介绍本工艺单元的各工艺步骤。首先进行成膜前洗净。然后在磁控溅射仪中沉积 MoNb/AlNd/MoNb 薄膜,如图 6.20 所示。三层薄膜的厚度大约为 30nm/240nm/30nm,成膜均一性的一般要求是小于 10%。接着在 S/D 电极薄膜上进行光刻胶涂覆、曝光、显影、刻蚀和光刻胶的剥离而完成 S/D 电极的图形化,如图 6.21 所示。在此我们注意到,图 6.21 中所示的 TFT 的平面图案比较特殊,其漏电极呈 U 形,而源电极宽度则非常小。这种 U 形 TFT 的主要优点是其寄生电容 C_{gs} 非常小,从而导致 AMLCD 的 feedthrough 电压明显减小,进而改善液晶面板的闪烁特性。因为源电极的宽度较小,所以在台阶处容易断裂而形成显示点缺陷。这也是为什么在讲解 island 工艺单元时特意强调非晶硅岛边缘角度不宜太陡峭的缘故。顺便说明一下,U 形 TFT 的沟道宽度一般用 U 形曲线总长表示,因此这种 TFT 的宽长比会比较大,这有利于增加 TFT 的开态电流。在 S/D 的图形化时需要强调的一点是,必须调整和优化刻蚀工艺参数以获得理想的 MoNb/a-Si 和 MoNb/SiN$_x$ 刻蚀选择比。如果在 S/D 电极图形化时去掉过多的非晶硅薄膜,有可能引起显示点缺陷;如果在 S/D 电极图形化时刻蚀掉过多 GI 薄膜,则会使存储电容值发生较大变化而对 AMLCD 像素的充放电产生较大影响。还有一点需要额外说明,在 S/D 电极图形化结束后,可以将光刻胶剥离后再进行沟道刻蚀,也可以在沟道刻蚀后再剥离光刻胶。两种方法各有利弊,不同厂家会采取不同的选择。在此仅以第一种选择为例进行说明。如图 6.22 所示,沟道刻蚀即是以 S/D 电极为掩蔽对沟道内的 n$^+$a-Si 进行刻蚀,必须严格控制好刻蚀时间,以保证所有 TFT 的沟道处既没有 n$^+$a-Si 的残留又不能将本征非晶硅彻底刻断,否则均可能引起显示点缺陷。此外,在沟道刻蚀时也需要调整好干法刻蚀工艺条件,以获得理想的 a-Si/MoNb 和 a-Si/SiN$_x$ 的选择比。如果在沟道刻蚀中对 MoNb 刻蚀过多,可能导致 AlNd 薄膜外露从而引发 HillLock 问题;如果在沟道刻蚀中对 SiN$_x$ 刻蚀过多,则可能使存储电容值改变过多而影响 AMLCD 像素电容的充放电特性。

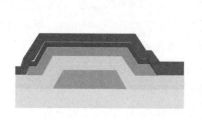 

(a) 断面示意图   (b) 平面示意图

图 6.20　M2 工艺单元中 S/D 电极的成膜

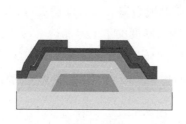 

(a) 断面示意图   (b) 平面示意图

图 6.21　M2 工艺单元中 S/D 电极图形化完成后的结构

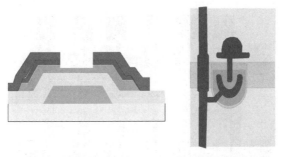

(a)断面示意图　　　　　　(b) 平面示意图

图 6.22　M2 工艺单元中沟道刻蚀完成后的结构

M2 工艺单元的平面尺寸管控非常重要。图 6.23 给出了在本工艺单元需要关注的重要平面尺寸。具体包括：

(1) 源电极宽度(S1)。S1 与寄生电容 C_{gs} 的大小密切相关,会显著影响 feedthrough 电压的大小,进而影响 AMLCD 的闪烁特性。

(2) 数据电极的宽度(S2)。S2 与数据电极的电阻值密切相关,进而会影响到 AMLCD 的 RC 延迟特性。

(3) 沟道长度(S3)。S3 显然与 a-Si TFT 的开态电流大小密切相关,进而会影响 AMLCD 像素的充电特性。

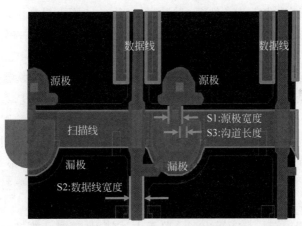

图 6.23　M2 工艺单元需要管控的重要平面尺寸

图 6.24 为 M2 工艺单元完成时 a-Si TFT 阵列基板完整布局的示意图。我们注意到,除了在 TFT 阵列处有 S/D 电极图案,数据电极的端子也同时在本工艺单元制备完成。当然,在静电防护电路、工艺 mark 和 TEG 等区域也会有 S/D 电极图案的存在。此外,在共电极端子附近也制备了 M2 电极图案,如图 6.24 所示,这是为了后续所有共电极的连通所做的准备。

4. PA 工艺单元

本工艺单元的主要目的是沉积器件保护(钝化)层并制作接触孔(contac hole)。在 a-Si TFT 中保护层材料一般都选择氮化硅薄膜(~150nm),因为其致密性相对较好。但是 SiN_x 材料的相对介电常数较高,这是其作为保护层不利之处,因为这会导致较大的寄生电容 C_{pd} 和 C'_{pd} 并影响到 AMLCD 的纵向串扰特性。为此,在一些中小尺寸的 TFT-LCD 面

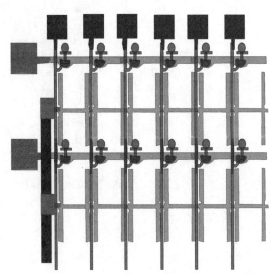

图 6.24　M2 工艺单元完成时 a-Si TFT 阵列基板完整布局的示意图

板中也有采用低相对介电常数(low k)的有机薄膜作为保护层的,这有利于增加面板的开口率,从而达到省电的效果。在此我们还是以氮化硅保护层为例进行介绍。在 a-Si TFT 的制程中,氮化硅薄膜一般都采用 PECVD 沉积。因为保护层氮化硅的品质要求一般低于 GI 氮化硅,所以可采用快速成膜工艺条件沉积保护层氮化硅薄膜以提高生产效率。由此带来的结果是 PA 氮化硅与 GI 氮化硅在膜质上存在较明显的差距,这会对接触孔刻蚀工艺的实施产生一定影响。一般来说,接触孔刻蚀的图形化工艺要求较高。首先必须确保在 TFT 阵列区域的接触孔一定要打在源电极上,否则便无法实现像素电极与源电极的连接,因此本工艺单元的曝光对位操作与其他工艺单元会有所不同。前面我们讲过,第 2 和 3 掩膜版上的 mark 都是与基板上 M1 Mark 对准。本工艺单元的掩膜版上的 mark 则与基板上 M2 Mark 进行对准,这样做的目的是确保 TFT 阵列处的接触孔能够真正连通源电极。其次,在 TFT 阵列处的接触孔平面尺寸很小(~6 μm),这已经接近了 TFT 制程的最小特征尺寸。最后,除了 TFT 阵列需要打接触孔,在扫描端子和数据端子处也同样需要打接触孔。特别是扫描端子处的刻蚀对象薄膜厚度是 GI 氮化硅和 PA 氮化硅两者之和(~450nm),接触孔刻蚀工艺必须保证所有扫描端子都能露出来。鉴于上述情况,接触孔刻蚀必须采用高效率的干法刻蚀,例如 ICP 等。

下面详细介绍本工艺单元的各单项工艺步骤及相关要点。首先进行成膜前洗净。然后采用 PECVD 沉积 PA 氮化硅薄膜,薄膜厚度约为 150nm,如图 6.25 所示。因为保护层直接沉积到 a-Si TFT 的背沟道(Back Channel,BC)上面,所以氮化硅成膜的 PECVD 工艺条件对 BC 可能产生负面影响并进而使 TFT 特性恶化。这种负面影响主要体现在以下两方面。

(1) 等离子伤害(plasma damage)。如果 PECVD 的成膜功率过大,可能造成等离子体能量密度过强,从而对 BC 产生较大的破坏作用。

(2) 氢原子渗透。氮化硅成膜时会用到硅烷(SiH_4)、氨气(NH_3)等含氢原子的气体,薄膜沉积时可能会有较多的氢原子通过背沟道渗透进入有源层。

前面我们讲过,对非晶硅过量掺氢可能导致 chain-like 结构,从而使 TFT 器件的操作特性和稳定特性恶化。保护层沉积完成后便可进行 PA 图形化,如图 6.26 所示,具体包括光刻胶涂覆、曝光、显影和接触孔刻蚀等。其中接触孔刻蚀工艺最为复杂。前面提到,在本工艺单元中,除了要在 TFT 阵列处进行接触孔刻蚀,在扫描端子和数据端子等处也同时需要进行接触孔刻蚀。更为复杂的是,不同部位刻蚀深度是不同的。在 TFT 阵列和数据端子处的刻蚀只需针对保护层进行刻蚀,刻蚀深度约 150nm;而在扫描端子处则需先后刻蚀保护层和栅绝缘层,刻蚀深度约 450nm。为了确保扫描端子能完全暴露出来,接触孔刻蚀时间应以扫描端子处为基准进行计算。这就带来一个问题:TFT 阵列和数据端子处大部分时间都在刻蚀 MoNb 合金层,因此必须调整干法刻蚀工艺条件以获得较高的 SiN_x/MoNb 选择比。接触孔刻蚀另一个比较重要的问题便是刻蚀角度的控制。因为 GI 氮化硅和 PA 氮化硅的膜质有所不同,导致扫描端子处的接触孔刻蚀时,两层薄膜的刻蚀速率和刻蚀角度会有所不同,特别是两层膜的界面处可能出现比较异常的刻蚀效果。这一问题必须引起足够的重视。

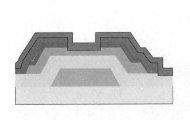

(a) 断面示意图　　　　　(b) 平面示意图

图 6.25　PA 工艺单元保护层薄膜沉积

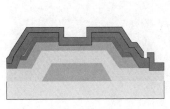

(a) 断面示意图　　　　　(b) 平面示意图

图 6.26　PA 工艺单元接触孔刻蚀

本工艺单元的工艺重点在于 BC 界面状态和接触孔角度的控制,需要管控的重要平面尺寸并不多。如图 6.27 所示,在本工艺单元中对接触孔的尺寸进行适当管控即可。这里顺便说明一下,在版图设计中接触孔通常会被设计成正方形或长方形,但经过刻蚀后往往会呈现圆形或椭圆形,如图 6.27 所示。

图 6.28 为 PA 工艺单元完成时 a-Si TFT 阵列基板的总体布局示意图。在此我们注意到,除了在 TFT 阵列区域有接触孔图案以备后续像素电极与源电极之间的连通,数据端子

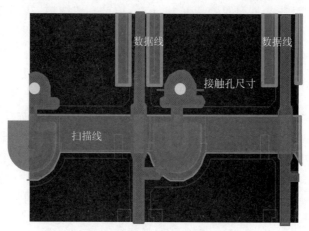

图 6.27　PA 工艺单元管控的关键平面尺寸

和扫描端子处也制作出了接触孔图案,这是为了后续 IC 绑定之用。当然在静电防护电路、工艺 mark 和 TEG 等区域也会有接触孔图案的存在(图 6.28 中未画出)。此外,在共电极端子以及附近的 M2 电极也做出了接触孔图案,如图 6.28 所示,这是为后续所有共电极的连通所做的准备。

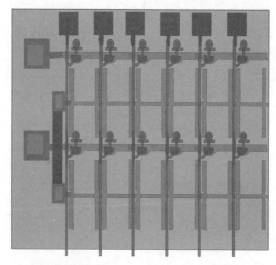

图 6.28　PA 工艺单元完成时 a-Si TFT 阵列基板总体布局示意图

5. PI 工艺单元

本工艺单元的主要功能是完成像素电极图案的制备。像素电极的材料一般选用当前应用最广泛的透明导电氧化物薄膜——ITO。在 TFT 制程中的 ITO 薄膜一般都采用磁控溅射沉积,在低世代(≤G5)通常因成本问题而选用直流溅射,在高世代则为了提高成膜均一性而倾向于选择交流溅射。为了提高 ITO 薄膜的电学和光学特性,磁控溅射成膜时除了通入惰性气体 Ar,还加入适当流量的氧气以构成反应溅射。根据不同的成膜条件制备的 ITO 薄膜可能是非晶态、多晶态或两者之混合。一般而言,非晶态 ITO 薄膜的均一性较好,而多晶态 ITO 薄膜的电阻率较低。不同公司会根据具体情况做出不同的选择。本工艺单元的光刻工艺没有特殊之处,曝光时采用基板上的 M1 Mark 与 Pixel 光刻掩膜版上的 mark 进行对位。ITO 薄膜刻蚀的精度和可控性要求也不高,因此一般采用湿法刻蚀,这样可以降低生产成本。因为像素电极刻蚀的重点在于线宽的控制,所以在生产中采用高速刻蚀模式(如喷淋等)机台即可满足要求。关于像素电极的图形化需要说明的是,除了 TFT 阵列区域有 ITO 图案,在扫描端子和数据端子的接触孔也要保留 ITO 的图案,因为这样对后续 IC 绑定工艺的实施比较有利。

下面逐一详细介绍本工艺单元的各工艺步骤及相关要点。首先进行成膜前洗净,然后在磁控溅射仪中沉积 ITO 薄膜(<100nm),如图 6.29 所示,一般采用 ITO 合金靶并辅以氧气进行薄膜制备。随着氧气流量的增加,ITO 薄膜中的缺陷减少而导致迁移率的上升,同时薄膜中的氧空位密度降低而导致载流子浓度减少。因此,必须确定最佳的氧气流量才能获得最好导电特性的 ITO 薄膜。在实际生产中,评价 ITO 膜质好坏除了电阻率外还有光透过率。因此本工艺单元必须做好 ITO 电学和光学特性的实时监控,以确保 ITO 成膜的品质和稳定性。像素电极成膜完毕后便可进行 ITO 薄膜的图形化,包括光刻胶涂覆、曝光、显影和湿法刻蚀。像素电极图形化结束时的 TFT 器件如图 6.30 所示。ITO 刻蚀与一般的金属刻蚀不同,容易产生刻蚀残渣,因此必须通过优化刻蚀工艺予以解决。因为 ITO 薄膜是 a-Si TFT 阵列的最上层薄膜,不存在后续薄膜覆盖的问题,所以 ITO 薄膜边缘角度不需要特别控制。本工艺单元仍有关键的平面尺寸需要进行管控。如图 6.31 所示,在 TFT 阵列处相邻的 ITO 电极边缘的距离必须予以特殊关注。这包括以下两层含义。

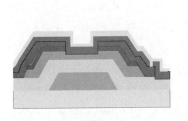 

(a) 断面示意图　　　　　　(b) 平面示意图

图 6.29　PI 工艺单元 ITO 薄膜沉积示意图

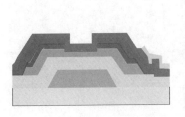 

(a) 断面示意图　　　　　　(b) 平面示意图

图 6.30　PI 工艺单元 ITO 图形化完成后示意图

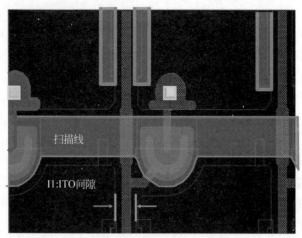

图 6.31　PI 工艺单元管控的关键平面尺寸

　　(1)必须确保相邻像素电极有效分开。如果因为 ITO 刻蚀残留使两相邻像素电极连接在一起的话,会造成两像素处于联动状态,在显示上表现为点缺陷。

　　(2)必须准确控制像素电极边缘与数据电极之间的距离,这决定了寄生电容 C_{pd} 和 C'_{pd} 的数值,进而决定了 AMLCD 纵向串扰的大小。

　　图 6.32 给出了本工艺单元完成时 a-Si TFT 阵列整体布局示意图。我们注意到,除了在 TFT 阵列处有像素电极图案,扫描端子和数据端子处也形成了 ITO 图案。当然在静电防护电路、工艺 mark 和 TEG 等区域也会有像素电极图案的存在(图 6.32 中未画出)。此外,共电极端子的接触孔和附近的 M2 电极接触孔也通过 ITO 电极连接起来,这样整个 TFT 阵列基板上的所有共电极都连通在一起。此外,在后续成盒工程中通过银胶涂覆和真空贴合实现 TFT 基板共电极与 CF 基板共电极的连通,这样由阵列基板 COM 端子加载的 V_{com} 电压会通过上述连接传递到 TFT-LCD 模组中的所有共电极。

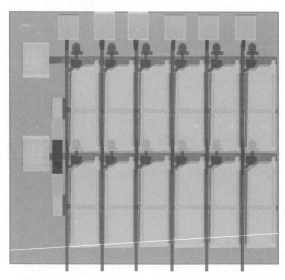

图 6.32　PI 工艺单元完成后 a-Si TFT 阵列完整布局示意图

　　至此,5MASK a-Si TFT 制程已基本完成,最后的一道工艺步骤是对阵列基板进行退火处理,改善薄膜和界面品质以获得理想的 TFT 操作特性和稳定特性。经过外观和特性检查,合格的 TFT 阵列基板便可流至成盒工厂以完成后续加工。

6.2.2　4MASK a-Si TFT 工艺流程

　　6.2.1 节介绍的 5MASK 非晶硅薄膜晶体管阵列制程是非常成熟和稳定的工艺流程,在 AMLCD 制备工艺中得到了非常广泛的应用。实际上,如果对 5MASK 制程略作改变,便可减少一块光刻掩膜版,从而达到降低生产成本的目的,这便是本节将要介绍的 4MASK 工艺流程。

　　简而言之,所谓 4MASK 工艺流程即采用特殊效果的光刻掩膜版(如 grey tone mask 或 half tone mask 等)形成特殊的光刻胶图案,从而能够将 5MASK 工艺中的 IS 和 M2 工艺单元合二为一(D/I),即非晶硅岛和数据电极的图形化采用一张光刻掩膜版即可完成。这样 4MASK 工艺流程便最终由 4 个工艺单元构成:①M1 工艺单元;②D/I 工艺单元;③PA 工艺单元;④PI 工艺单元。下面先简单介绍完整的 4MASK 工艺流程,稍后再总结 4MASK 工艺流程的技术要点。

1. M1 工艺单元

　　如图 6.33 所示,4MASK 工艺流程的 M1 工艺单元与 5MASK 工艺流程并无任何显著不同。这里的栅电极采用 Cr 金属(当然也可以采用 Al 合金),这是在低世代 AMLCD 制造中常见的金属电极材料。因为其电阻率相对较大且存在金属污染的问题,在高世代生产线上已不再使用。与 5MASK 工艺流程相类似,4MASK 工艺流程的 M1 工艺单元包括成膜前清洗、Cr 电极薄膜沉积、光刻、湿法刻蚀和光刻胶剥离等工艺步骤。最后采用 PECVD 沉积一层 GI 氮化硅薄膜。

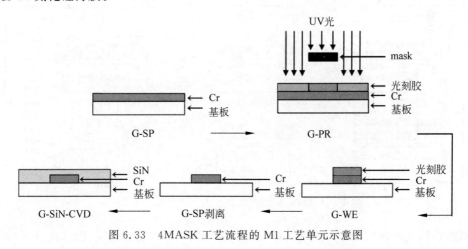

图 6.33　4MASK 工艺流程的 M1 工艺单元示意图

2. D/I 工艺单元

　　本工艺单元是 4MASK 工艺流程的技术核心所在。如图 6.34 所示,首先在成膜前清洗后采用 PECVD 连续沉积 SiN_x/a-Si/n^+ a-Si 三层薄膜,这一步骤与 5MASK 工艺完全相同,接下来的工艺步骤便会有所区别。5MASK 工艺流程在三层膜沉积完成后便会开始非晶硅岛的图形化,而 4MASK 工艺则继续沉积 S/D 电极层。之后便通过 Grey Tone Mask

(GTM)技术形成如图 6.34 第 3 步所示的光刻胶图案。在 5.3 节中我们讲过,曝光工艺会使光刻胶分成两个区域:被紫外线照到的区域和未被紫外线照到的区域。如果采用 GTM 进行曝光则会使光刻胶划分为三个区域:被紫外线照到的区域、未被紫外线照到的区域和被紫外线部分照到的区域。在后续显影的过程中,被紫外线照到的区域光刻胶将被显影液完全去掉;未被紫外线照到的区域光刻胶将完全保留;被紫外线部分照到的区域的光刻胶也将保留,但厚度只剩原来光刻胶厚度的一部分。接着采用这种 GTM 光刻胶作掩蔽进行第一次湿法刻蚀,如图 6.34 第 4 步所示,将铬金属电极的主体外围轮廓图案(S/D 电极形状＋有源层岛形状)制作出来。紧接着采用干法刻蚀将同样形状的非晶硅(n^+ a-Si/a-Si)薄膜图案也刻蚀出来,如图 6.34 第 5 步所示。非晶硅薄膜主体外围轮廓图案的干法刻蚀结束后,阵列基板在同一工艺腔室内进行光刻胶的干法刻蚀(PR-DE)。如图 6.34 第 6 步所示,所谓 PR-DE 即将 GTM 光刻胶垂直向下刻蚀(光刻胶沿厚度方向均匀减薄),使原来被具有部分厚度的光刻胶掩蔽的 TFT 沟道区域暴露出来。如图 6.34 第 7 步所示,采用减薄后的光刻胶图案进行第二次湿法刻蚀,将沟道位置处的 Cr 金属薄膜完全去除,从而使下面的 n^+ a-Si 暴露出来。接下来的工艺步骤可以有两种选择:可以先剥离光刻胶再以 S/D 电极为掩蔽进行沟道刻蚀;也可以先进行沟道刻蚀再剥离光刻胶。在此我们采用的是第一种选择,如图 6.34 第 8、9 步所示。至此便完成了 4MASK 工艺流程 D/I 工艺单元。

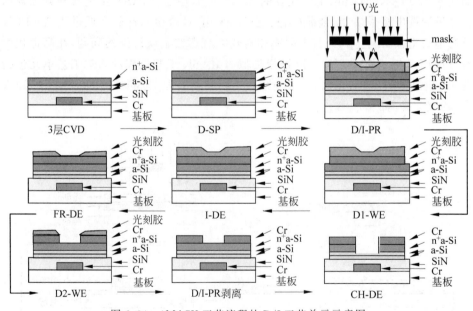

图 6.34　4MASK 工艺流程的 D/I 工艺单元示意图

　　虽然后续还要进行 PA 工艺单元和 PI 工艺单元,但本工艺单元完成后,实际上 TFT 器件的基本结构已经完成。在此比较一下 4MASK 工艺流程制备的 TFT 器件与 5MASK 工艺流程制备的器件在结构和特性上的异同。一方面,两种工艺流程制备的 a-Si TFT 的器件都是典型的 inverted staggered/BCE 结构,因此在器件电学特性上应该不存在显著的区别。另一方面,两种工艺流程制备的 TFT 器件在结构细节上还是会存在一些差异并可能导致在生产合格率上存在一定的差别。根据 4MASK 工艺流程的基本原理,在 S/D 电极薄膜下面必然会存在非晶硅薄膜,因此 S/D 电极的边缘与有源层的边缘是严格对齐的。而 5MASK 工艺流程制备的 TFT 器件的 S/D 电极的覆盖范围会大于有源层,这样可能使 S/D 电极与有源层之间的接触更充分,进而获得更可靠的欧姆接触。4MASK 工艺流程制备的 TFT 器件 S/D 电极对齐非晶硅岛也增加了后续保护层沉积时台阶覆盖的难度。还有一点需要着重强调,因为 4MASK 采用 GTM 技术,其工艺难度较大,可能导致 4MASK 工艺流程的生产合格率有所下降。关于 GTM 技术的一些细节后续还会进行更详细的讨论。

3. PA 工艺单元

本工艺单元与 5MASK 中的 PA 工艺单元并无大的不同。如图 6.35 所示,首先在成膜前清洗后采用 PECVD 进行 PA 氮化硅的成膜。紧接着进行 PA 氮化硅的图形化,包括光刻胶涂覆、曝光、显影、接触孔刻蚀和光刻胶剥离等。相关工艺要点与 5MASK 工艺流程完全相同。

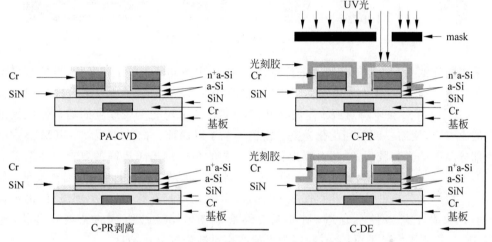

图 6.35 4MASK 工艺流程的 PA 工艺单元示意图

4. PI 工艺单元

本工艺单元与 5MASK 工艺流程完全相同。如图 6.36 所示,本工艺单元包括如下工艺步骤:成膜前洗净、ITO 成膜、光刻胶涂覆、曝光、显影、湿法刻蚀和光刻胶剥离等。相关工艺要点也与 5MASK 工艺相一致,在此不再赘述。

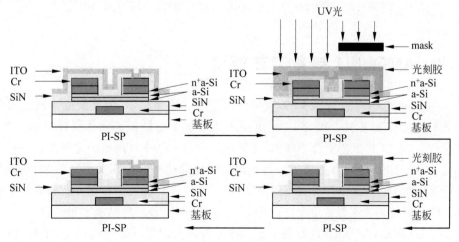

图 6.36 4MASK 工艺流程的 PI 工艺单元示意图

从前面介绍的 4MASK 工艺流程可以看出,4MASK 技术的核心在于形成特殊形状的光刻胶图案,这需要用到 GTM 技术。那么 GTM 光刻掩膜版与普通的掩膜版到底有何不同呢?事实上,GTM 光刻掩膜版的关键在于在沟道位置形成一些图案。具体图案形状不同公司会采取不同的设计,图 6.37 给出了三个范例。需要说明的是,采用不同的 GTM 设计需要搭配不同的曝光工艺条件才能达到预期的工艺效果。

图 6.37　GTM 光刻掩膜版设计范例

采用同样的 GTM 光刻掩膜版进行曝光,如果使用不同的光刻工艺条件,可能获得不同的工艺效果。首先,D/I 工艺单元采用的光刻胶厚度(∼2.2μm)要比通常情况(∼1.8μm)厚一些,这是 GTM 技术特点所决定的。其次,GTM 技术对光刻胶厚度的均匀性也提出了较高的要求,这便需要调整和优化光刻胶涂覆工艺予以保证。最后,因为在 GTM 技术中会形成部分厚度的光刻胶残留,这对曝光和显影工艺的精度提出了更高的要求。如果采取了较好的工艺条件,可能获得图 6.38(a)所示的光刻胶形状,最终会得到好的工艺效果;如果采取了一般的工艺条件,可能获得图 6.38(b)所示的光刻胶形状,虽然不理想,但仍不会产生不良;如果工艺条件不合适,则可能最终形成图 6.38(c)所示的光刻胶形状,这在4MASK 工艺流程中是不可接受的,因为可能产生点缺陷等显示不良。

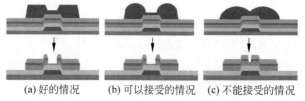

(a) 好的情况　　(b) 可以接受的情况　　(c) 不能接受的情况

图 6.38　4MASK 工艺流程中 GTM 光刻胶的形状优劣判断

6.3　AMOLED 制备工艺概述

从应用的角度讲,尽管 p-Si TFT 也可以用于驱动液晶显示,但其最重要的应用领域无疑是用来驱动 OLED 器件。因此,为了更深入地理解多晶硅薄膜晶体管阵列的工艺流程,在正式讲解 p-Si TFT 工艺整合原理前,先简单介绍 AMOLED 制备的完整工艺流程。需要强调的是,AMOLED 的具体制备方法与其器件结构的选择有密切关系。例如,顶发射器件与底发射器件在工艺方法上便多有不同之处,正常型器件与倒置型器件在制备方法上也会略有区别。但从制备工艺流程的角度讲,不同结构的 AMOLED 器件是基本相同的。

如图 6.39 所示,AMOLED 制备工艺一般分为四大工程,即阵列(array)工程、OLED 工程、成盒(cell)工程和模组(module)工程。在实际生产中上述四大工程按顺序依次进行,共同组合完成 AMOLED 器件的制备。接下来依次简单介绍这四大工程的基本原理和特点。

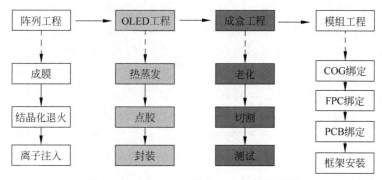

图 6.39　AMOLED 制备工艺流程示意图

6.3.1　阵列工程

AMOLED 阵列工程的主要功能是制备用于驱动 OLED 的多晶硅薄膜晶体管阵列基板,有时可能还包含周边的扫描甚至数据驱动电路。从理论上讲,p-Si TFT 可以制备出 N型和 P 型器件并进而形成互补型的薄膜晶体管(CTFT)电路。CTFT 电路的省电效果好,非常适合用来构成 AMOLED 周边扫描和数据驱动电路。在这种情况下,一般会采用 N 型TFT 构成 AMOLED 的像素电路,因为 N 型 TFT 通常具有相对较高的场效应迁移率。尽管如此,互补型 p-Si TFT 的制备工艺非常复杂,一般需要 10 张光刻掩膜版,生产合格率较难保证,因此在当前的实际生产中较少被采用。尽管 P 型多晶硅薄膜晶体管的场效应迁移率略低于 N 型器件,如果单独采用它制作 AMOLED 阵列基板则具有非常明显的优势。首先,由 P 型 TFT 器件构成的 AMOLED 像素电路(用来驱动正常型 OLED 器件)的稳定性不受 OLED 器件特性指标变化的影响。其次,P 型多晶硅薄膜晶体管关态的漏电流较小,因此不必采用 LDD 器件结构。最后,也是最重要的,只采用 P 型多晶硅薄膜晶体管的阵列基板的制程相对比较简单,只需要 6 张掩膜版即可,生产合格率比较容易得到保证。鉴于上述情况,6MASK p-Si TFT 制程是当前 AMOLED 实际生产中的主流,我们将在 6.4.1 节中详细介绍这一工艺流程。关于 10MASK 互补型 p-Si TFT 制程我们也将在 6.4.2 节加以简单介绍。

多晶硅薄膜晶体管的制程基本概念与非晶硅薄膜晶体管完全相同,但实际工艺流程则更加复杂。这主要体现在以下几方面。

(1) 多晶硅薄膜晶体管制程的工艺单元更多。即使最简单的 P 型 p-Si TFT 制程也需要 6 张光刻掩膜版。

(2) 多晶硅薄膜晶体管制程中会采用一些非晶硅 TFT 制备中没有的设备和工艺,例如准分子激光退火和离子注入等,相关原理 5.2 节中已经详细讲解过。

(3) 多晶硅薄膜晶体管制程对成膜、光刻和刻蚀等工艺的要求要高于非晶硅 TFT 制程。例如,在多晶 TFT 制备中,除了氮化硅外还需沉积氧化硅薄膜;PECVD 的工艺温度更高;图形化工艺的特征尺寸更小等。

上述这些原因导致了多晶硅 TFT 阵列的工艺难度高于 a-Si TFT 阵列,因此在 p-Si

TFT 阵列工程中合格率的提升面临较大的挑战。

阵列工程是 AMOLED 制备的第一个工程,所以需要为后续工程的开展做些技术准备。这些准备工作包括制备所用的 OLED、成盒和模组等工程所需的工艺 mark 和 TEG 等,还包括特意为 OLED 工程制备 PDL (Pixel Define Layer)层和 spacer 层。如图 6.40 所示,为了防止各子像素之间混色,一般需要制备 PDL 层预先确定各子像素的沉积范围。为了防止上电极在封装时因磨损而导致显示点缺陷,通常在 PDL 层上面作出 spacer 图案。PDL 和 spacer 层一般在 p-Si TFT 阵列像素电极制备完成后再进行制作,通常额外需要 1~2 张光刻掩膜版。PDL 和 spacer 层一般采用具有光刻胶特性的有机薄膜,在曝光后直接显影即可完成图形化。需要强调的是,后面将要介绍的 6Mask 工艺流程和 10MASK 工艺流程中所使用的光刻掩膜版数目仅限于制造 p-Si TFT 阵列基板本身,而不包含用于制造 PDL 和 spacer 层的掩膜版。

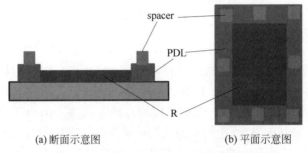

(a) 断面示意图　　　　　　　　　(b) 平面示意图

图 6.40　AMOLED 中的 PDL 层和 spacer 层结构

6.3.2　OLED 工程

OLED 工程的主要功能是形成发光二极管像素阵列。本工程最核心的单项工艺便是热蒸发。如图 6.41(a)所示,借助金属掩膜版(Fine Metal Mask,FMM)对阵列基板进行热蒸发成膜,最后便可形成如图 6.41(b)所示的 OLED 像素阵列。OLED 制备中所用的FMM 技术具有较高的工艺难度,特别是针对高世代高分辨率的 AMOLED 产品采用金属掩膜版进行图形化难度更高。这主要体现在以下几方面。

(1) 大尺寸的金属掩膜版在热蒸发成膜过程中很难保证处于完全平整状态。

(2) 在 OLED 热蒸发成膜时必须确保像素电极(下电极)图案与 R、G、B 的图案精确对准。

(3) 金属掩膜版在热蒸发成膜中不可避免地具有边缘遮蔽效应。

其中后两条在高分辨率 AMOLED 的制备中表现更明显。

因为 OLED 器件由多层有机和金属薄膜构成,所以 OLED 器件的热蒸发成膜过程比较复杂。在实际生产中,一般将几台多腔室的 OLED 蒸发机台串联起来进行成膜加工,如图 6.42 所示。首先在第一台设备中对阵列基板表面进行等离子体处理(Plasma Treatment,PT)以获得适当的阳极功函数,然后按顺序进行空穴注入层(HIL)、空穴传输层(HTL)和绿色发光层(EML(G))的热蒸发成膜。其中 EML(G)成膜时需要采用 FMM 进行精确定位并图形化。接着阵列基板传输到下一台设备中并依次进行红色发光层(EML(R))、蓝色发光层(EML(B))、电子传输层(ETL)、电子注入层(EIL)和阴极的热蒸发成膜。

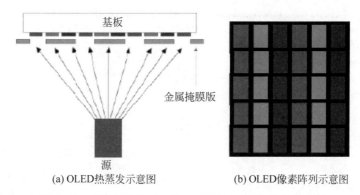

(a) OLED热蒸发示意图 (b) OLED像素阵列示意图

图 6.41　OLED 热蒸发示意图和 OLED 像素阵列示意图

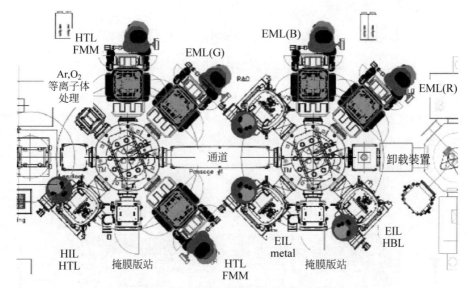

图 6.42　OLED 热蒸发机台结构示意图

其中 EML(R)和 EML(B)成膜时需要采用 FMM 进行精确定位并图形化。

因为 OLED 器件对环境中的水氧特别敏感,所以在热蒸发成膜完成后必须对其进行封装。OLED 器件封装的目的是提供一个干燥的氮气环境以阻绝水汽和氧气对膜层的破坏,同时还可以增强 OLED 器件对外界的抵抗强度。目前 OLED 封装的技术有很多种类,在此仅以比较常见的 Frit 封装为例加以说明。所谓 Frit 封装技术即在盖板玻璃(cover glass)上采用丝网印刷的方法印制 Frit 料并烘烤定形,在与 TFT 阵列基板贴合后通过激光照射的方法使 Frit 料熔接而起到密封的作用。

完整的 OLED 工程的制造工艺流程如图 6.43 所示。

6.3.3　成盒工程和模组工程

图 6.44 是 AMOLED 制程中的成盒工程和模组工程示意图。封装好的 AMOLED 面板首先进行老化测试,确定无误后便将基板切割成屏,具体切割工艺与 TFT-LCD 中所用并无不同。然后对 AMOLED 屏进行点灯检查。如未发现不良便在 AMOLED 屏表面贴附偏光片以消除环境光的影响而提高显示对比度。之后便进行 COG 绑定、FPC 绑定和 PCB 绑

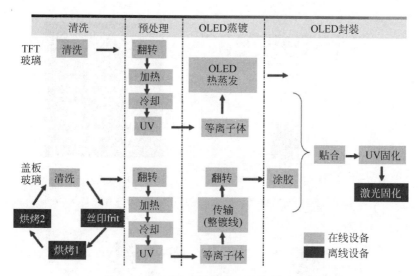

图 6.43　OLED 工程制造工艺流程示意图

定等,相关工艺技术与 TFT-LCD 中所用基本相同。最后进行简单的机构组装(如框架安装和 PCB 固定等)便基本完成了 AMOLED 模块的制造。当然,为了尽量杜绝产品初期显示不良现象,还需在出厂前对 AMOLED 模块进行老化处理和最后测试等。

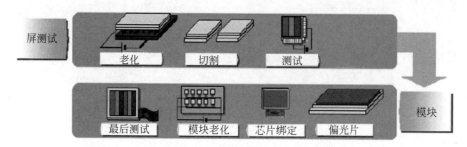

图 6.44　AMOLED 制程中的成盒工程和模组工程示意图

至此,对 AMOLED 的阵列、OLED、成盒和模组四大工程进行了简单介绍,相关内容为后续详细讲解 p-Si TFT 阵列工艺整合原理打下了基础。

6.4　多晶硅薄膜晶体管阵列基板制备工艺流程

在 AMOLED 工厂的初期投资中,绝大部分用于购买阵列工厂的设备,阵列工厂对厂房洁净度的要求也最高。因此,如何提升多晶硅薄膜晶体管阵列制程的合格率,使其能够满足实际生产的需求是当前 AMOLED 产品能否成为平板显示主流的技术瓶颈之一。与 a-Si TFT 制程非常成熟和完善的情况有所不同,p-Si TFT 的制程目前仍然处于不断摸索之中。下面先仔细讲解当前比较主流的 6MASK p-Si TFT 的工艺流程,稍后再简单介绍更复杂但将来可能会被广泛采用的 10MASK p-Si TFT 工艺流程。

6.4.1　6MASK p-Si TFT 工艺流程

目前已经实际生产的 AMLOLED 基本都采用 6MASK p-Si TFT 工艺流程。这种工艺流程因为只采用 P 型多晶硅薄膜晶体管作为 AMOLED 像素的驱动电子器件,因此具有工艺简单和方便的优点。虽然其合格率的提升仍然会比 a-Si TFT 阵列的生产难得多,但相比后续将要介绍的 10MASK p-Si TFT 的情况要好得多。图 6.45 是 6MASK p-Si TFT 像素阵列的断面结构示意图,我们注意到这是一种典型的 coplanar 器件结构。因为 P 型多晶硅薄膜晶体管的关态漏电流相对较小,所以通常不需要采用 LDD 结构。此外,为了避免多晶硅结晶化退火时对下面的玻璃基板造成损害,一般在器件的最下面沉积缓冲层(buffer layer)。同时,为了将 S/D 电极引出来并实现层间互连,需要在栅电极层上面沉积中间层(inter-layer)并形成接触孔。另外一点与 a-Si TFT 阵列情况不同的是,p-Si TFT 的保护层(passivation)通常都需要作平坦化处理,如图 6.45 所示。

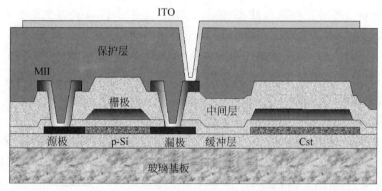

图 6.45　6MASK p-Si TFT 像素阵列断面结构示意图

顾名思义,6MASK p-Si TFT 的工艺流程可划分为 6 个工艺单元:①多晶硅岛(IS);②栅电极(M1);③中间绝缘层(IL);④数据电极(M2);⑤保护层(PA);⑥像素电极(PI)。下面我们逐一介绍各工艺单元的基本情况和相关要点。

1. IS 工艺单元

本工艺单元的主要目的是形成多晶硅岛的图案。为了防止在后续 ELA 工艺时玻璃基板受到伤害,一般在有源层和玻璃基板间增加一层缓冲层,如图 6.46 所示。这里采用 SiN_x/SiO_x 的双层薄膜结构,因为氮化硅的致密性非常好,可以防止玻璃基板与有源层之间相互离子扩散;而氧化硅的隔热性能较好,能够较好地隔绝 ELA 制程时热量传递到下层玻璃基板并造成伤害。在实际生产中,缓冲层和上面的非晶硅层都采用 PECVD 方法制备。多晶硅岛的图形化工艺没有特别之处,采用一般的光刻工艺和干法刻蚀工艺即可。

下面详细介绍本工艺单元的各单项工艺步骤和相关要点。首先进行成膜前清洗,然后采用 PECVD 沉积氮化硅/氧化硅薄膜和非晶硅薄膜作为缓冲层和有源层。其中 SiO_x 的成膜可以采用 SiH_4 体系或 TEOS 体系,两种体系的主要区别我们在第 5 章中已经介绍过。为了减少非晶硅中的氢含量以防止在后续 ELA 工艺中发生氢爆现象,在 a-Si 成膜时需采取两个措施:①非晶硅的成膜温度较高(>400℃);②非晶硅成膜后马上进行除氢处理,通常在 500℃左右加热基板。经过上述处理后非晶硅中的氢含量一般可以降到 1% 以下。接

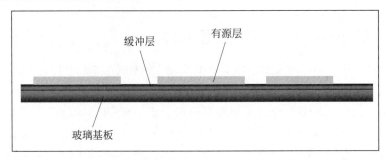

图 6.46 6MASK p-Si TFT 的 IS 工艺单元示意图

着需要进行 ELA 前清洗,清洗的原理和方法与 5.5.1 节中介绍的基本一致,主要区别在于此处增加了有源层表面处理的工艺步骤,具体包括采用 HF 去除非晶硅表面固有氧化层和采用 O_3 处理以形成新的氧化物。这样做的主要好处是可以形成好的 FC 界面状态,并在后续 ELA 中具有较好的保持热量的效果。接着便可进行针对非晶硅薄膜的准分子激光退火,工艺的关键点是及时监控机台状态并采用 OED 工艺条件以获得大而且均匀的多晶硅晶粒。本征多晶硅与本征非晶硅一样都是弱 N 型半导体,正好适合作为 P 型 TFT 器件的有源层。接下来便可进行多晶硅薄膜的图形化,包括光刻胶涂覆、曝光、显影、干法刻蚀和光刻胶剥离等。多晶硅的图形化工艺与前面介绍的非晶硅的情况并无显著不同,兹不赘述。

2. M1 工艺单元

本工艺单元的主要功能是沉积栅绝缘层薄膜、形成栅电极图案(见图 6.47)并完成源/漏电极的离子注入(见图 6.48)。栅绝缘层通常选用氧化硅薄膜,因为它能与多晶硅之间形成良好的界面状态。栅绝缘层氧化硅成膜品质的要求极高,因此目前比较流行的做法是采用 TEOS 体系的 PECVD 成膜。一般来说,$TEOS\text{-}SiO_x$ 薄膜特性会优于 $SiH_4\text{-}SiO_x$ 薄膜,但膜厚相对比较难于控制,这在工艺实施中要予以充分注意。栅极金属的选择与面板尺寸和分辨率关系密切,通常大尺寸和高分辨率的情况倾向于选择低电阻率的材料(如 Al、Cu 等)。多晶硅薄膜晶体管所用的电极薄膜一般由磁控溅射制备,其刻蚀倾向于采用干法刻蚀,因为其电极线宽较小且图形化精度要求较高。本单元的离子注入非常关键,也是 6MASK p-Si TFT 制程中唯一的一道离子注入工艺,目的是对 S/D 区域完成 P 型掺杂。因为此次掺杂主要以栅电极为掩蔽进行离子注入,属于自对准掺杂,所以 C_{gs} 电容较小,因此会导致较小的 feedthrough 电压和较好的 AMOLED 面板的闪烁特性。因为后续不再有离子注入工艺,所以离子注入结束后便可进行活化处理,以恢复被损害的薄膜晶格结构。活化处理的方法较多,目前比较流行采用快速热处理退火(Rapid Thermal Annealing,RTA)设备,因为这种方法的活化均匀性、活化效率和大面积加工能力都比较符合实际生产的要求。

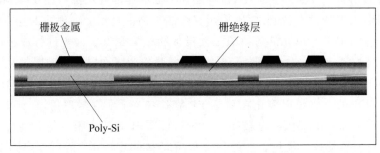

图 6.47 6MASK p-Si TFT 的 M1 工艺单元示意图:GI 成膜与栅电极图案形成

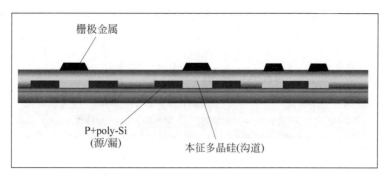

图 6.48　6MASK p-Si TFT 的 M1 工艺单元示意图：S/D 离子注入

接下来详细介绍本工艺单元各单项工艺步骤和相关要点。首先进行成膜前清洗,因为清洗后便进行 GI 成膜并形成 FC,所以必须确保此次基板清洗和干燥的工艺质量。接着采用 PECVD 进行栅氧化硅的成膜。如果采用 TEOS 体系,需要格外注意薄膜厚度和均一性的工艺管控。紧接着再进行成膜前洗净并采用磁控溅射沉积栅电极薄膜。接下来便可进行栅电极的图形化,包括光刻胶涂覆、曝光、显影和干法刻蚀。栅电极比较厚($\sim$300nm)而且后续会有多层薄膜沉积在上面,因此栅电极边缘角度必须较缓,这就需要调整和优化干法刻蚀工艺条件,以同时达到线宽和角度的工艺要求。此外,因为栅电极下面即为 GI 薄膜,如果在刻蚀栅电极时 GI 减薄太多,会使存储电容变化较大而影响到 AMOLED 像素的充放电,因此必须通过调整和优化干法刻蚀工艺,以提高栅电极金属/栅绝缘层的选择比。栅电极图形化结束后可以马上进行光刻胶剥离,也可以待离子注入完成后再剥离光刻胶。两种工艺选择各有利弊,不同公司会根据各自具体情况作出选择。此处以第一种选择为例,即离子注入只以栅电极为掩蔽进行 B 元素掺杂。离子注入工艺采用的要点在于选择合适的离子注入功率和剂量,一般来说 S/D 的掺杂剂量控制在 $10^{15}\,\mathrm{cm}^{-3}$ 左右。离子注入后的活化工艺则注意选择适当的退火温度和时间。

3. IL 工艺单元和 M2 工艺单元

为方便起见,此处将 IL 工艺单元和 M2 工艺单元放在一起讲解。如图 6.49 所示,这两个工艺单元的主要功能是沉积 IL 层,制作接触孔,以及形成数据电极图案。AMOLED 像素电路中需要的层间互连也在这两个工艺单元完成。在实际生产中,IL 层一般也采用氧化硅薄膜,当然其膜质不必像 GI 层要求那么高。此外,因为稍后的 S/D 接触孔需要先后对 IL 层和 GI 层进行刻蚀,两层若采用同一种材料可以简化接触孔的刻蚀工艺。事实上,IL 成膜后的接触孔刻蚀比较复杂,这包含以下两层含义。首先,尽管在图 6.49 中没有画出栅电极上的接触孔,但实际上像素处的栅电极和扫描端子仍然需要制作接触孔;如果以 IL 和 GI 两层绝缘层的厚度计算平均刻蚀时间,扫描端子处的栅电极必须经受较长时间的刻蚀,所以必须选择合适的接触孔刻蚀工艺条件,以获得较好的栅氧化硅/栅电极刻蚀选择比。其次,S/D 处的接触孔刻蚀薄膜较厚($\sim$600nm),因此必须选择快速的干法刻蚀模式,如 ICP 等。另外,S/D 上面的 GI 层因受到离子注入的影响可能导致薄膜的刻蚀特性有所改变。接触孔打通后,需要沉积 M2 金属将 S/D 电极引出来,并且在 M2 图形化的同时也完成了 AMOLED 像素电路的层间互连。M2 薄膜沉积的关键点在于与 S/D 和栅电极之间形成好的欧姆接触,这需要调整并优化磁控溅射工艺条件予以保证。因为 M2 薄膜图形化的精度和可控性要求较高,所以生产中 M2 的刻蚀一般采用干法刻蚀,这一点与 a-Si TFT 制程是不同的。

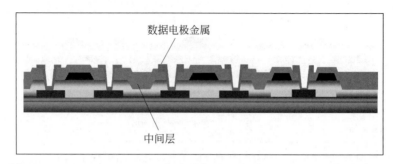

图 6.49   6MASK p-Si TFT 工艺流程中 IL 工艺单元和 M2 工艺单元示意图

下面逐一介绍 IL 工艺单元/ M2 工艺单元中的各单项工艺步骤和相关技术要点。首先进行成膜前洗净。然后采用 PECVD 进行 IL 氧化硅薄膜沉积。接着便可以进行 IL 层的图形化,包括光刻胶涂覆、曝光、显影、接触孔刻蚀和光刻胶剥离。接触孔刻蚀时,需格外注意 IL 氧化硅和 GI 氧化硅刻蚀特性可能存在差别并在 IL/GI 界面产生刻蚀角度的异常。只有获得良好的接触角角度才能保证后续的 M2 金属薄膜能够较好地覆盖上去而不至于发生断裂。接着再进行成膜前洗净,然后采用磁控溅射沉积 M2 金属薄膜,在此需要调整和优化 sputter 工艺条件,以利于 M2 与 S/D 电极和栅电极之间形成较好的欧姆接触。接着便可进行 M2 金属薄膜的图形化,包括光刻胶涂覆、曝光、显影、干法刻蚀和光刻胶剥离。为了保证 M2 金属薄膜具有良好的导电特性和电学接触特性,一般在实际生产中还需要进行一次退火处理,例如 350℃/40min。

4. PA 工艺单元和 PI 工艺单元

为了简单起见,在此将 PA 工艺单元和 PI 工艺单元放在一起讲解。如图 6.50 所示,这两个工艺单元的主要功能是保护层沉积、制作通孔(via hole)并形成像素电极图案。保护层一般采用较厚的低介电常数有机薄膜(~2μm),这些薄膜具有光敏特性,在曝光后直接通过显影便可完成图形化。此外,PA 成膜后必须进行平坦化处理,这是为了有利于 OLED 器件制备所提出的要求。像素电极材料的选择与 OLED 的模式有关,顶发光和底发光器件的像素电极材料完全不同,而正常型和倒置型 OLED 器件的像素电极也会有所区别。比较常见的像素电极材料是 ITO 薄膜。在 AMOLED 的制程中对 ITO 薄膜特性的要求比 TFT-LCD 中更严格。除了导电性和透过率,还会对 ITO 薄膜的功函数和表面粗糙度提出较高的要求。像素电极的图形化要求并不太高,因此一般 ITO 的刻蚀可以采用湿法刻蚀。因为对 ITO 图案边缘角度的要求也不太高,所以只采用高速刻蚀模式(如喷淋等)即可。

下面逐一介绍 PA 工艺单元和 PI 工艺单元中的单项工艺步骤和相关技术要点。首先进行成膜前清洗,然后开始有机保护层的涂覆和平坦化处理,接着对有机保护层进行曝光和显影并形成通孔。在此需要注意调整和优化显影工艺条件以保证通孔具有较好的角度,确保后续像素电极能够较好地铺设上去。需要说明的是,除了像素区域打通孔,在端子区域也同时制作通孔以利于后续模组 COG 工艺的实施。图形化完成的有机 PA 层一般需要进行退火处理以获得稳定的形状和特性。接着再进行成膜前洗净并采用磁控溅射仪进行像素电极的薄膜沉积。然后进行像素电极的图形化,包括光刻胶涂覆、曝光、显影、湿法刻蚀和光刻胶剥离等。最后再对阵列基板进行退火处理,完成 6MASK p-Si TFT 制备工艺流程。

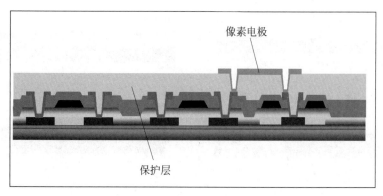

图 6.50　6MASK p-Si TFT 工艺流程中 PA 工艺单元和 PI 工艺单元示意图

6.4.2　10MASK p-Si TFT 工艺流程

本节将要介绍的 10MASK p-Si TFT 制备工艺流程因为相对比较复杂而没有成为当前 AMOLED 阵列制程的主流,但该工艺流程可以制造出互补型 TFT 器件(NTFT+PTFT),因此非常有利于 AMOLED 面板外围驱动电路的设计与制造。随着玻璃上系统(System on Glass,SOG)技术的发展,10MASK p-Si TFT 工艺技术很可能在将来的 AMOLED 产品中大显身手。与 6.4.1 节介绍的 6MASK 工艺流程相比较,10MASK p-Si TFT 制程主要增加了 N 型多晶硅薄膜晶体管的制备并因此而增加了 4 张掩膜版。10MASK 制程制备的 AMOLED 阵列基板的像素阵列一般由 N 型 TFT 驱动,而面板周边的扫描驱动电路或数据驱动电路则由互补型器件(NTFT+PTFT)构成。

尽管 10MASK p-Si TFT 制备工艺流程非常复杂,但其基本概念和总体技术要点与 6.4.1 节介绍的 6MASK 工艺流程并无本质区别,因此仅重点介绍其特殊之处(关于此工艺流程的详细工艺步骤分解可以参考附录 E)。图 6.51 是 10MASK p-Si TFT 制备工艺流程的简单示意图。首先分析其阵列基板结构的特点。如图 6.51(h)所示,无论是 NTFT 还是 PTFT 都是 Coplanar 结构,其中 NTFT 为了减小漏电流而采用了 LDD 结构。此外,图 6.51 所示的 OLED 为底发光结构,因此像素电极可以采用 ITO。

下面简单介绍 10MASK p-Si TFT 工艺流程的各单项工艺步骤并重点讲解 NTFT 相关的制备工艺。如图 6.51(a)所示,首先进行缓冲层和非晶硅层的沉积,激光退火处理后形成多晶硅薄膜,然后再经图形化工艺步骤(光刻胶涂覆、曝光、显影、干法刻蚀和光刻胶剥离等)形成多晶硅岛的图案。本征多晶硅一般是弱 N 型,而 NTFT 的沟道一般需要弱 P 型,因此可以在多晶硅岛形成后,先对 NTFT 岛部分进行低剂量($\sim 10^{12}\,\mathrm{cm}^{-3}$)掺硼离子注入,这一工艺单元对 NTFT 的阈值电压值影响较大。图 6.51 所示的工艺流程中省略了这一单元。如图 6.51(b)所示,接下来进行 NTFT 的 S/D 重掺杂($\sim 10^{15}\,\mathrm{cm}^{-3}$)离子注入。离子注入之前需要做出光刻胶图案(如光刻胶涂覆、曝光和显影等),离子注入后的光刻胶较难剥离,一般需要先做灰化处理。如图 6.51(c)所示,接下来进行栅绝缘层成膜、栅电极成膜和图形化等。因为 NTFT 需要制作 LDD 结构,因此栅电极的线宽必须略小于前面 S/D 离子注入时采用的光刻胶宽度。因为栅电极图形化精度要求较高,所以其刻蚀一般采用干法刻蚀。紧接着便以栅电极为掩蔽进行 LDD 离子注入,掺杂类型为 N 型,掺杂剂量为 $10^{13}\,\mathrm{cm}^{-3}$ 左右。

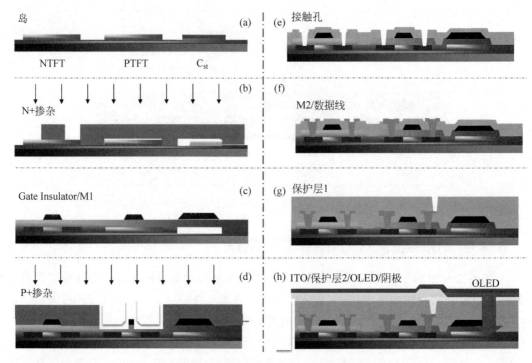

图 6.51   10MASK p-Si TFT 制备工艺流程的简单示意图

因为此次掺杂剂量远低于 S/D 的掺杂,所以对 NTFT 的 S/D 区域的薄膜电学特性基本不会产生影响。需要说明的是,LDD 掺杂前可以先将栅电极光刻胶剥离,也可以离子注入后再剥离光刻胶。两种方法各有利弊,不同公司会视具体情况进行选择。另外,LDD 掺杂要透过 GI 层进行,所以决定栅绝缘层的厚度不能太大。如图 6.51(d)所示,接下来在制作出光刻胶图案(如光刻胶涂覆、曝光和显影等)后进行 PTFT 区域的 S/D 离子注入掺杂。因为此次掺杂的剂量较大($\sim 10^{15}\,\mathrm{cm}^{-3}$),所以可以将 PTFT 的 S/D 区域由 N 型转化成 P 型。与前述一致,离子注入后的光刻胶剥离需要先进行灰化处理。接下来的各工艺单元与前面讲的 6MASK 制程基本相同。如图 6.51(e)和图 6.51(h)所示,后续主要工艺步骤包括:IL 层薄膜沉积、打接触孔、M2 电极成膜及图形化、保护层涂覆、平坦化及通孔形成、像素电极薄膜沉积和图案形成等。当然,最后还需对阵列基板进行退火处理并全面检查后完成整个阵列工艺制程。

6.5   阵列检查与修补

前面几节我们介绍了薄膜晶体管(包括 a-Si TFT 和 p-Si TFT)阵列的制备工艺流程。就 TFT 阵列的工艺整合而言,仅设计完成比较合理的制造工艺流程是不够的。因为薄膜晶体管制造的每一工艺步骤都可能发生制造工艺不良,所以必须及时对 TFT 阵列基板进行工艺效果的监控和工艺不良的修补。

薄膜晶体管阵列的制备过程中可能发生的不良现象五花八门,不同公司有不同的分类和命名体系。图 6.52 仅给出了其中比较常见的几种。可以简单地将 TFT 阵列工艺不良划分为以下几大类。

（1）点缺陷，例如 ITO 图案缺失、D 线和 ITO 短路、TFT 沟道断开、ITO 短路和 ITO-Com 短路等。

（2）线缺陷，例如 G 断、D 断、Com 断和 D/G 短路等。

（3）其他，例如 G 图案异常和 D 图案异常等。

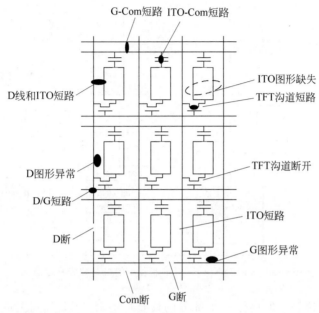

图 6.52　薄膜晶体管阵列制造工艺中常见不良的示意图（图片摘自参考文献[2]）

为了能够及时发现不良并进行修补，在 TFT 阵列的实际生产中，会在每个工艺单元中采取大量的阵列检查和修补操作，所用到的检测设备及相关原理在 5.6 节中已作过介绍，在此主要讲解如何在 TFT 阵列制备工艺流程中设置相关的检查和修补步骤。TFT 阵列检查和修补的设计与对应的器件类型和工艺流程密切相关。多晶硅 TFT 的制备工艺难度高于非晶硅 TFT，因而更容易产生制造不良，所以在阵列检查设置上 p-Si TFT 应该相对更严格。就非晶硅 TFT 的检查和修补而言，4MASK 工艺流程产生不良的可能性比 5MASK 工艺流程为高，因此 4MASK 工艺流程的检查设置也应该更严格一些。为简单起见，仅以 5MASK a-Si TFT 工艺流程的检查和修补为例进行介绍。如图 6.53 所示，在 5MASK a-Si TFT 工艺流程中，通常会设置 60 项左右的检查和修补操作。需要说明的是，检查和修补步骤设置较多虽然有利于合格率的提升，但也会降低生产效率。因此，一般来说在生产线启动初期设置的检查和修补步骤较多，后续生产线工艺稳定后可视情况适当减少检查和修补操作以提高生产效率。从图 6.53 中可以注意到，绝大多数的检查是抽查，即从几十片基板中抽取几片进行检查，这样不至于对生产效率产生太大的影响。但是对不良多发的工艺步骤或制造节点仍然需要进行全数检查。例如，M1 工艺单元结束时的 AOI 检查便是全数检查，因为栅电极图案完成后一般会有较多的可修补缺陷发生，如果发现不良后可以及时采取激光修复（laser repair）进行修补。另外，全工艺流程完毕时的阵列测试仪（array tester）检查也是全数检查，因为这是 TFT 阵列工厂中制程缺陷被发现和修补的最后机会，所以全数检查/修补对提升阵列工程的合格率具有重要意义。图 6.53 中所示的大多数检查项目都属于"无损检查"，即不会对 TFT 阵列造成任何影响，因为一般针对 TEG 进行测试或测试时

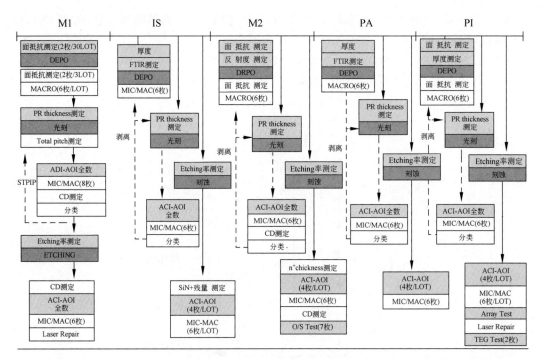

图 6.53   5MASK a-Si TFT 制程中的检查和修补示意图

不与阵列发生直接接触。但仍然有少部分的检查可能对 TFT 阵列造成影响。例如,阵列测试仪测试时需要对阵列的电极施加电压信号,这必然会影响到 TFT 阵列的状态。需要格外注意的是,针对这些可能对 TFT 阵列造成影响的测试项目必须非常慎重,尽量避免任何因测试而引起的产品不良发生。

图 6.53 中所设置的检查项目都需设定好相应规格参数和对应处置措施,如果检查超出规格范围则立即采取对应措施,如报警、修复或废弃等。总之,阵列检查/修补步骤与制造单项工艺步骤相互配合共同构成完整的 TFT 阵列制造流程,并确保制造合格率达到实际生产的基本要求。另外需要强调的是,TFT 制程的许多检测项目都需要在 TFT 阵列基板的边缘位置额外制备出相关测试图案。图 6.54 给出了 TEG 测试仪检测图案的示意图,包括电容、电阻和 TFT 器件等。这些测试图案都需要在 TFT 阵列掩膜版设计时包含在内,并在 TFT 阵列基板的制程中逐步制造出来。这种做法一般称为可测试设计(design for test)。

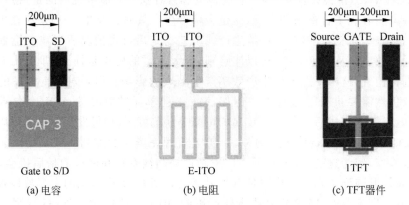

图 6.54   TEG 测试仪检测图案示意图

6.6　柔性 TFT 背板的制备工艺

当前实际应用的 TFT 背板大多是"刚性"的,即制作在较厚(~0.5mm)的玻璃基板上,无法大幅度地改变形状。然而,随着柔性显示的迅猛发展,TFT 背板柔性化的需求变得越来越迫切。从工艺原理的角度讲,本书第 5~6 章讲述的单项工艺和工艺整合基本原理仍然适合于柔性 TFT 背板的制备,但是因为变形产生的应力可能对 TFT 器件的电学特性产生严重的不良影响,所以必须在 TFT 背板的材料选择和工艺方法上引入一些特殊的考量。

6.6.1　柔性 TFT 沟道层材料的对比和选择

根据 1.2 节所述,常见的 TFT 技术包括 a-Si TFT、p-Si TFT、OTFT 和 Oxide TFT 四大类。从理论上讲,上述四种 TFT 均能实现柔性化并用来驱动柔性显示器件,但是它们柔性特性的优劣存在显著差异。

一般而言,塑料基板的热膨胀系数比较大,因此在柔性 TFT 背板的制造过程中经历高温会与 TFT 薄膜发生失配,从而在 TFT 各膜层中产生热应力和热应变;此外,柔性电子产品在使用过程中通常要发生变形,进而在 TFT 各膜层中产生机械应力和机械应变。上述两种应力/应变都会使 TFT 器件的电学特性发生比较显著的改变(通常为劣化)。为方便起见,这里仅讨论弯曲机械应变对 TFT 器件场效应迁移率的影响,具体如下:

$$\frac{\mu(R)}{\mu_0} = 1 + m\varepsilon$$

式中,μ_0 和 $\mu(R)$ 分别为平坦状态和弯曲半径为 R 时 TFT 器件的场效应迁移率;ε 为 TFT 器件位置处的应变,其中拉应变为正,压应变为负;m 是 TFT 器件的应变敏感因子,可以为正值,也可以为负值。当 m 为正值时表示当 TFT 器件承受拉应力时其场效应迁移率增加,承受压应变时其场效应迁移率减小;当 m 为负值时表示当 TFT 器件承受拉应力时其场效应迁移率减小,承受压应变时其场效应迁移率增加。显然,无论 m 值取正值或负值,我们都希望它的绝对值越小越好。

不同类别 TFT 的 m 值大小和符号都有所不同。在常见的 TFT 技术中,a-Si TFT 的 m 因子为 $+17 \sim +26$;p-Si TFT 的 m 因子为 $-22 \sim -40$;a-IGZO TFT 的 m 因子为 $+0.5 \sim +2.7$;公开报道的 OTFT 的 m 因子结果比较分散,大致在 $-3 \sim -40$。由此可知,在无机半导体 TFT 中,金属氧化物 TFT 的柔性最佳,非晶硅 TFT 次之,多晶硅 TFT 最差;而有机 TFT 的柔性潜力极大,但制备稳定性仍有待提高。尽管如此,因为当前柔性显示背板主要采用 p-Si TFT 驱动,所以 6.6.2 节主要介绍柔性 LTPS TFT 的相关制备工艺。

6.6.2　柔性 LTPS TFT 制备工艺简介

当前柔性显示产品主要基于 AMOLED 技术,因为刚性 AMOLED 背板主要采用 p-Si TFT 驱动,所以柔性 LTPS TFT 背板技术因工艺继承的缘故而得到了广泛的实际应用。然而,根据 6.6.1 节的比较分析结果,多晶硅 TFT 的柔性并不理想,因此在实际生产中必须采用有力的措施优化其制备工艺和器件结构。

LTPS 制备中广泛采用的激光退火工艺对其柔性化的实现造成了巨大障碍。尽管

ELA 工艺中的激光光束是以脉冲的方式加热非晶硅薄膜,但是其瞬间温度可能超过 1000℃,这对塑料基板的耐热性而言是非常大的考验。在柔性 LTPS TFT 背板的制备工艺中,通常会在塑料基板上面事先沉积一层足够厚的缓冲层(如氧化硅薄膜等),以减少 ELA 工艺实施中传递到塑料基板的热量。然而,太厚的缓冲层又会造成太多的热量在缓冲层和非晶硅层之间的界面处积累,从而影响晶化效果,而且可能造成较多的界面缺陷,进而使多晶硅 TFT 的电学特性恶化。由此可见,在柔性 LTPS TFT 背板的实际生产中,必须优化设计缓冲层的材料和薄膜厚度,以期获得产品柔性和器件电学特性的最佳组合。

此外,在刚性 LTPS TFT 的制备过程中广泛采用的较高 PECVD 成膜温度、离子注入功率和器件退火温度等在柔性背板的生产制造中也需要有所改变。受限于塑料基板的热性能和机械性能,柔性 LTPS TFT 背板的生产制造中应尽可能地降低单项工艺的实施温度和功率,代之以延长工艺时间或改变其他工艺参数。

针对柔性 LTPS TFT 背板各膜层的材料、厚度等必须进行优化设计,以实现当它在实际使用中发生变形时 TFT 器件所承受的应力尽可能小。如图 6.55 所示,当 TFT 背板发生弯曲时,通常在塑料基板中存在一个中性面,即所在位置的内部应力为零。如果将中性面与基板底部之间的距离标记为 z_n,那么其大小可以表示为

$$z_n = \frac{1}{2} \frac{\sum_1^n E_i (z_i^2 - z_{i-1}^2)}{\sum_1^n E_i (z_i - z_{i-1})}$$

式中,E_i 表示第 i 膜层的有效杨氏模量;z_i 表示第 i 膜层与基板底部之间的距离。显然,TFT 沟道层距离中性层越近,它在弯曲变形时所承受的应力越小。因此,如果适当增加缓冲层的厚度会有利于增加 TFT 器件的弯曲稳定性;同理,采用高杨氏模量的缓冲层材料或 TFT 绝缘层材料对提升 LTPS TFT 背板的柔性特性也是有利的。

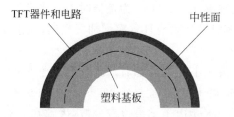

图 6.55 柔性 TFT 背板在弯曲状态时的断面结构示意图

6.7 本章小结

第 5 章对 TFT 制造中用到的单项制造工艺和测试方法原理作了介绍,本章则在此基础上重点讲解了薄膜晶体管工艺整合的基本原理。针对用于液晶显示有源矩阵驱动的 TFT 技术,重点讲解了当前实际生产中最广泛采用的 5MASK a-Si TFT 工艺流程;此外,还对 4MASK a-Si TFT 工艺流程的工艺要点作了介绍。针对用于有机发光二极管显示有源矩阵驱动的 TFT 技术,重点讲解了当前实际生产中最流行的 6MASK p-Si TFT 工艺流程;此外,还对未来可能会大显身手的 10MASK p-Si TFT 制程要点作了简要讲解。最后,还简单

介绍了薄膜晶体管阵列检查和修补的基本概念与方法，以及柔性 TFT 背板的制备工艺。

习题

1. 薄膜晶体管阵列工艺设计与整合的总体原则是什么？

2. 5MASK a-Si TFT 阵列工艺流程都包含哪几个工艺单元？请简单阐述每个工艺单元的基本工艺目的。

3. 请简单说明 5MASK a-Si TFT 制程中的 M1 工艺单元制备遮光线的原因。

4. 请说明 5MASK a-Si TFT 制程中的 M1 工艺单元需要管控的平面尺寸及相关原因。

5. 5MASK a-Si TFT 制程中的 IS 工艺单元中非晶硅岛刻蚀的工艺要点是什么？

6. 5MASK a-Si TFT 制程中的 GI 层为何分两次沉积？

7. U 形 TFT 器件的主要优缺点是什么？

8. 对于 NW 模式的 AMLCD 而言，如果沟道被完全刻断将是哪种显示不良？

9. 在 5MASK a-Si TFT 制程的 M2 工艺单元中，沟道刻蚀的工艺要点是什么？

10. 在 5MASK a-Si TFT 制程的 M2 工艺单元中，需要管控的平面尺寸有哪些？为什么？

11. 在 5MASK a-Si TFT 制程的 PA 工艺单元中，接触孔刻蚀的工艺要点是什么？

12. 在 5MASK a-Si TFT 制程的 PI 工艺单元中，需要管控的平面尺寸有哪些？为什么？

13. 请按 5MASK 工艺的加工顺序同时画出 TFT 像素部分、gate 端子部分和 drain 端子部分的截面图。相关平面示意图见下图。

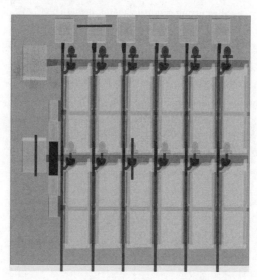

14. 请画图说明 4MASK a-Si TFT 制程中 D/I 工艺单元的制造工艺步骤。

15. 你认为 4MASK a-Si TFT 制程的工艺要点是什么？请以 GTM 掩膜版技术为例加以说明。

16. 请画图说明 4MASK a-Si TFT 工艺流程制备的 TFT 在器件结构上有何特殊之处。

17. AMOLED 制备工艺中阵列工程需要为后续工程做哪些准备工作？

18. 多晶硅薄膜晶体管阵列基板在制备时为何常选用氮化硅/氧化硅双层薄膜作为缓冲层?

19. 多晶硅薄膜晶体管阵列制程中结晶化退火前清洗的工艺要点是什么?

20. 6MASK p-Si TFT 制程 M1 工艺单元中的离子注入工艺要点是什么?

21. 6MASK p-Si TFT 制程 IL 工艺单元中的接触孔刻蚀的工艺要点是什么?

22. 6MASK p-Si TFT 制程 PA 工艺单元中过孔形成时需要注意什么?

23. 10MASK p-Si TFT 制程中 NTFT 区域的 LDD 结构形成工艺的要点是什么?

24. 试比较 6MASK p-Si TFT 制程和 10MASK p-Si TFT 制程的优缺点。

25. 举例说明 TFT 工艺整合时检测和修补步骤的设计原则。

26. 为何多晶硅 TFT 的场效应迁移率受弯曲应变的影响较大?

参考文献

[1] 谷至华. 薄膜晶体管(TFT)阵列制造技术[M]. 上海：复旦大学出版社,2007.

[2] 申智源. TFT-LCD 技术：结构、原理及制造技术[M]. 北京：电子工业出版社,2012.

[3] 李兴. 超大规模集成电路技术基础[M]. 北京：电子工业出版社,1999.

[4] Reza C,Arokia N. Thin film transistor circuits and system[M]. Cambridge：Cambridge University Press,2013.

[5] Quirk M,Serda J. 半导体制造技术[M]. 北京：电子工业出版社,2008.

[6] Campbell S A. 微电子制造科学原理与工程技术[M]. 北京：电子工业出版社,2003.

[7] Plummer J D,Deal M D,Griffin P B. 硅超大规模集成电路工艺技术：理论、实践与模型[M]. 北京：电子工业出版社,2003.

[8] Li Z,Meng H. Organic light-emitting materials and devices[M]. Boca Baton：Taylor & Francis Group,2007.

[9] 闫晓林,马群刚,彭俊彪. 柔性显示技术[M]. 北京：电子工业出版社,2022.

[10] 孟鸿,黄维. 有机薄膜晶体管材料器件和应用[M]. 北京：科学出版社,2019.

[11] Heremans P,Tripathi A K,de Jamblinne de Meux A,et al. Mechanical and electronic properties of thin-film transistors on plastic and their integration in flexible electronic applications[J]. Advanced Materials,2016,28(22)：4266-4282.

第 7 章
CHAPTER 7

总结与展望

至此,本书的主要内容已经讲解和阐述完毕。在本书结束之前,我们有必要对全书内容进行总结并对本书的主要对象——薄膜晶体管技术的未来发展趋势加以展望。

7.1　全书内容总结

本书主要以硅基薄膜晶体管(包括非晶硅 TFT 和多晶硅 TFT)为例,详细阐述和讲解了 TFT 器件相关的材料、器件和工艺原理及其在平板显示领域的实际应用原理。

首先,本书简单回顾了薄膜晶体管技术的发展简史并介绍了薄膜晶体管的技术分类和实际应用情况;接着,在简单介绍平板显示基本原理的基础上,重点讲解了液晶显示有源矩阵驱动的原理和方法,包括 AMLCD 像素电路的充放电原理、AMLCD 像素阵列相关原理和液晶显示有源矩阵的技术要求等;最后,还简单介绍了有机发光二极管显示和电子纸显示的有源矩阵驱动原理和方法;关于平板显示外围驱动电路和 SOG 技术,也进行了简明扼要的讲解。

在对 TFT 器件的实际应用情况有所掌握的基础上,分别在第 3 章和第 4 章详细讲解了 TFT 器件相关的材料物理和器件物理。关于薄膜晶体管的材料物理,我们全面介绍了 TFT 器件相关的半导体材料、绝缘层材料、电极导电材料和基板材料的基础知识,重点讲解了非晶硅和多晶硅材料的晶体结构、能带结构、缺陷态分布等与其电学特性之间的关系原理。关于薄膜晶体管器件物理,在分析了 TFT 器件结构类型分类及选择理论依据后,着重讲解了 TFT 器件的理论模型;此外还详细介绍了描述 TFT 器件性能的主要特性参数及其提取方法;薄膜晶体管器件的稳定特性和动态特性的相关机理也有所涉及。

本书的第 5 章和第 6 章则针对薄膜晶体管阵列的工艺技术进行了详细阐述和讲解。第 5 章中逐一仔细介绍了在 TFT 制程中经常使用的单项工艺基本原理,包括成膜、薄膜改性、光刻、刻蚀和其他工艺等;此外,还简单介绍了 TFT 阵列检查技术的原理和应用情况。第 6 章则在第 5 章介绍的单项工艺和测试方法的基础上,详细讲解了薄膜晶体管工艺整合原理,包括用于液晶显示有源矩阵驱动的非晶硅 TFT 制备工艺流程和用于有机发光二极管显示有源矩阵驱动的多晶硅 TFT 制备工艺流程;此外,还对 TFT 阵列检查的设计原则和方法以及柔性 TFT 背板的制备工艺,进行了简单的介绍。

总体上讲,本书侧重于 TFT 技术基础原理的讲解,并不着重于技术细节的介绍,但在必要时也会涉及一些实务知识的阐述。掌握了本书内容便为从事与薄膜晶体管相关的科研和生产技术工作打下了坚实的理论基础。

7.2　薄膜晶体管技术发展展望

对于从事与薄膜晶体管技术相关工作的人员而言,除了掌握本书所介绍的 TFT 基础知识外,还需要对薄膜晶体管技术的未来发展趋势有一些最基本的了解和把握。本节利用少许篇幅对 TFT 技术的发展态势作一简单总结和展望。

在可以预见的未来,薄膜晶体管的最主要应用领域仍然是平板显示,因此 TFT 的技术发展与平板显示产业的发展密不可分。当前正是平板显示快速发展的时期,新产品和新技术层出不穷。一方面,当前主流的平板显示技术——液晶显示正不断向着高分辨率、大尺寸和快速响应的方向发展;另一方面,以有机发光二极管为代表的新型显示技术也在不断进行产品性能和工艺方法的完善,并迅速地开拓新的应用市场。快速发展的平板显示产业对 TFT 技术提出了越来越高的要求,具体体现在以下几方面。

(1) 超高分辨率的 TFT-LCD 和电流驱动的 AMOLED 要求 TFT 器件的场效应迁移率大于 $10\text{cm}^2/(\text{V}\cdot\text{s})$。

(2) 大尺寸平板电视技术要求 TFT 器件的制备均一性好且具有低电阻率电极。

(3) 柔性平板显示技术的发展要求 TFT 器件能够在塑料等基板上制备并在弯曲的状态下保持稳定的电学特性。

显然,当前主流的薄膜晶体管技术——非晶硅 TFT 是无法满足上述要求的。因此,在可以预见的未来,非晶硅 TFT 技术的主流地位势必被其他薄膜晶体管技术所取代。目前看来,有两种 TFT 技术最有希望,即多晶硅 TFT 技术和非晶氧化物半导体(Amorphous Oxide Semiconductor,AOS)TFT 技术。事实上,近年来在国际信息显示学会(SID)每年举办的显示周国际会议(Display Week)上都有专题讨论 p-Si TFT 和 AOS TFT 两种技术的对比。随着 OLED 技术的逐渐成熟,采用多晶硅 TFT 驱动的 AMOLED 生产线频繁涌现并已成功实现中小尺寸产品的商业化。尽管如此,多晶硅 TFT 固有的技术缺陷,包括制备均一性差、产品合格率低、抗变形能力差和投资成本高等缺点仍然无法从根本上得到改善。虽然多晶硅 TFT 已经证明可以在中小尺寸的平板显示有源矩阵中得到实际应用,但其在大尺寸平板显示和柔性显示领域的应用前景仍然非常不明朗。以非晶 InGaZnO(a-IGZO)TFT 为代表的非晶氧化物薄膜晶体管技术从其发明至今还不到 20 年,但目前已经实现了较大规模生产。与多晶硅 TFT 相比较,AOS TFT 尽管在场效应迁移率方面逊于前者,但在其他很多方面(如制备均一性、柔性、透明性和成本等)都显示出了明显的优越特性。可以预见,在不远的将来,AOS TFT 极有可能替代非晶硅 TFT 而成为平板显示有源矩阵驱动电子器件的主流。接下来结合本书作者在 AOS TFT 方面的一些研究结果简要介绍 AOS TFT 技术发展的现状和未来趋势。

一般认为,以 a-IGZO TFT 为代表的 AOS TFT 的发展始于 2004 年前后。除 a-IGZO 外,IZO、ZTO、IGO、GZO、IWO 和 HIZO 等多种非晶氧化物半导体薄膜都被尝试作为 TFT 的有源层。到目前为止,a-IGZO TFT 的发展最成功,已经实现生产。下面便以 a-IGZO TFT 为例介绍非晶氧化物薄膜晶体管发展的现状和技术趋势。

图 7.1 为 a-IGZO TFT 技术发展进程的示意图。从该技术发明至今不过十余年的时

间,但已出现了大量的样机报道,应用范围涉及 AMLCD、AMOLED 和 E-Paper 等多个平板显示技术领域,这充分说明 a-IGZO TFT 极有可能成为下一代平板显示的有源驱动电子器件。此外,目前已经有日本夏普、韩国 LG 和中国南京熊猫电子等公司将 a-IGZO TFT 技术应用到了实际生产中。

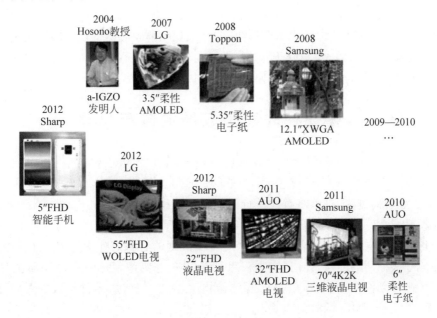

图 7.1 a-IGZO TFT 技术发展进程示意图

与 a-Si 相比较,a-IGZO 作为 TFT 的沟道材料具有以下两方面优点。

(1) 禁带宽(>3.0eV),由此带来比较好的光照稳定性,所以与 a-Si TFT 不同,a-IGZO TFT 可以制作成全透明器件,从而显著增加面板的开口率,进而降低显示模组的功耗。

(2) 高迁移率(~10cm^2/(V·s)),由此可以用在高分辨率有源驱动液晶显示(HR-AMLCD)和有源驱动有机发光显示(AMOLED)等对迁移率要求较高的场合。与 p-Si 相比较,a-IGZO 薄膜的非晶结构决定其均一性明显占优,而且能采用非常成熟的磁控溅射技术制备,其成膜和刻蚀均一性都比较容易控制。

总体而言,目前为止针对 a-IGZO TFT 的研究成果主要集中在以下几方面。

(1) a-IGZO 有源层输运特性与能带结构的研究等。

(2) 器件基本操作特性(如迁移率、亚阈值摆幅等)和电学稳定特性的机理及改善等。

(3) 器件的制备工艺开发与工艺整合等。

(4) a-IGZO TFT 电路的设计与实际应用研究等。

需要着重指出的是:a-IGZO TFT 要想更大规模投入实际应用,还有许多问题亟待解决,其中最突出的便是其稳定性问题。目前普遍认为 a-IGZO 的载流子来源于氧空位,而后者在温度、气氛和光照等环境因素发生变化时,极易随之发生改变,这必然会引起材料和器件的特性发生相应改变,并由此影响到 FPD 产品的实际功能。另外,a-IGZO TFT 的适合量产的制备工艺技术仍有待开发,例如有源层材料和结构、栅绝缘层、电极层和保护层等制备工艺与 a-IGZO TFT 器件特性之间的对应关系目前仍不十分清楚;退火处理对材料和器件结构和特性的具体影响规律也有待厘清;虽然目前 a-IGZO TFT 的研究多采用倒置错排型器件结构,但这种结构是否最优仍有待确定等。此外,关于 a-IGZO TFT 的实际应用方面也有许多问题需要解决。例如,基于 a-IGZO TFT 的最佳 AMOLED 像素电路的选择问题、a-IGZO TFT 阵列基板版图设计优化问题及阵列基板与 OLED 器件工艺搭配和兼容性问题等。

总之,尽管还有上述技术问题亟待解决,非晶氧化物薄膜晶体管技术的发展仍然呈现出锐不可当的态势。特别是 a-IGZO TFT 技术,可以预期它在不远的将来便会在 AMOLED 等平板显示技术领域发挥更加巨大的作用。

7.3 薄膜晶体管在非显示领域的应用展望

如前所述,在可预见的未来,平板显示仍然是 TFT 技术最主要的应用领域。然而,近年来科研工作者不断尝试将 TFT 应用到许多非显示领域(如图像传感器、非易失存储器等)并取得了显著的进步,本节将对此进行简单的总结和展望。

早在 20 世纪 80 年代末,研究人员便开始尝试将 TFT 器件用于 X 射线平板探测器像素阵列中,并在 1990 年成功实现了基于 a-Si TFT 阵列的有源矩阵 X 射线平板探测器。传统的非晶硅平板探测器的像素阵列主要采用 a-Si TFT 作为像素阵列开关、a-Si 光敏二极管作为光信号探测元件。与 CCD、CMOS 探测器相比,基于 TFT 技术的平板探测器可以实现大尺寸、无拼接、低成本、高辐射寿命、高度定制化。当前,TFT 平板探测器技术有朝着 IGZO 技术、柔性化、动态探测等方向发展的趋势。目前,基于 TFT 技术的平板探测器可能存在以下几点仍待进一步改善。

(1) TFT 迁移率较低,有待进一步提高迁移率,以便实现更高帧率的动态探测;同时,高迁移率有利于实现更高的 TFT 集成度,有利于提升探测器像素的填充因子与灵敏度,有利于降低 TFT 部分所导致的信号迟滞。

(2) TFT 关态电流有待进一步降低,这将有利于实现低剂量、高信噪比的成像要求。

(3) TFT 的辐射寿命有待进一步提高,从而提升探测器的抗辐射性,提高在工业领域应用的性价比。

采用 TFT 背板驱动指纹识别传感器是近些年才出现的新技术。随着智能手机的快速普及,通过手机实现指纹识别变得越来越重要。与基于 CMOS 背板的技术相比较,采用 TFT 背板驱动指纹识别传感器能够更充分结合显示背板的制作,从而达到降低生产成本的目的。此外,基于 TFT 背板的指纹识别传感器可以实现更大面积,从而改善用户体验并有利于后期的算法处理。当前应用 TFT 背板驱动的电容式传感器已经发展得比较成熟,但其较难实现屏下指纹的识别。此外,人们对指纹传感器的精确度、便携性及功耗等也提出了越来越高的要求。上述这些问题的解决与 TFT 背板性能的提升密不可分。

除了在传感器领域的应用,科研人员也正在尝试将 TFT 技术应用到存储器领域,尤其是非易失存储器。与传统的 MOSFET 存储技术不同,TFT 存储器能够实现柔性化,这样便能在生物医疗等领域获得实际应用。事实上,在 20 世纪 90 年代初,人们便尝试将 p-Si TFT 用于 EPROM,在 21 世纪初则开始了多晶硅 TFT 闪存的研究与开发。最开始的 p-Si TFT 闪存结构直接借鉴 MOSFET 闪存的经验,采用氮化硅薄膜作为浮栅材料,后来更多新结构和新材料不断被提出,至今仍保持研究热度。但是,因为 p-Si TFT 的漏电流较大,用其制作闪存会带来功耗较大的问题;此外,氧化物 TFT 尽管场效应迁移率相对较低,但具有非常小的漏电流,或许更适合用于闪存器件。自 2008 年以来,针对氧化物 TFT 闪存的研究方兴未艾,已经取得了较好的研究成果,但其实际应用仍有待时日。

参考文献

[1] Nomura K,Takagi A,Kamiya T,et al. Amorphous oxide semiconductors for high-performance flexible thin-film transistors[J]. Japanese Journal of Applied Physics,2006,45(5S): 4303.

[2] Yabuta H,Sano M,Abe K,et al. High-mobility thin-film transistor with amorphous InGaZnO$_4$ channel fabricated by room temperature rf-magnetron sputtering[J]. Applied Physics Letters,2006,89(11): 112-123.

[3] Kamiya T,Nomura K,Hosono H. Origins of high mobility and low operation voltage of amorphous oxide TFTs: Electronic structure, electron transport, defects and doping[J]. Journal of Display Technology,2009,5(7): 273-288.

[4] Sang H,Ko P,Jong W K,et al. High mobility Oxide TFT for large area high resolution AMOLED [J]. SID International Symposium: Digest of Technology Papers,2013,44(1): 18-21.

[5] Takechi K,Nakata M,Eguchi T,et al. Temperature-dependent transfer characteristics of amorphous InGaZnO$_4$ thin-film transistors[J]. Japanese Journal of Applied Physics,2009,48(1R): 011301.

[6] Godo H,Kawae D,Yoshitomi S, et al. Temperature dependence of transistor characteristics and electronic structure for amorphous In－Ga－Zn-Oxide thin film transistor[J]. Japanese Journal of Applied Physics,2010,49(3S): 03CB04.

[7] Chowdhury M D H,Migliorato P,Jang J. Time-temperature dependence of positive gate bias stress and recovery in amorphous indium-gallium-zinc-oxide thin-film-transistors [J]. Applied Physics Letters,2011,98(15): 153511.

[8] Kang D,Lim H,Kim C,et al. Amorphous gallium indium zinc oxide thin film transistors: Sensitive to oxygen molecules[J]. Applied Physics Letters,2007,90(19): 192101.

[9] Park J S,Jeong J K,Chung H J,et al. Electronic transport properties of amorphous indium-gallium-zinc oxide semiconductor upon exposure to water[J]. Applied Physics Letters,2008,92(7): 072104.

[10] Jeong J K,Won Yang H,Jeong J H,et al. Origin of threshold voltage instability in indium-gallium-zinc oxide thin film transistors[J]. Applied Physics Letters,2008,93(12): 123508.

[11] Huang S Y,Chang T C,Chen M C,et al. Effects of ambient atmosphere on electrical characteristics of Al$_2$O$_3$ passivated InGaZnO thin film transistors during positive-bias-temperature-stress operation [J]. Electrochemical and Solid-State Letters,2011,14(4): H177.

[12] Takechi K,Nakata M,Eguchi T,et al. Comparison of ultraviolet photo-field effects between hydrogenated amorphous silicon and amorphous InGaZnO$_4$ thin-film transistors[J]. Japanese Journal of Applied Physics,2009,48(1R): 010203.

[13] Ji K H,Kim J I,Jung H Y,et al. Comprehensive studies of the degradation mechanism in amorphous InGaZnO transistors by the negative bias illumination stress[J]. Microelectronic Engineering,2011,88(7): 1412-1416.

[14] Huang X,Wu C,Lu H,et al. Electrical instability of amorphous indium-gallium-zinc oxide thin film transistors under monochromatic light illumination [J]. Applied Physics Letters, 2012, 100 (24): 243505.

[15] Hu Z,Dong C,Zhou D,et al. Thermal stability of amorphous InGaZnO thin-film transistors with

different oxygen-contained active layers[J]. Journal of Display Technology,2015,11(7): 610-614.

[16]   Wu J,Chen Y,Zhou D,et al. Sputtered oxides used for passivation layers of amorphous InGaZnO thin film transistors[J]. Materials Science in Semiconductor Processing,2015,29: 277-282.

[17]   Hu Z,Zhou D,Xu L,et al. Thermal stability of amorphous InGaZnO thin film transistors passivated by AlOx layers[J]. Solid-State Electronics,2015,104: 39-43.

[18]   Zhou D,Hu Z,Wu Q,et al. Light illumination stability of amorphous InGaZnO thin film transistors with sputtered AlOx passivation in various thicknesses[J]. Japanese Journal of Applied Physics, 2014,53(12): 121103.

[19]   张丽,许玲,董承远. 非晶 InGaZnO 薄膜晶体管驱动 OLED 像素电路的仿真研究[J]. 发光学报, 2014 (10): 1264-1268.

[20]   Dong C,Wu J,Chen Y,et al. Comparative study of amorphous indium gallium zinc oxide thin film transistors passivated by sputtered non-stoichiometric aluminum and titanium oxide layers[J]. Materials Science in Semiconductor Processing,2014,27: 719-724.

[21]   贾田颖,詹润泽,董承远. 基于 a-IGZO TFT 的 AMOLED 像素电路稳定性的仿真研究[J]. 发光学报,2013 (9): 1240-1244.

[22]   Koyama S. A novel cell structure for giga-bit EPROMs and flash memories using polysilicon thin film transistors[C]//1992 Symposium on VLSI Technology Digest of Technical Papers. IEEE,1992: 44-45.

[23]   Walker A J,Nallamothu S,Chen E H,et al. 3D TFT-SONOS memory cell for ultra-high density file storage applications[C]//2003 Symposium on VLSI Technology. Digest of Technical Papers (IEEE Cat. No. 03CH37407). IEEE,2003: 29-30.

[24]   Yin H,Kim S,Lim H,et al. Program/erase characteristics of amorphous gallium indium zinc oxide nonvolatile memory[J]. IEEE Transactions on Electron Devices,2008,55(8): 2071-2077.

物理常数表

物 理 常 数	符号	最佳实验值	供计算用值
真空中光速	c	$299\ 792\ 458 \pm 1.2\,\mathrm{m \cdot s^{-1}}$	$3.00 \times 10^8\,\mathrm{m \cdot s^{-1}}$
阿伏伽德罗(Avogadro)常数	N_0	$(6.022\ 045 \pm 0.000\ 031) \times 10^{23}\,\mathrm{mol^{-1}}$	$6.02 \times 10^{23}\,\mathrm{mol^{-1}}$
玻耳兹曼(Boltzmann)常数	k	$(1.380\ 662 \pm 0.000\ 041) \times 10^{-23}\,\mathrm{J \cdot K^{-1}}$	$1.38 \times 10^{-23}\,\mathrm{J \cdot K^{-1}}$
基本电荷(元电荷)	e	$(1.602\ 189\ 2 \pm 0.000\ 004\ 6) \times 10^{-19}\,\mathrm{C}$	$1.602 \times 10^{-19}\,\mathrm{C}$
原子质量单位	u	$(1.660\ 565\ 5 \pm 0.000\ 008\ 6) \times 10^{-27}\,\mathrm{kg}$	$1.66 \times 10^{-27}\,\mathrm{kg}$
电子静止质量	m_e	$(9.109\ 534 \pm 0.000\ 047) \times 10^{-31}\,\mathrm{kg}$	$9.11 \times 10^{-31}\,\mathrm{kg}$
电子荷质比	e/m_e	$(1.758\ 804\ 7 \pm 0.000\ 004\ 9) \times 10^{-11}\,\mathrm{C \cdot kg^{-2}}$	$1.76 \times 10^{-11}\,\mathrm{C \cdot kg^{-2}}$
质子静止质量	m_p	$(1.672\ 648\ 5 \pm 0.000\ 008\ 6) \times 10^{-27}\,\mathrm{kg}$	$1.673 \times 10^{-27}\,\mathrm{kg}$
中子静止质量	m_n	$(1.674\ 954\ 3 \pm 0.000\ 008\ 6) \times 10^{-27}\,\mathrm{kg}$	$1.675 \times 10^{-27}\,\mathrm{kg}$
真空电介电常数	ε_0	$(8.854\ 187\ 818 \pm 0.000\ 000\ 071) \times 10^{-12}\,\mathrm{F \cdot m^{-2}}$	$8.85 \times 10^{-12}\,\mathrm{F \cdot m^{-2}}$
真空磁导率	μ_0	$12.566\ 370\ 614\ 4 \pm 10^{-7}\,\mathrm{H \cdot m^{-1}}$	$4\pi\,\mathrm{H \cdot m^{-1}}$
电子磁矩	μ_e	$(9.284\ 832 \pm 0.000\ 036) \times 10^{-24}\,\mathrm{J \cdot T^{-1}}$	$9.28 \times 10^{-24}\,\mathrm{J \cdot T^{-1}}$
质子磁矩	μ_p	$(1.410\ 617\ 1 \pm 0.000\ 005\ 5) \times 10^{-23}\,\mathrm{J \cdot T^{-1}}$	$1.41 \times 10^{-23}\,\mathrm{J \cdot T^{-1}}$
玻耳(Bohr)半径	α_0	$(5.291\ 770\ 6 \pm 0.000\ 004\ 4) \times 10^{-11}\,\mathrm{m}$	$5.29 \times 10^{-11}\,\mathrm{m}$
玻耳(Bohr)磁子	μ_B	$(9.274\ 078 \pm 0.000\ 036) \times 10^{-24}\,\mathrm{J \cdot T^{-1}}$	$9.27 \times 10^{-24}\,\mathrm{J \cdot T^{-1}}$
核磁子	μ_N	$(5.059\ 824 \pm 0.000\ 020) \times 10^{-27}\,\mathrm{J \cdot T^{-1}}$	$5.05 \times 10^{-27}\,\mathrm{J \cdot T^{-1}}$
普朗克(Planck)常数	h	$(6.626\ 176 \pm 0.000\ 036) \times 10^{-34}\,\mathrm{J \cdot s}$	$6.63 \times 10^{-34}\,\mathrm{J \cdot s}$

单位前缀一览表

前 缀 名 称	前 缀 符 号	换 算 方 法
exa	E	$\times 10^{18}$
peta	P	$\times 10^{19}$
tera	T	$\times 10^{12}$
giga	G	$\times 10^{9}$
mega	M	$\times 10^{6}$
kilo	k	$\times 10^{3}$
hecto	h	$\times 10^{2}$
deka	da	$\times 10$
deci	d	$\times 10^{-1}$
centi	c	$\times 10^{-2}$
milili	m	$\times 10^{-3}$
micro	μ	$\times 10^{-6}$
nano	n	$\times 10^{-9}$
pico	p	$\times 10^{-12}$
femto	f	$\times 10^{-15}$
atto	a	$\times 10^{-18}$

单晶硅材料特性参数一览表

参 数 名 称	单 晶 硅
原子密度（cm^{-3}）	5.02×10^{22}
原子重量	28.09
晶体结构	金刚石
密度（g/cm^3）	2.329
晶格常数（Å）	5.431 02
相对介电常数	11.9
电子亲和势 χ（V）	4.05
禁带宽度（eV）	1.12
导带有效态密度 N_C（cm^{-3}）	2.8×10^{19}
导带有效态密度 N_V（cm^{-3}）	2.65×10^{19}
本征载流子浓度 n_i（cm^{-3}）	9.65×10^9
电子有效质量	$m_1^*=0.98$
	$m_s^*=0.19$
空穴有效质量	$m_{1h}^*=0.16$
	$m_{hh}^*=0.49$
电子迁移率 μ_n（$cm^{-2}/(V\cdot s)$）	1450
空穴迁移率 μ_p（$cm^{-2}/(V\cdot s)$）	500
饱和速率（cm/s）	1×10^7
崩溃电场（V/m）	$2.5\times10^5\sim8\times10^5$
少子寿命（s）	$\sim10^{-3}$
折射率	3.42
光子能量（eV）	0.063
线性热膨胀系数 $\Delta L/L\Delta T$（$℃^{-1}$）	2.59×10^{-6}
热导率（$W/(cm\cdot K)$）	1.56
热扩散系数（cm^2/s）	0.9
热容量（$J/(mol\cdot ℃)$）	20.07
杨氏模量（GPa）	130

氮化硅与氧化硅材料特性参数一览表

参 数 名 称	氮 化 硅	氧 化 硅
晶体结构	非晶态	非晶态
密度(g/cm^3)	3.1	2.27
相对介电常数	7.5	3.9
介电强度(V/cm)	$\sim 10^7$	$\sim 10^7$
电子亲和势 χ(V)		0.9
禁带宽度 E_g(eV)	5	9
红外吸收带(μm)	11.5~12.0	9.3
熔点		1700
分子密度		2.3×10^{22}
分子重量		60.08
折射率	2.05	1.46
阻率(Ω·cm)	10^{14}	$10^{14} \sim 10^{16}$
特征热容(J/(g·℃))		1
热导率(W/(cm·K))		0.014
扩散系数(cm^2/s)		0.006
线性热膨胀系数 $\Delta L / L \Delta T$(℃$^{-1}$)		5.0×10^{-7}

10MASK p-Si TFT 制备
工艺流程

本制程最终完成互补型 TFT 电路(含像素电路和驱动电路)的制备。

(1) 制程开始:投入前洗净和预处理。

(2) 沉积缓冲层和有源层:缓冲层通常由 SiN_x/SiO_x 构成;非晶硅薄膜由 PECVD 在高温下沉积成膜。

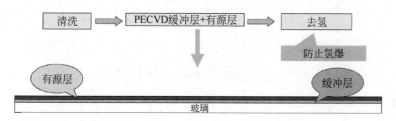

(3) 激光退火:将非晶硅转化成多晶硅,注意控制工艺 OED。

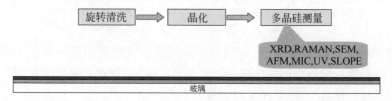

(4) 多晶硅岛形成:采用第 1 张掩膜版完成多晶硅的图形化,具体包括光刻胶涂覆、曝光、显影、干法刻蚀和光刻胶剥离等。

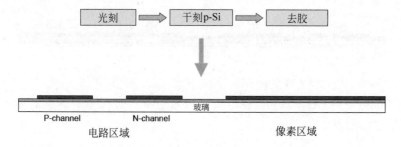

（5）N 型 TFT 沟道掺杂：使用第 2 张掩膜版进行弱 P 型离子注入掺杂，可调整 N 型 TFT 的阈值电压。

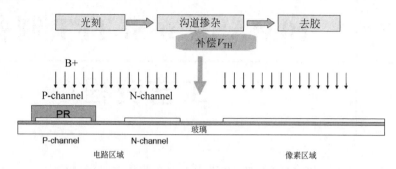

（6）N 型 TFT 的源漏电极掺杂：采用第 3 张掩膜版进行强 N 型掺杂，形成 N 型 TFT 的源漏电极。

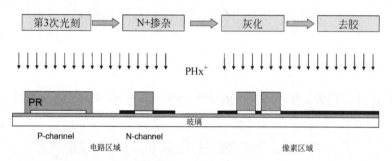

（7）栅绝缘层沉积：采用 PECVD 沉积氧化硅薄膜。

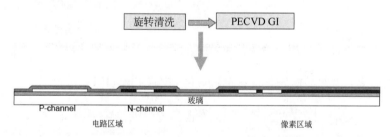

（8）栅电极薄膜沉积和图形化：采用磁控溅射进行栅电极薄膜沉积；对栅电极进行图形化（第 4 张掩膜版），包括光刻胶涂覆、曝光、显影、干法刻蚀和光刻胶剥离等；栅电极的宽度必须进行严格控制以使其略小于沟道长度。

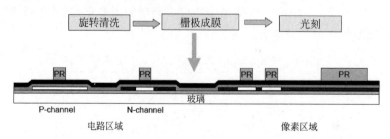

（9）N 型 TFT 的 LDD 形成：以栅电极为掩蔽对基板进行中等剂量的离子注入，形成 N 型 TFT 的 LDD 结构。

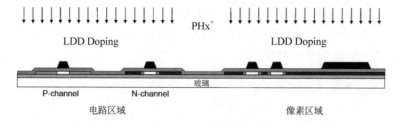

（10）P 型 TFT 的源漏电极掺杂：采用第 5 张掩膜版对 P 型 TFT 源/漏极区域进行重掺杂。

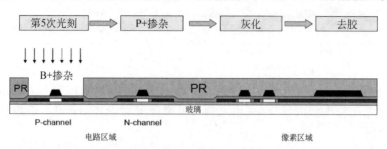

（11）ILD 成膜与活化：采用 PECVD 进行 ILD 成膜；因为所有离子注入工艺都已完成，所以进行活化处理以恢复多晶硅被损坏的晶格。

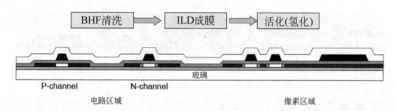

（12）ILD 层图形化：采用第 6 张掩膜版打通孔，使 S/D 区域外露以利于后续外连，使部分区域栅电极外露以利于层间互连；具体包括光刻胶涂覆、曝光、显影、干法刻蚀和光刻胶剥离等。

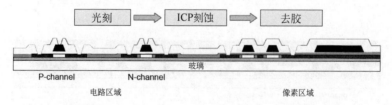

（13）S/D 成膜及图形化：采用磁控溅射进行 S/D 电极成膜；采用第 7 张掩膜版进行 S/D 电极图形化并完成层间互连，具体工艺步骤包括光刻胶涂覆、曝光、显影、干法刻蚀和光刻胶剥离等。

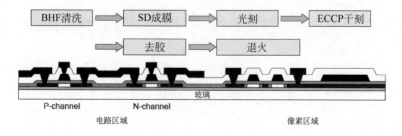

（14）保护层沉积及图形化：采用 PECVD 进行保护层成膜，一般采用氮化硅薄膜，因为其致密性较好；采用第 8 张掩膜版进行保护层图形化，具体工艺步骤包括光刻胶涂覆、曝光、显影、干法刻蚀和光刻胶剥离等。

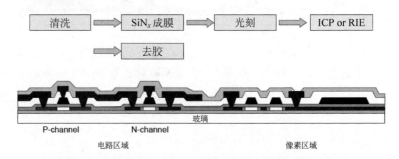

（15）平坦化层成膜及图形化：平坦化层一般为有机薄膜，采用涂布方法成膜；平坦化层一般具有与光刻胶类似的特性，采用光刻和显影即可完成其图形化；平坦化层图形化采用第 9 张掩膜版。

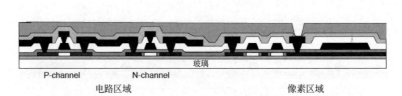

（16）像素电极成膜及图形化：以顶发光 AMOLED 的制备为例，像素电极将采用磁控溅射制备的 ITO/Ag/ITO；采用第 10 张掩膜版进行像素电极的图形化，具体包括光刻胶涂覆、光刻、显影、湿法刻蚀和光刻胶剥离等；TFT 制程完成后需进行器件退火处理。

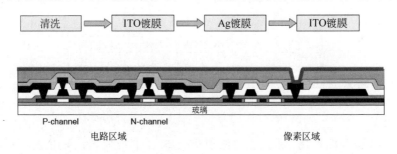